滇池流域
土壤磷素累积与菌根间作协同控制流失

夏运生
张乃明
包　立　等著

Soil Phosphorus Accumulation and the Synergistic Control of Phosphorus Loss by Mycorrhiza and Intercropping in the Dianchi Lake Basin

U0913356

化学工业出版社
·北京·

内 容 简 介

本书以滇池流域为研究对象，以土壤磷素累积迁移与流失控制为主线，从磷素非点源污染研究入手，系统阐述了滇池流域土壤磷素累积特征、土壤磷素环境阈值和来自农业非点源的磷污染负荷；在此基础上深入研究了间作与菌根对作物磷素吸收和环境迁移的影响，探究了菌根与间作对滇池流域地表径流磷流失的影响以及相应削减机制。

本书是笔者及其研究团队继滇池流域环境演变与污染治理之后对滇池流域磷素面源污染形成与治理研究工作的又一次总结，相关成果具有较强的针对性和参考价值，可供农业农村、生态环境和水利部门的科研人员和管理人员参考，也可供高等学校生态学、环境科学与工程、农业资源与环境及相关专业师生参阅。

图书在版编目（CIP）数据

滇池流域土壤磷素累积与菌根间作协同控制流失 / 夏运生等著. -- 北京 : 化学工业出版社，2025. 7.

ISBN 978-7-122-48520-5

Ⅰ. X524

中国国家版本馆 CIP 数据核字第 2025J2S909 号

责任编辑：刘兴春　刘　婧　　　文字编辑：李　静

责任校对：李雨晴　　　装帧设计：刘丽华

出版发行：化学工业出版社

（北京市东城区青年湖南街 13 号　邮政编码 100011）

印　　装：北京天宇星印刷厂

787mm×1092mm　1/16　印张 16¼　彩插 3　字数 349 千字

2026 年 2 月北京第 1 版第 1 次印刷

购书咨询：010-64518888

售后服务：010-64518899

网　　址：http://www.cip.com.cn

凡购买本书，如有缺损质量问题，本社销售中心负责调换。

定　　价：148.00 元

版权所有　违者必究

《滇池流域土壤磷素累积与菌根间作协同控制流失》著者名单

张乃明　云南农业大学
夏运生　云南农业大学
包　立　云南农业大学
秦太峰　云南农业大学
张　丽　河南大学
谷林静　四川省科学技术信息研究所
岳献荣　云南农业大学
高　伟　广东工业大学
王　晟　楚雄师范学院
周洪印　昭通学院
刘　娟　海南大学
徐红娇　中国共产党盐亭县委员会宣传部
余　众　华智生物技术有限公司
陈　文　云南农业大学
朱悦悦　云南农业大学
张玉莲　云南农业大学
夏　懿　云南农业大学
孙思静　云南农业大学
龙际柏　云南农业大学

序

农业面源污染是我国农业生产与农业可持续发展面临的严峻挑战之一，加强农业面源污染治理，是转变农业发展方式、推进现代农业建设、实现农业可持续发展的重要任务。国家高度重视农业面源污染防治工作，中共中央国务院关于加快推进生态文明建设的意见明确提出要加强农业面源污染防治，大力发展农业循环经济，治理农业污染，提升农产品质量安全水平。2015 年农业部出台《关于打好农业面源污染防治攻坚战的实施意见》，要求坚决打好农业面源污染防治攻坚战，加快推进农业生态文明建设，不断提升农业可持续发展支撑能力，促进农业农村经济又好又快发展。2021 年生态环境部和农业农村部联合下发《农业面源污染治理与监督指导实施方案（试行）》，强调农业面源污染治理是生态环境保护的重要内容，事关农村生态文明建设，事关国家粮食安全和农业绿色发展，事关城乡居民的水缸子、米袋子、菜篮子。可见农业面源污染防治已上升到保护生态环境、维护国家粮食安全、促进农业全面绿色转型的战略高度。

滇池既是云贵高原最大的湖泊，也是我国第六大淡水湖，同时还是水体富营养化最严重的代表性湖泊，这其中来自农业面源的污染贡献不容忽视。云南农业大学张乃明教授团队是国内较早开展农业面源污染研究的团队之一，该团队长期围绕滇池流域农业非点源形成与治理开展研究工作，先后承担了包括国家 863 计划课题、国家自然科学基金和云南省自然科学基金重点项目等一系列科研项目，即将由化学工业出版社出版的《滇池流域土壤磷素累积与菌根间作协同控制流失》一书正是他们团队对滇池流域磷素面源污染形成与治理研究工作的又一次总结。这本专著以滇池流域为研究对象，以土壤磷素累积迁移与流失控制为主线，从磷素非点源污染研究入手，系统阐述了滇池流域土壤磷素累积特征、土壤磷素环境阈值和来自农业非点源的磷污染负荷；在此基础上深入研究了间作与菌根对作物磷素吸收和环境迁移的影响，探究了菌根与间作对滇池流域地表径流磷流失的影响以及相应削减机制。希望本书的出版能为我国富营养化湖泊治理中农田磷流失控制提供理论指导，也期望国内相关研究团队能取得更多的科研成果，为国家打好农业面源污染防治攻坚战提供强有力的科技支撑。

中国工程院院士 魏复盛

2025 年 7 月 26 日

前言

湖泊既是陆地生态系统的重要组成部分，又是地球重要的淡水资源库。我国湖泊众多，其中有60%以上的湖泊存在不同程度的富营养化，而大量研究表明磷是水体富营养化的关键限制因子，因此系统研究湖泊流域磷素累积迁移与流失控制十分迫切。滇池是我国第六大、西南第一大淡水湖泊，也是水体富营养化最严重的湖泊之一，曾被列为全国“三河三湖”治理的重点，经过30多年的持续治理，滇池湖泊水质虽然在2016年成功脱劣，但水质波动仍然比较大。导致水质波动原因很多，其中来自农业面源输入的磷素不容忽视。我国农业面源污染特征为污染物来源广、范围大，具有很大的随机性、不稳定性和复杂性；受气候、水文、地域条件的影响很大，污染物排放量数据不易获得，不易被监测。近年来国家高度重视农业面源污染防治工作，农业部于2015年出台《关于打好农业面源污染防治攻坚战的实施意见》，2021年生态环境部和农业农村部联合印发《农业面源污染治理与监督指导实施方案（试行）》，在此背景下系统梳理滇池流域磷素面源污染研究成果，对打好农业面源污染防治攻坚战和九大高原湖泊治理保护具有重要意义。

云南农业大学土壤资源利用与保护省级创新团队从2005年开始就围绕磷与水体富营养化开展相关研究工作，先后承担了国家863计划“城郊面源污染综合控制技术研究与工程示范”课题，国家自然科学基金项目“滇池流域农田土壤磷输出机制与流失风险研究”（40761014）、“菌根对滇池流域坡耕地间作体系磷素迁移的影响及作用机制”（41161041），云南省自然科学基金重点项目“滇池磷素表生迁移规律及水生生物响应研究”（2009CC006）。基于上述研究项目申报的“农田磷素累积风险识别与作物高效利用关键技术及应用”获得2024年度云南省科学技术进步奖一等奖，本书的撰写出版也是对前期磷素研究工作的进一步梳理与总结，希望能为我国富营养化湖泊治理中农田磷流失控制提供理论指导。

本书由张乃明教授提出编写提纲，经夏运生教授和包立副教授补充完善后开始撰写。全书共分为11章，各章分工如下：第1章由张乃明、王晟、高伟、秦太峰著；第2章由包立、孙思静著；第3章由张乃明、刘娟、徐红娇、秦太峰著；第4章由包立、张乃明著；第5章由周洪印、朱悦悦、张玉莲、夏懿著；第6章由谷林静、夏运生、龙际柏著；第7章由张丽、岳献荣、夏运生著；第8章由夏运生、谷林静、朱悦悦著；第9章由夏运生、谷林静、夏懿著；第10章由张丽、夏运生、夏懿著；第11章由夏运生、张丽、余众著。全书最后由张乃明教授统稿并定稿，陈文为本书资料整理、文字排版做了大量工作。

本书的出版得到化学工业出版社的大力支持，云南省土壤培肥与污染修复工程研究中心的研究生做了大量资料查阅与文献整理工作，长期从事环境保护科学研究的中国工程院院士魏复盛研究员在百忙中亲自为本书作序并给予指导和鼓励，在此一并表示衷心感谢！

限于著者水平加之时间仓促，书中难免存在不足和疏漏之处，敬请读者批评指正。

张乃明

2024年12月于昆明

目录

第3章 滇池流域土壤磷素流失与环境阈值 // 052

第4章 滇池流域农业非点源磷负荷解析 // 094

第5章 间作与菌根对作物磷素吸收的影响 // 111

第1章 流域磷素非点源污染研究概述

1.1 磷素非点源污染研究进展

地表水体富营养化已成为人类面临的最主要的环境问题之一，我国是世界上湖泊藻类暴发最严重的国家之一，随着点源污染治理水平的提高，农业非点源污染对地表水体富营养化的贡献日趋增大，并已成为当今世界水质恶化的第一大威胁。从非固定的污染排放点排放的废弃物所造成的污染被称为非点源污染，而在农业生产活动中，农药、化肥等通过径流、渗漏和侧渗等方式进入水体，造成农业非点源污染（张维理 等，2004）。磷（P）是生物必需营养元素，也是水体富营养化的主要影响因子，少量的磷便能满足水生植物的生长。水体生物中 C∶N∶P 一般为 105∶15∶1，相对于碳、氮来说对于磷的要求很低，20～35μg/L 就能引起水体富营养化，当水体中磷浓度升高到 2.00mg/L 时在不同 N/P 值下蓝藻和绿藻的生长速率均达到最大值。因此，一般将磷作为水体富营养化的限制因子（鲁如坤，2000；OECD，1982；Brookes et al.，1998；Lv et al.，2005；许海 等，2011）。湖泊富营养化后会在不同的生态系统产生异常响应，主要包括生物多样性下降、蓝藻水华频发、微生物增加、沉水植物消亡、营养盐变化等。整个湖泊生态系统同样出现生物群落结构、生态系统、生物多样性等变化的现象。浅水湖泊从“清水态”转变为“浑水态”（冯胜 等，2007；简永兴 等，2011）。对我国 22 个湖泊调查表明，63.3%的湖泊是营养湖，例如巢湖、玄武湖、滇池、东湖等是富营养湖泊（金相灿，1992；秦伯强 等，2013）。城镇生活污水、农田氮磷肥和含氮含磷的工业废水是水体富营养物质氮、磷的主要来源，三者之中农田氮、磷的流失在水体富营养化的过程中具有重要影响（Dag et al.，1997；Abrams et al.，1995）。

1.1.1 土壤磷素向水环境流失

（1）土壤磷素渗漏流失研究进展

在农业上，为提高农作物产量不断增施 P 肥，由于 P 在土壤中难以迁移，造成土壤表层 P 不断累积，当土壤 P 含量达到一定水平时再进一步增加土壤 P 将对环境产生很大影响（吕家珑 等，1999）。随着点源污染治理水平的提高，水体中 P 的主要来源是以农田排 P 为主的农业非点源污染（邱凉 等，2011；郝旭 等，2013；贺缠生 等，1998；Zhang et al.，2004；单红艳 等，2004）。土壤磷素环境阈值是指当土壤磷素达到一定水平时，再进一步增加土壤磷素将对环境产生很大影响（Hesketh et al.，2000）。土壤磷素环境阈值因土壤性质和土壤水分而异。美国部分畜牧业发达的州已把 Olsen 方法提取的磷量（含 60mg/kg）作为限制土壤进一步施用粪肥的指标。目前对土壤磷素环境阈值的研究多集中在北美和欧洲国家，研究的土壤主要为旱地和牧草地，如 Moody 等（2021）认为各种有效磷之间的关系可以用来作为土壤磷素状况的环境风险指标，然而我国在这方面的研究较少，且多集中在太湖流域，为关于水稻土的研究。Heckrath 等（2005）对英国洛桑试验站长期土壤肥料试验地进行土壤 P 淋溶“突变点”的研究：以土壤有效磷（Olsen-P）含量为横坐标，渗漏液溶解态活性磷（$CaCl_2$-P）含量为纵坐标作相关性曲线，发现土壤 Olsen-P＞60mg/kg 时发生磷素淋溶；吕家珑等（2003）在同一试验地利用渗漏液钼酸盐反应磷（MRP）含量与土壤 Olsen-P 含量的相关曲线得到与 Heckrath 等相同的结果，说明土壤 P 环境阈值的评定方法并不是固定的。高超等（2001）对太湖地区农田土壤磷向水体释放的风险进行评价发现：在该区域，水土界面磷素迁移能力主要取决于土壤有效磷含量和固磷能力。土壤磷吸附指数（PSI）＞30 时，该土壤对施磷具有较大的缓冲能力，一旦 PSI＜30，土壤中磷流失风险随施磷量增加而急速上升。刘方等（2003）对贵州中部地区长期施肥的黄壤旱地进行磷素风险评价发现：旱地中土壤 Olsen-P＞40mg/kg、土壤磷饱和度＞15％时对水环境质量可能造成明显影响。章明奎等（2006）对浙江省金华、绍兴、杭州和嘉兴等地市的农田水稻土磷素环境阈值的研究表明，在好氧条件下，供试水稻土土壤磷素环境阈值为 Olsen-P 50～75mg/kg、Bray-P 90～140mg/kg；在厌氧条件下，供试水稻土磷土壤磷素环境阈值为 Olsen-P 35～45mg/kg、Bray-P 75～115mg/kg。李学平等（2010a）采用室内培养的方法研究了 3 种类型的紫色土旱地和淹水土壤磷素流失的环境阈值。结果表明：无论是淹水土壤还是旱地生境，3 种紫色土 Olsen-P 与 $CaCl_2$-P 之间都存在一个临界值，酸性、中性和钙质紫色土磷素淋失临界点的 Olsen-P 含量分别为 67.2mg/kg、85.8mg/kg 和 113.8mg/kg。土壤 0.01mol/L $CaCl_2$-P 与出表水 TP（总磷）、DP（溶解态磷）之间成极显著的线性关系。钟晓英等（2004）对我国 23 个土壤磷素淋失临界值进行评估，发现随着土壤 Olsen-P 或铁滤纸条（Fe-P）的增加，$CaCl_2$-P 提高，存在土壤磷酸盐淋失临界值。周全来等（2006）利用分段回归模型对土壤 Olsen-P 与田面水全磷浓度进行模拟，得出土壤 Olsen-P 82.7mg/kg 并看作是稻田土壤已发生田面水磷损失的环境阈值。

（2）土壤磷素径流流失研究进展

土壤磷素输出对水环境的风险越来越大，其中地表径流输出是农田磷素流失的主要途径。已有研究（Covell，1998）证明，农田土壤中磷进入水体的主要途径是径流流失。农业非点源污染具有影响因素多、污染负荷时空差异性显著、危害范围广、发生的随机性大等特点，使得农业非点源污染研究与治理的难度更大（邬伦 等，1996；Sharpley et al.，1994）。在农业活动中，为满足农业生产需要向土壤施用过量磷肥，但作物对磷肥的利用率通常只有施入量的 5％～15％，导致大量的磷在土壤中滞留，加快了土壤磷素向水环境中迁移的速度（王庆仁 等，1999；徐明岗 等，1998）。曹志洪等（2005）对稻田土壤磷素径流迁移流失特征的研究发现：径流液中可溶性磷仅占径流液全磷的 20％～30％，而颗粒态磷比重高达 70％～80％。对太湖地区水稻土径流的磷素流失进行研究，结果表明：土壤磷的径流流失量存在麦季均大于稻季的规律，且受施肥量的影响显著。爽水型水稻土径流的突变点为 32mg/kg，囊水型水稻土径流流失的突变点为 26mg/kg。突变点的差异可能与土壤的质地和有机质有关（张焕朝 等，2004）。对浙北水稻主产区的水田土-水磷素流失进行研究发现：在非植稻期，总磷（TP）超过水体富营养化临界值，溶解态磷占 TP 的 40％（张志剑 等，2001）。对水稻田磷素径流流失形态的研究发现：可溶性全磷（TDP）占 TP 的 60％以上，其中溶解反应磷（DRP）是 TDP 的主要成分，是流失磷的主要形态。施入无机肥与不施肥试验相比，DRP、

TDP 量均显著增加，所占流失比重也明显增加（臧玲 等，2010）。杨丽霞等（2007）对太湖流域蔬菜地不同雨强条件下土壤径流流失进行研究发现：相同雨强条件下，TP 和 PP（颗粒态磷）都表现为减少趋势，最终趋于稳定，PP 占 TP 的 68%～80%。随着雨强的增加，磷流失增加。

（3）土壤磷素流失的影响因素

大量磷肥不合理地施用到农田中，导致农田土壤磷素的富集，经迁移活动进入水环境中。影响土壤磷素流失的因素主要有土壤性质、磷肥的不合理施用和磷的运输途径等（李学平 等，2010b）。其中，磷的迁移过程受到地域条件，如降雨、地势、土壤质地、下垫面等的影响较多。在高磷含量和砂质土壤中长期大量施用磷肥会引起土壤磷素淋失（Sims et al.，1998）。长期以来，普遍认为有机肥的施用能改良土壤和增加土壤肥力，但有机肥的持续大量施用能降低土壤固持磷的能力，进而导致土壤磷素流失，造成地下水污染。研究表明，长期施用有机肥能提高土壤的有效磷含量，并在土壤 20cm 以下的土层发生富磷现象（James et al.，1996；刘远金 等，2002；Mozaffari et al.，1994）。在玉米成熟期，对川中丘陵区紫色土平作、顺坡垄作及横坡垄作的坡耕地进行人工降雨（雨强为 1.7mm/min，时长 40min），结果表明：顺坡垄作壤中流磷素流失最少，而地表均最多；横坡垄作反之。不同耕作方式下，渗漏 TP 浓度均达到 0.2mg/L，高出径流流失量 1.3 倍（何晓玲 等，2013）。张乃明等（2003）在滇池流域不同利用方式的农田中运用人工降雨的方法，研究了猪粪和有机肥不同用量的影响，发现随着两者施用量的增加，各形态磷的流失量均增加。在相同渗漏方式下，当有机肥用量处于低水平时 PP 为主要流失形态，当有机肥达到中高等水平时水溶性磷占主要流失比重。在相同径流方式下，由于土壤颗粒的迁移作用，PP 占流失磷素比重最大。在同一有机肥用量水平下，不同利用方式下流失液中各磷流失量均为蔬菜田＞花卉田＞粮田（王涛 等，2008）。对北京密云石匣小区进行研究分析，结果表明：产流时间与土壤含水量呈正相关；泥沙量与降雨量呈正相关，在无植被覆盖小区上降雨强度对土壤侵蚀影响更严重；在同一降雨强度下，土壤含水率和流失量呈正相关。不同土地利用类型中，颗粒态磷呈现农地＞果园＞林地＞荒草坡；磷流失量存在无植被覆盖小区＞有植被覆盖小区；磷流失的坡度临界值在 15°～20°之间，超过临界值，磷流失减少（王晓燕 等，2008）。

1.1.2 磷素表生迁移研究

（1）磷素沿程迁移过程影响因素

欧盟和北美等的发达国家在 20 世纪 80 年代中期就已开始在土壤磷累积的影响因素、土壤磷素输出与释放机理、流失风险评价方法及迁移模型等方面进行了大量的研究（Andrew et al.，2017；Hong et al.，2012；Russell et al.，2008）。我国在较早一段时间内主要从土壤磷素供应与农业生产的角度来研究土壤中磷的含量、形态转化、吸附与解吸以及作物对磷的吸收利用等，近年来才开始从水体富营养化控制的角度研究土壤中磷素的迁移累积及空间变异、输出机制和模型、流失风险及对水体富营养化的影响等（李裕元 等，2003；李硕 等，2004；王道涵 等，2005；李怀恩 等，2006）。

一般情况下，土壤磷素的输出途径包括横向的地表径流输出与纵向的剖面淋溶输出（渗漏和侧渗），由于土壤矿物颗粒和有机质对磷有较强的吸附固定作用，传统的观点认为磷素在土壤中很难移动，纵向淋溶流失几乎可以忽略，径流输出是土壤中磷流失的主要途径（李庆逵，1989）。但在滇池流域，土壤表层有效磷含量很高，而地下水位较浅（0.5～3m），笔者团队在滇池流域的研究中发现农田排水中水溶性磷有 20%～30%来源于纵向渗漏和侧渗，可见在滇池流域和其他表层土壤有效磷含量高的类似地区，土壤的渗漏和侧渗对农田排水中磷的贡献也不容忽视。此外，滇池流域土壤磷素的输出过程十分复杂，还会受到降雨过程（降雨类型、强度及持续时间）和下垫面因素（地形、地貌、化肥施用强度及措施、植被条件、土地利用方式等）的影响（张乃明 等，2003；段永惠 等，2005；张兆国 等，2005），尤其是降雨和土地利用类型对流域磷素迁移的影响需要在后期的研究中引起高度重视。

（2）磷素迁移模型

磷素迁移过程由降雨-径流、水土流失、河道迁移 3 个环节组成。磷素迁移模型的研究源于农业非点源污染模型研究，20 世纪 50～60 年代，以美国农业部为首的研究机构发展了一些经验统计数学模型，包括 SCS 曲线代码和通用土壤流失方程（universal soil loss equation，USLE）（Wischmeier and Smith，1978），这些模型在径流计算和土壤侵蚀预报方面发挥了重要的作用。特别是在 20 世纪 60 年代，开始出现了计算机模型，其中较为成功的模型是 Stanford 流域模型（Crawford and Linsley，1966）。该模型模拟地面径流形成的物理过程。之后的大型模型如农田径流管理模型（ARM），农药迁移和径流模型（PTR）等的水文部分都是建立在 Stanford 模型上。20 世纪 70 年代是农业非点源模型大发展的时期，一是从简单的经验统计分析提高到复杂的机理模型；二是从长期平均负荷输出或单场暴雨分析上升到连续的时间序列响应分析。例如，出现系列模型 PTR-HSP-ARM-NPS。其他机理和连续时间序列模型包括农业化学品运输模型（ACTMO）（Frere et al.，1975）、统一运输模型（UTM）、LANDRUN 等。这些模型大都是以水文数学模型为基础的非点源污染模型，但大部分模型都是供小区域研究用，大范围推广应用价值不大。

20 世纪 80 年代以来，研究的重点主要转向如何把已有模型应用到非点源污染的管理中去，开发新的实用模型，研究并广泛实施非点源污染控制与管理措施，同时注意经济效益的分析，由此出现了新一代 NPS（非点源）污染模型。例如，著名的农业管理系统中的化学污染物污染模型 CREAMS（chemicals，runoff，and erosion for agricultural management systems）（Knisel，1980）、流域非点源污染模拟模型 ANSWERS（areal nonpoint source watershed environment response simulation）（Knisel，1980）、农田尺度的水侵蚀预测模型 WEPP（water erosion prediction project）（Lane，1989）以及用于农业非点源管理和政策制定的农业非点源污染模型 AGNPS（agricultural nonpoint source）（Young et al.，1989）等。

国内的农业非点源污染模型研究起步较晚，始于 20 世纪 80 年代中后期。该时期主要进行农业非点源的宏观特征与污染负荷定量计算模型的初步研究（夏青 等，1985）。

20世纪90年代以来，我国建立了一些流域农业非点源污染经验统计模型，这些模型通过受纳水体水质分析计算汇水区农业非点源污染输出量。例如，陈西平（1992）的计算农田径流污染负荷的模型、李怀恩等（1997）建立的暴雨径流污染负荷计算响应函数模型、张永泽等（1997）建立的湖泊流域非点源污染负荷模型，随着国外成熟的机理模型的介绍引入（Laflen，1998），一些被广泛使用的模型如ANSWERS、AGNPS被引入国内进行模拟验证（陈一兵 等，1997；陈欣 等，2000）。但至今还没有一个可以定量评价磷素在水土界面迁移并向水体传输的数学模型。本书拟采用^{32}P同位素示踪法研究磷流失的沿程分布与流失规律，可为磷素非点源污染负荷定量研究与污染控制提供科学的评估工具。

1.1.3 磷素非点源污染研究历程

磷素非点源污染是指来自农业、城市排水和工业废水等多种来源的磷素污染，而非像工厂排放管道那样明确的点源。以下是磷素非点源污染研究的一般历程。

（1）早期认识

在20世纪中叶至70年代，人们开始意识到磷素对水体生态系统的负面影响。最初的关注主要集中在点源污染，如工厂废水排放。但随着对水体富营养化问题研究的深入，人们开始关注磷素非点源污染的重要性。

（2）富营养化研究

在20世纪80～90年代，随着对水体富营养化问题的深入研究，磷素非点源污染逐渐成为研究的焦点之一。研究者开始意识到，尽管点源污染控制取得了一定进展，但磷素非点源污染对水体富营养化的贡献仍然很大。

（3）监测和评估方法的发展

在20世纪90年代至2000年，研究者开始开发更加精确和有效的方法来监测和评估磷素非点源污染。这些方法包括使用遥感技术来识别农田和城市地区的磷素排放，以及使用数学模型来预测磷素在水体中的迁移和转化过程。

（4）管理与政策措施的制定及综合治理与国际合作

21世纪以来，随着对磷素非点源污染影响认识的不断深入，政府和环境管理机构开始采取一系列措施来减少磷素非点源污染。这些措施包括改善农业管理实践、减少化肥和农药的使用量、改善城市排水系统以及加强水体保护政策等。

随着全球范围内对水资源和环境保护的重视，国际上展开了许多合作项目和机制，以应对磷素非点源污染。这些合作包括跨国流域的管理与合作、科学研究项目的联合开展以及技术与经验的共享等，为解决磷素非点源污染提供了更加全面和综合的解决方案。

总体而言，磷素非点源污染的研究历程是一个逐步深入、不断发展的过程，涉及从认识问题到监测评估、政策制定和国际合作等多个方面的努力和探索。

1.1.4 滇池流域土壤磷素流失研究

20世纪90年代以来，为了滇池治理，中国科学院、中国环境科学研究院、清华大学、北京大学、云南省环境科学研究院等单位的相关学者就滇池磷素污染问题已进行了大量的研究，取得了一些非常有价值的研究成果，并运用于滇池磷素污染治理的决策与实践中。

首先，以滇池磷素的来源为研究对象，就流域内典型城镇排放污水、农田径流水或入湖河流中的磷素含量及特征，沿湖流域磷素流失在农村各面源中的贡献，坡地或台地径流水中的磷含量或形态分析或控制（刘忠翰 等，1997；段永惠 等，2003；张兆国 等，2005；姚美香 等，2005；张宇，2006；张德刚 等，2007；金相灿 等，2007），尤其是不同耕地利用类型特别是设施菜地磷肥的投入、磷负荷及减控、磷流失及降雨、坡度、质地等影响因素（桂萌 等，2003；张乃明 等，2003；段永惠 等，2005；雷宝坤 等，2004；赵斌 等，2007）进行了调查评价或研究，发现农田雨季的污染负荷占全年负荷的 90% 以上，是最主要的污染时期，其中化肥的过量施用是农村面源磷流失的主要原因，同时也与土地利用、水肥管理方式及种植制度有关，而农村生活污水及固体废物对磷流失的贡献率不足 10%。但是，这些零散的研究并不能全面反映磷素的真实来源、负荷及对湖泊的贡献，且滇池流域内的磷素产污区主要包括农业区、工矿区和建成区，这 3 部分区域对入湖磷素的贡献如何？区域内的源汇转换有何特征？目前对设施农业种植区、裸露的磷矿区、人口密度较大的建成区还缺乏系统的研究。

其次，针对磷素的迁移过程，重点主要集中在湖滨带土壤磷的累积，负荷估算及减控，农田磷的输出、流失及影响因素等方面（张乃明 等，2003；桂萌 等，2003；段永惠 等，2005；张兆国 等，2005；赵斌 等，2007）；此外，刘忠翰等（2004）还研究了降雨径流对典型城市纳污河流、城乡结合型河道和农业重污染区河道磷素携带状况与特征的影响。另外，也有利用人工湖滨或潜流湿地除磷的中试研究和对其季节性规律的探讨（张荣社 等，2005；张荣社 等，2007；卢少勇 等，2006），表现出了良好的除磷效果，其中芦苇床湿地对 TP 的去除率可高达 92%，不过受雨旱季的影响较大。目前对在同一时空尺度上，滇池流域磷素的沿程迁移规律及其对土地利用的影响的研究较少。例如，在滇池的典型小流域——宝象河流域和东大河流域，有关陆源磷素的表生迁移过程、迁移规律及过程模拟方面缺乏系统的研究，同时降雨和土地利用这两个重要因素对磷素迁移形态、迁移通量及迁移能力的影响也有待深入探讨。事实上，土壤磷素的迁移转化与水环境的关系已成为当代土壤学和环境科学研究的热点，同时也是当前亟需深入研究解决的重要环境问题之一。

再次，水体中磷素的迁移与形态转化也有相当多的报道。如不少学者研究了磷在滇池草海和外海的迁移源头和不同路径，并研究了水体中的磷素含量与其他水质之间的关系、磷形态与空间分布等（尹家元 等，1999；孟裕芳，1999；陈永川 等，2005）。也有学者开展了少量藻类生长与磷素之间相互关系及农药影响的研究（余天应 等，2005；沈宏 等，2007）。不过，较多学者将研究重点集中在湖泊中的底泥或沉积物与磷素的相互作用关系方面，如典型海湾底泥中磷的形态分布及化学特性、磷的释放规律及通量估算等（高丽 等，2004），磷素进入水体以后的迁移途径和迁移规律还有待进一步深入研究。

滇池流域的水体富营养化引起国内外的广泛关注，已有很多关于该区域水体富营养化的研究成果（姚平 等，2009）。近年来，随着点源污染得到控制，农业非点源污染成为滇池流域水体富营养化的主要因素（单红艳 等，2004；Liu et al.，2009）。刘永等（2012）通过对滇池流域水污染和富营养化的研究提出：氮磷等营养物质应为未来控制重点。滇池流域农业产业结构的改变，使得磷肥的施用量成倍增加，流域土壤 P 流失的风险增加，对水环境的危害也增大。滇池流域有 69%的土壤对该区域水环境造成危害，在农业集约化模式下，露天菜地和大棚的面积迅速增加，农民施肥量成倍增加，导致土壤磷素渗漏的风险显著加大（张乃明 等，2007）。大棚种植面积的增加使得径流损失量减少，渗漏危害的比重增加。有研究发现：滇池流域露天菜地和大棚表层土壤的 Olsen-P 含量均超过土壤磷流失“突变点”（杨广容 等，2012）。对滇池东大河流域土壤磷素进行研究发现，不同土地利用方式下土壤 Olsen-P 水平不同，依次为湿地＞花卉大棚＞蔬菜大棚＞耕地＞坡耕地＞林地，全流域有效磷含量偏高，按照第二次全国土壤普查分级标准，湿地和花卉大棚处于一级标准，耕地、蔬菜大棚、坡耕地处于二级标准，林地处于三级标准（包立 等，2014）。在滇池流域进行原位模拟降雨试验，分析大棚和露地两种利用方式下的土壤磷素流失情况，结果发现：露地的径流流失能力大于大棚，以 PP 为主要流失形态；同种利用方式下不同土壤质地中，壤质黏土（大棚）和砂质黏土以 TDP 为主要流失形态（包立 等，2014；曹雪艳 等，2010）。进一步对农田径流磷素流失的土壤影响因子进行研究发现：地表 Olsen-P 含量与径流液中磷含量呈正相关；有机质含量与土壤 PSI 呈正相关；雨强的大小及降雨量直接影响产流的起始时间和产流量；黏粒含量和土壤孔隙度影响雨水的入渗过程（曹雪艳 等，2010）。

1.2 流域尺度土壤磷素流失控制

1.2.1 磷与湖泊富营养化

磷是核酸中关键的组成元素，参与细胞分化和新组织生长的过程，对生物体的生命活动至关重要。此外，磷还构成了能量传递物质三磷酸腺苷（ATP），是动植物不可缺少的营养元素。早在 20 世纪 30 年代，科学家首次提出富营养化问题时便指出湖泊富营养化主要是由磷浓度的上升所引发的（Naumann，1931），后续的大量研究进一步支持了磷是淡水生态系统中生产力的主要限制因素这一结论。Hutchins（1973）指出，磷在岩石风化过程中供给相对不足。Schindler 等（2008）在加拿大 227 号湖泊的多年试验表明，与氮相比，磷是富营养化的主要限制因素，因此控磷被认为是有效减轻富营养化问题的关键。这一观点得到了其他学者（Carpenter，2008；Wang and Wang，2009；Wang et al.，2014）的支持。此外，许多研究表明，湖泊中叶绿素浓度与磷浓度存在显著的相关性（Jones and Lee，1986；Sulis et al.，2014），使得“磷限制说”成为淡水湖泊富营养化研究中的主流观点之一。然而，自提出以来，这一观点也受到了“氮限制说”“氮磷双重限制说”及“碳限制说”等的挑战（Kagami et al.，2013），其中最具争议的是磷是否是淡水湖泊富营养化的唯一限制因子。由于化肥和生活污水是磷与氮的主要来源，大多数湖泊中的氮浓度通常与磷浓度密切相关（Downing and Mccauley，1992；Kopacek et al.，1995；杨志岩 等，2009；陈晓玲 等，2013）。大量文献和试验数据表明，氮等其他元素在某些情况下也显著促进富营养化，甚至在特定季节成为主要限制因子（Elser et al.，2007；Conley et al.，2009；Kagami et al.，2013）。因此，严格意义上的“磷限制说”缺乏足够的证据来完全支持这一单一限制观点。尽管关于磷是否是唯一的限制因子存在争议，但磷作为藻类生长的主要营养元素以及其在促进藻类生长中的重要作用已得到广泛认可。因此，磷在淡水湖泊富营养化中的影响不可忽视，控制富营养化仍然需要有效减少磷的输入。

使用国际权威学术搜索机构 Web of Science 的 SCI-Expanded 数据库，通过文献计量分析方法，对磷与湖泊富营养化领域的历史、现状和未来进行了评估。检索词为“TS=（phosphorus OR phosphate）AND TS=（eutrophication OR eutrophic）AND TS=（lake OR reservoir）AND PY=（1900-2013）”，TS1 指检索词为“TS=（phosphorus OR phosphate）AND TS=（eutrophication OR eutrophic）AND TS=（lake OR reservoir）AND PY=（1900-2013）”获得的文献，TS2 指检索词为“TS=（eutrophication OR eutrophic）AND TS=（lake OR reservoir）AND PY=（1900-2013）”获得的文献，共获取 3916 篇文献，其中 3763 篇为期刊论文，占 96%。为保证文献的代表性和学术价值，选择了 3875 篇期刊论文、综述和简讯作为研究样本，涵盖了 8422 名作者、523 个期刊和 105 个国家或地区。如图 1-1 所示，TS1 的文献数量呈显著增长趋势，由 1971～1990 年的 80 篇增至 2013 年的 353 篇，呈现指数增长（$P<0.0001$）。相对于湖泊富营养化的文献总量，磷与湖泊富营养化研究的文献量占比稳定在约 40%。引用指数 AWCR（age-weighted citation rate，文献老化权重引用指数）显示，20 世纪 90 年代以来的引用次数稳步上升，2000～2008 年保持相对稳定。总体而言，

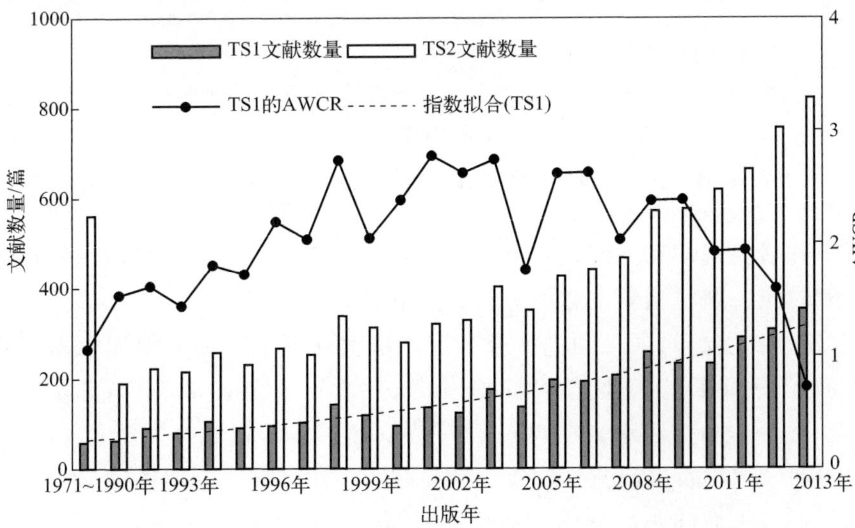

图 1-1　1971～2013 年磷与富营养化主题的文献数量与引用情况

该领域的文献影响力已进入稳定阶段，且每篇文献的年均引用率约为 2 次。基于文献增长趋势，磷与湖泊富营养化研究正处于高速发展期，预计未来会吸引更多研究者的关注。

对文献地区的分析显示，全球有 105 个国家或地区在该领域发表了文章，前 20 位的发文量占总量的 90%以上（Gao and Guo，2014）。与其他相关学科相似，美国在论文发表量、专业引用次数（TLCS）和总引用次数（TGCS）等方面都居于世界首位，显示出其在该领域的主导地位。此外，按文章平均引用情况（LCSA 和 GCSA）美国也是表现最优的国家之一。发达国家在这一领域占据绝对优势，发展中国家贡献不到 15%。中国是唯一一个人均 GDP 低于 10000 美元（2012 年为 6019 美元），但仍跻身世界第二大经济体的国家，显示出经济发展对该领域研究的推动作用。从文献引用情况来看（图 1-2），丹麦、瑞典、美国、加拿大、英国和挪威的论文引用次数较高，尽管这些国家的文献发表量并不突出。文献发表数量和引用次数之间并无显著的线性相关关系，丹麦、中国和美国在这方面表现出显著差异。丹麦文献数量少但引用次数高；中国文献数量多但引用次数低；而美国则保持较高的文献发表量和引用次数，居于两者之间。

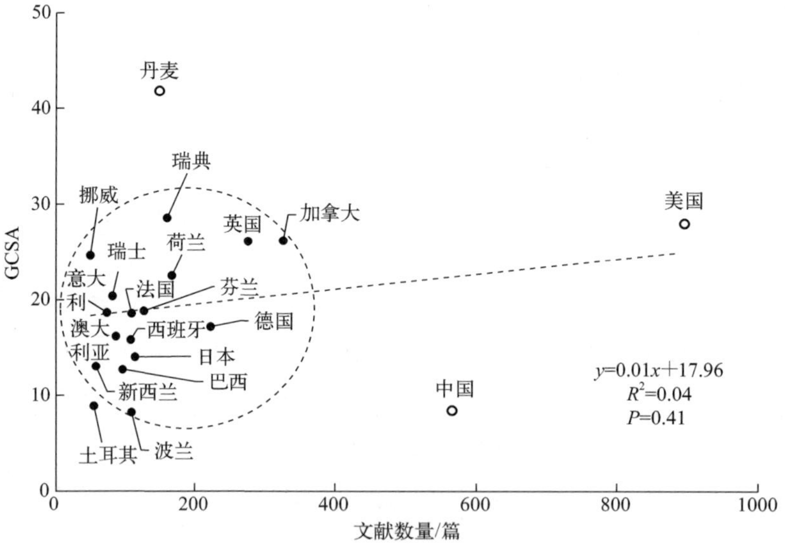

图 1-2 1971～2013 年磷与富营养化主题文献发表量最高的 20 个国家和地区的文献量与引用次数

题目词、作者关键词和关键词扩展描述了文献最主要的内容，它们一般被用来分析研究的重点和热点。通过检索文献的分析，共获得 5347 个题目词、4177 个作者关键词和 5510 个关键词扩展。对同义词进行合并后，依次列举了 3 类关键词中出现频率最高的前 20 个词汇（表 1-1）。总体上，“sediment（底质）”“nutrient（营养物）”“nitrogen（氮）”“shallow（浅水）”“phytoplankton（浮游植物）”“model（模型）”“quality（质量）”“river（河流）”等词汇受到的关注较高，表明该领域的研究主要集中于营养盐控制、水质问题、量化模拟和浅水湖泊。其中“sediment（底质）”在 3 类关键词中的排名都是第一或第二，因而湖泊底质的研究是该领域的主要热点之一。可能的原因是长期以来底质被认为在湖泊富营养化过程中起重要作用，相关研究表明底质中释放的磷成为富营养控制的主要难点（Mehner et al.，2008；Sondergaard et al.，2013），造成了外源营养盐削减措施的失效。

表 1-1　1971～2013 年磷与富营养化主题文献中出现频次最高的 20 个关键词

序号	题目词	作者关键词①	关键词扩展②
1	底质	底质	浮游植物
2	营养物	营养物	底质
3	浅水	氮	氮
4	效应	模型	浅水
5	浮游植物	质量	群落
6	模型	浮游植物	营养物
7	质量	负荷	淡水
8	变化	恢复	释放
9	中国	管理	质量
10	河流	蓝藻细菌	生态系统
11	群落	浅水	动态
12	氮	大型水生植物	河流
13	负荷	硅藻	有机物
14	响应	河流	增长
15	动态	叶绿素	限制
16	影响	暴发	模型
17	生态系统	浮游植物	浮游动物
18	管理	湿地	大型水生植物
19	浓度	藻类	土壤
20	释放	内（源）	海洋

① 列出的关键词剔除了检索词，如“lake”“eutrophic”和“phosphorus”。

② 关键词扩展是由 Web of Science 根据文章的参考文献信息自动生成的关键词。

分析题目词的年度变化有助于探寻该领域未来的发展趋势。通过筛选不同时期频率最高的 20 个题目词，共有 12 个题目词出现在所有的研究时段。这 12 个题目词的历年出现频率变化被用来分析该领域的变化趋势（图 1-3，书后另见彩图）。总体来看，多数的词汇频率均出现了明显的增长趋势，特别是 2000 年以后。其中，“sediment（底质）”“nutrient（营养物）”“effect（效应）”和“quality（质量）”的增长趋势最为突出，表明这些主题相关的研究得到了较高的重视与发展。相反，其他关键词则变化相对平缓，甚至部分关键词词频近年出现下降。“底质”和“营养物”这两个关键词在所有词汇中的频率最高，增长趋势最为明显，表明营养物来源特别是湖泊内源研究仍是湖泊富营养化研究的关键课题。此外，“effect（效应）”一词的快速增长也表明对富营养化和其他相关因素相互作用的研究越来越受关注。

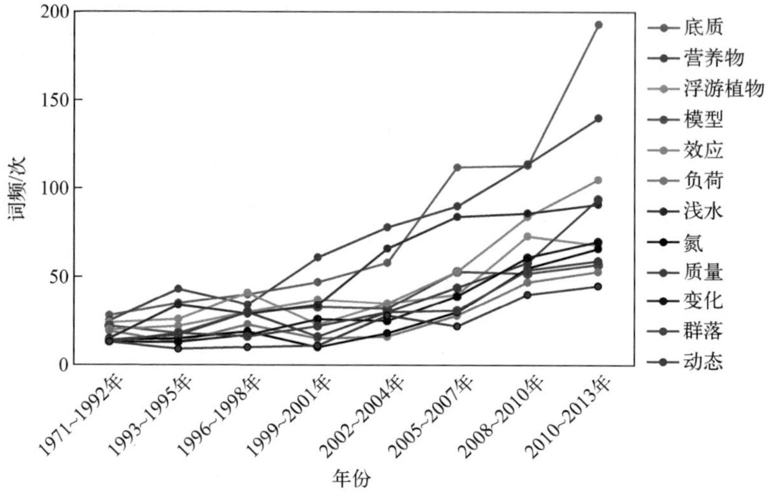

图 1-3 1971～2013 年磷与富营养化主题历年题目词频率

1.2.2 湖泊自然-人为磷循环

磷是湖泊营养状况的主要限制因子之一，控制磷的入湖量被认为是遏制富营养化的关键措施。与氮循环相比，湖泊中的磷循环相对简单，涉及的迁移和转化过程较少，其形态在环境中也较为稳定。在自然条件下，湖泊中的磷主要通过入湖河流携带的泥沙和溶解的有机物进入。磷通常以颗粒态存在，吸附在泥沙中，因此气态磷在大气中含量极少且不稳定，全球大气磷沉降量仅为 27kg/（km^2 · a）（Tipping et al.，2014）。然而，随着人类活动的加剧，大气磷沉降已成为许多湖泊的重要磷来源，中国和北美的研究显示，大气磷沉降占湖泊总磷负荷的 8%～75%（Brown et al.，2011；Hargan et al.，2011）。这一变化可能导致湖泊从磷限制转变为氮限制（Camarero and Catalan，2012）。总体而言，自然湖泊的磷收入主要来自径流，而磷的输入强度与流域降雨量和土壤含磷量有关。

人类活动对湖泊磷循环的干预主要是通过化肥施用和生活污水排放，导致湖泊磷浓度上升，从而引发富营养化（图 1-4）。随着绿色革命的发展，磷肥的使用量迅速增加，成为粮食增产的主要推动力之一，但过量施用的磷肥也随地表径流进入湖泊，成为重要的磷来源。此外，全球人口特别是城市人口的增长使得生活污水排放量急剧增加，其中的磷也大大加剧了湖泊的富营养化。虽然富营养化在自然状态下也可能发生，但人类活动已成为湖泊磷浓度上升的主要原因。与氮不同，磷主要来源于矿产开采，属于不可再生资源。因此，磷不仅应被视为一种控制富营养化的“污染物”，更应被看作是一种宝贵的资源。

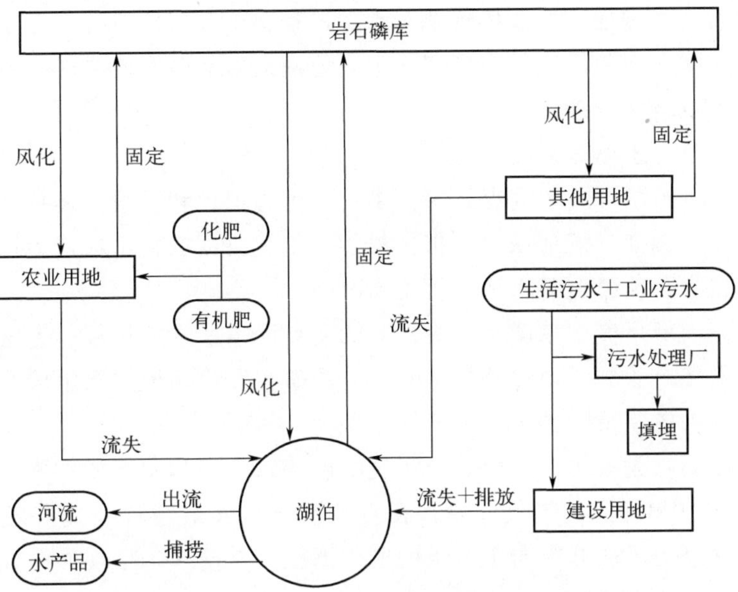

图 1-4　人类活动影响下的湖泊流域磷循环

1.2.3　流域磷流失控制研究

流域尺度土壤磷素流失控制的研究进展涉及多个领域，包括土壤科学、水文学、环境工程和农业管理等。

1.2.3.1　有关流域尺度土壤磷素流失控制的主要研究方向

目前有关流域尺度土壤磷素流失控制的研究方向主要有以下几个方面。

(1) 水文过程与土壤侵蚀研究

研究者对流域内的水文过程进行了深入研究，包括降水、径流、土壤侵蚀等。土壤侵蚀是磷素流失的主要途径之一。研究者通过模拟和观测，探讨了不同土壤类型、地形条件和降水强度下的土壤侵蚀过程，并分析了其对磷素流失的影响。

(2) 土壤磷素形态与迁移转化研究

磷素在土壤中存在不同形态，包括固态磷、可交换态磷和溶解态磷等。这些形态对磷素在土壤中的迁移转化具有重要影响。研究者通过实验室试验和野外观测，研究了土壤磷素形态的变化规律，以及不同土壤属性和管理措施对土壤磷素形态的影响。

(3) 农业管理实践与磷素流失控制

农业活动是造成土壤磷素流失的主要因素之一。研究者通过实地调查和模拟分析，评估了不同农业管理措施对磷素流失的影响。这些管理措施包括植被覆盖、轮作制度、减少化肥施用量、土壤保护措施等。研究者探讨了这些措施对土壤侵蚀和磷素流失的减缓效果，并提出了优化的农业管理方案。

(4) 模型模拟与预测研究

为了更好地理解土壤磷素流失的机制和影响因素，研究者开发了一系列数学模型来模拟和预测磷素流失过程。这些模型基于水文过程、土壤侵蚀过程、土壤磷素形态变化等多个方面的数据和参数，能够定量评估不同管理措施对磷素流失的影响，为农业管理和水资源保护提供科学依据。

（5）生态工程与土壤修复技术

除了农业管理措施外，研究者还探讨了一些生态工程和土壤修复技术在土壤磷素流失控制中的应用。例如，湿地恢复、植被修复、土壤改良等技术被认为可以有效减少土壤侵蚀和磷素流失，改善流域水体的水质状况。

综上所述，流域尺度土壤磷素流失控制的研究涵盖了水文过程、土壤科学、农业管理和环境工程等多个领域，通过理论探索、实验研究和模型模拟等手段，为制定科学有效的土壤磷素流失控制策略提供了重要支撑。

滇池是我国第六大淡水湖，历史上是昆明市赖以生存和发展的重要水源地，被誉为“高原明珠”。从 20 世纪 60 年代开始，在自然变化、人口增长与经济发展等多重压力下，滇池的水质经历了从Ⅱ类向劣Ⅴ类的剧烈退化，蓝藻水华呈现周期性暴发特征，对流域经济社会发展和自然生态造成了极大的损失。滇池的治理工作从“九五”至“十一五”，已累计投资 219.39 亿元，而滇池水污染防治“十二五”规划总投资 420.14 亿元。经过多年治理，滇池的有机污染指标得到有效遏制，呈现一定的下降趋势，但水质并未得到根本改善，TP 指标仍呈现显著的上升趋势。作为滇池富营养化的重要驱动因子，P 的控制成为滇池流域水环境治理的关键内容，如何有效控制流域氮磷营养物质的输入是当前的重要研究课题。

1.2.3.2 滇池流域氮磷研究主要方面

根据滇池流域已发表的氮磷主题文献，现有的研究可以分为以下 4 个方面。

（1）营养盐负荷量化

针对滇池流域氮磷排放负荷的研究已从多个角度展开，包括农业农村面源（张乃明 等，2003；陆轶峰 等，2003）、生活源（张德刚 等，2009）、点源（李跃勋 等，2010）、土地利用、污染源排放清单（高伟 等，2013）以及湖泊内源（李宝 等，2008；汪淼 等，2015）等方面。然而，这些研究主要基于对经济社会系统末端的分析，估算了排入不同环境受体的磷负荷，虽然这些末端的营养盐量化直接揭示了对环境的影响，但缺乏对人类活动相关信息的考量。这使得难以从单纯的污染源排放数据了解与上游经济社会的联系，从而难以基于末端排放直接制定优化经济社会结构的决策。

（2）环境磷含量变化及其影响因素

滇池环境演变的一个关键特征是磷含量的变化。现有的研究主要集中在滇池磷浓度的时间变化趋势（梁中耀 等，2014）、影响因素分析（李中杰 等，2012）以及空间变化特征（陈永川 等，2005）。此外，针对滇池入湖河流（王泉 等，2012）和流域地下水磷浓度的时空变化（王佳音 等，2013）也进行了类似研究。这些研究表明，滇池流域的湖泊、河流和地下水中的磷浓度总体呈增长趋势，而化肥施用、畜禽养殖以及土地利用变化等人类活动是主要影响因素。

(3) 磷流域环境模型研究

针对滇池流域的磷含量，环境模型主要分为流域模型和湖泊模型两大类。在流域模型中，基于 HSPF 和 SWAT 的河流磷通量估算是常用方法（杨永辉，2013）。而滇池的湖泊模型则侧重模拟入湖河流的营养盐通量与水体水质的响应关系，如程浩亮等（2011）建立的滇池湖泊生态系统水动力学模型。然而这些模型无论是流域模型还是湖泊模型都需要大量参数，包括水文、水质和水生态参数。目前国内复杂流域模型的参数大多依赖率定，这增加了研究结果的不确定性。

(4) 磷环境效应与优化管理研究

磷在环境中的富集会引发一系列环境问题。滇池流域的磷环境效应与影响研究主要是对湖体叶绿素含量影响的研究（颜小品 等，2013），研究表明磷富集是导致水体富营养化和地下水污染的重要原因。在磷营养盐的优化管理研究方面，出现了以滇池磷环境容量为约束的经济社会优化（盛虎 等，2012）和以滇池磷浓度为约束的入湖污染物优化模型（邹锐 等，2011）。

1.3 滇池流域环境中的磷

1.3.1 滇池主要入湖河流中的磷

1.3.1.1 入湖河流概况

滇池主要有 29 条入湖河流，这些河流大多源自流域北部、东部和南部的山地，以及滇池上游的松华坝水库和若干大中型水库。其中，7 条河流流入草海，22 条河流流入外海。在这些入湖河流中，集水面积超过 $100km^2$ 的有盘龙江、宝象河、大河、柴河、东大河、洛龙河、白沙河、捞鱼河、南冲河和新河 10 条。滇池主要河流水系的示意见图 1-5，主要入湖河流的特征和水资源状况列于表 1-2。

1.3.1.2 入湖河流磷浓度变化

(1) 长期变化

滇池流域内，长期水质监测数据的河流较少，只有老运粮河、新运粮河、船房河、盘龙江和大清河具有长时间序列的数据。对这些河流的 TP 浓度年际变化进行分析发现，各河流的水质变化趋势存在差异（图 1-6）。自 20 世纪 80 年代末至 90 年代末，老运粮河、船房河和大清河的水质有所改善，磷浓度逐年下降。然而，自 2000 年以来，这些河流的水质变化不明显，且年际磷浓度波动较大。相比之下，滇池最大入湖河流盘龙江的水质较好，但在磷浓度持续上升，水质出现持续恶化的趋势。新运粮河的水质变化表现出阶段性特征，1988～2000 年磷浓度保持较低水平，但随后 5 年内水质迅速恶化，磷浓度增长超过 2 倍。研究期间降水量的变化显示，2009 年和 2010 年为枯水年，其中 2010 年的降水量仅为多年平均的 58%。降雨是非点源污染的重要驱动力，河流水质的剧变可能与降水量的变化有关。

图 1-5 滇池主要河流水系示意

表 1-2 滇池主要入湖河流特征和水资源状况

项目	长度 /km	流域面积 /km²	平均降水深 /mm	平均降水量 /10^8 m³	平均径流深 /mm	年径流量 /10^8 m³
盘龙江	95	903	947.1	8.7961	289.5	2.6141
宝象河	50	344	869.2	2.9900	219.5	0.7551
大河		171	902.9	1.5440	239.6	0.4098
柴河	43	415	872.9	2.6711	220.0	0.6733
东大河	28	195	877.5	1.7111	238.8	0.5656
洛龙河	13.7	116	809.0	1.1892	163.0	0.2396
白沙河	21	118				0.2785
捞鱼河	28	128	853.3	1.0839	199.3	0.2531
南冲河	25	105	855.6	0.5561	195.7	0.1272
新河		106	1025.3	1.0868	337.0	0.3572
陆地小计	—	2600	893.1	23.2217	247.1	6.4237
滇池湖面	—	320	947.5	3.0320	−471.9	−1.5100
滇池流域	—	2920	899.1	26.3537	168.5	4.9200

(2) 短期变化

根据数据分析，选择了数据记录超过 5 年的河流作为样本，涵盖了 12 条主要河流近年的水质变化（图 1-7）。分析结果显示，自 2001 年以来，滇池流域主要入湖河流的 N 和 P 浓度变化较为复杂，仅有少数河流表现出明显的变化趋势，大多数河流呈现年际间的不规则波动。虽然 N 和 P 浓度之间依然存在较强的相关性，但部分河流的 N、P 变化趋势和波动特征有所不同。总体而言，TN 浓度的年际变化较小，而 TP 浓度则波动较大。在 12 条河流中，TN 浓度呈现增长趋势的有白鱼河、捞鱼河和小清河；TP 浓度呈现增长趋势的有采莲河和捞鱼河。此外，部分河流的污染指标出现下降趋势，如中河、茨巷河和洛龙河的 TP 浓度有所降低，但 TN 浓度未见明显下降。需要注意的是，新宝象河和乌龙河在 2010 年水质浓度出现突然下降，这可能与 2009～2010 年流域极端干旱的气候条件限制了非点源污染的入河有关。总体来看，2001～2010 年内滇池主要入湖河流的水质未见显著改善，部分河流水质甚至有所恶化。这表明滇池流域的营养盐治理任务仍然面临挑战。

1.3.1.3 入湖河流磷来源

这些河流中的磷主要来自以下几个方面。

(1) 农业排放

滇池流域是一个农业发达地区，农业活动是该地区主要的经济活动之一。化肥和农药的广泛使用导致了大量的磷污染物在农田中累积，随着降雨和灌溉水的冲刷，这些磷污染物被冲入金沙江、岷江和长江等河流，最终进入滇池。

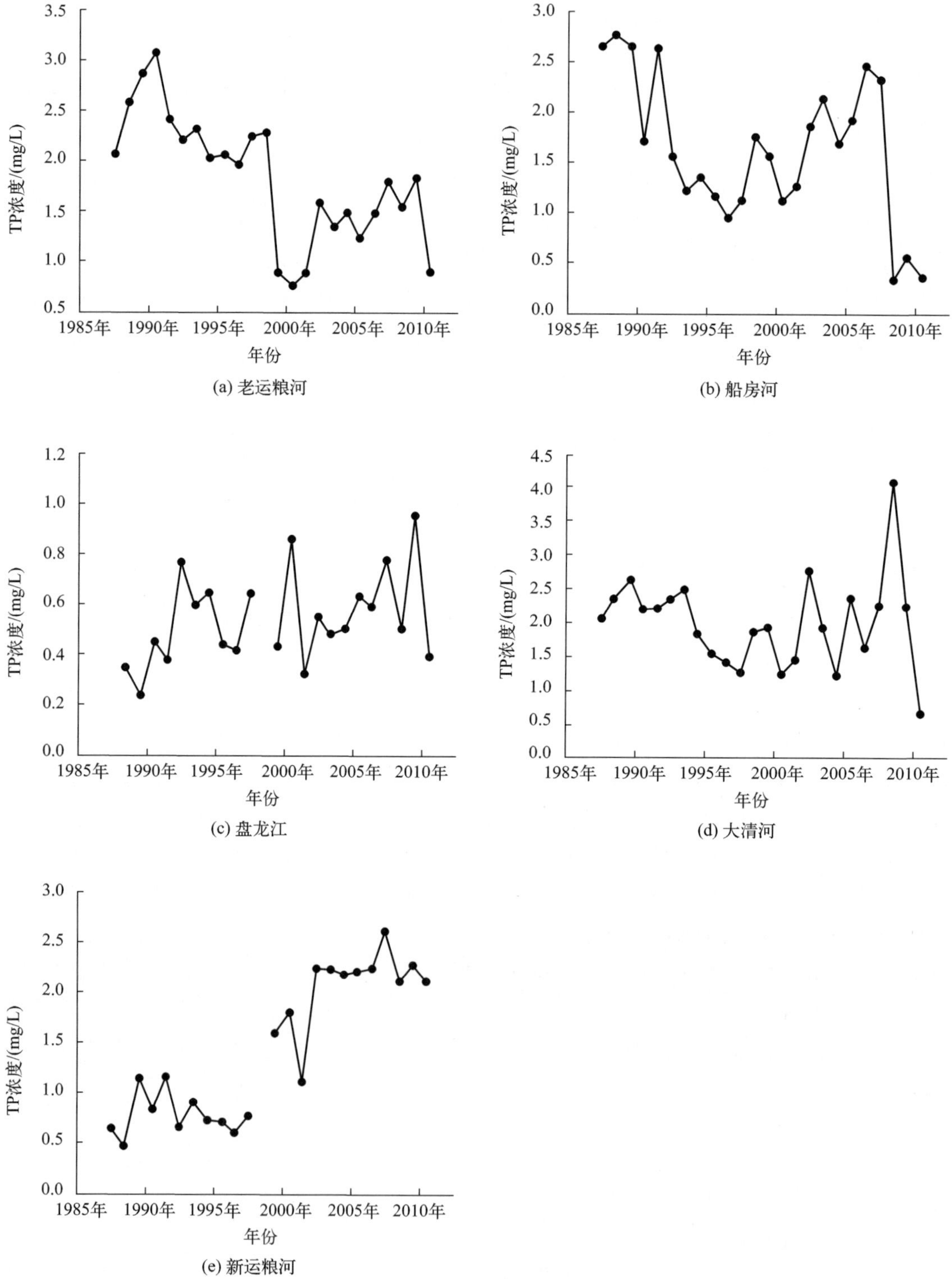

(a) 老运粮河　(b) 船房河　(c) 盘龙江　(d) 大清河　(e) 新运粮河

图 1-6　1988～2010 年滇池主要入湖河流 TP 浓度变化

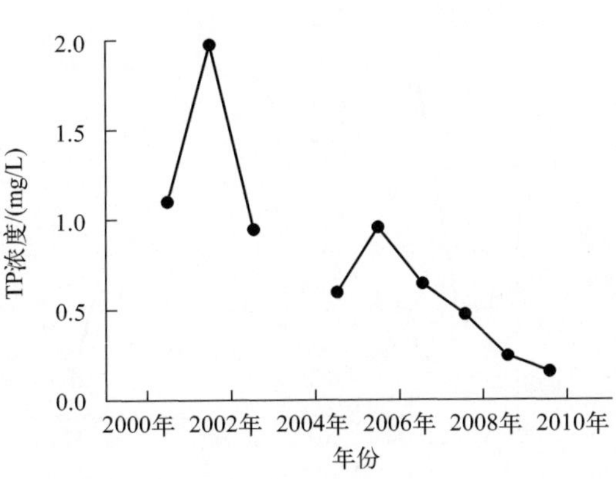

(a) 中河

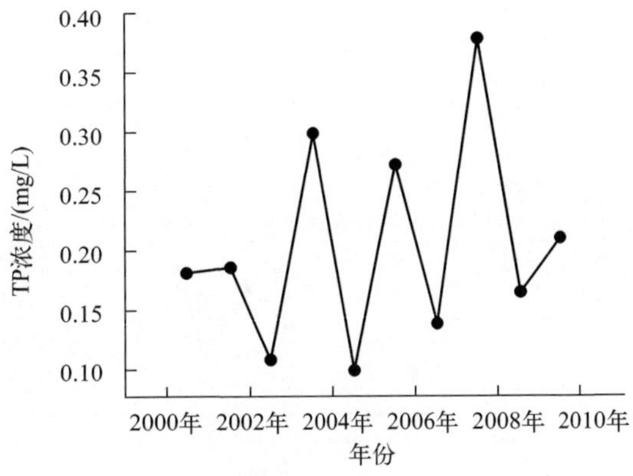

(b) 白鱼河

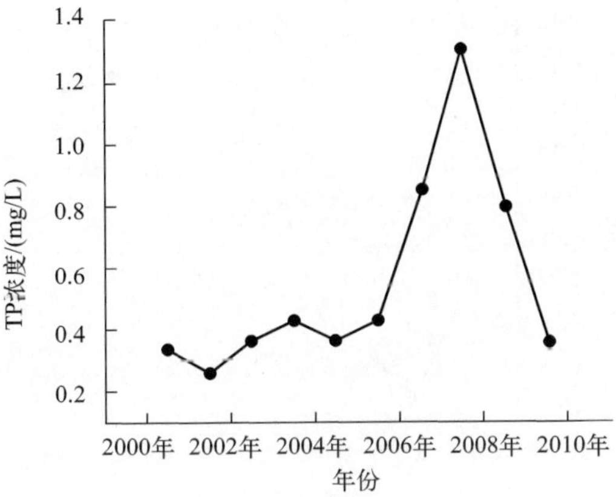

(c) 新宝象河

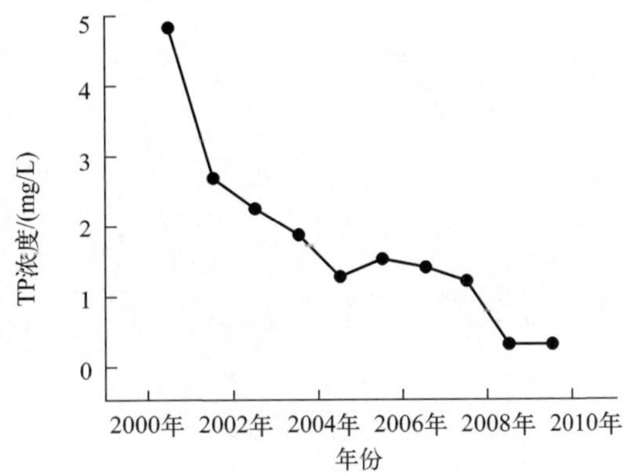

(d) 茨巷河

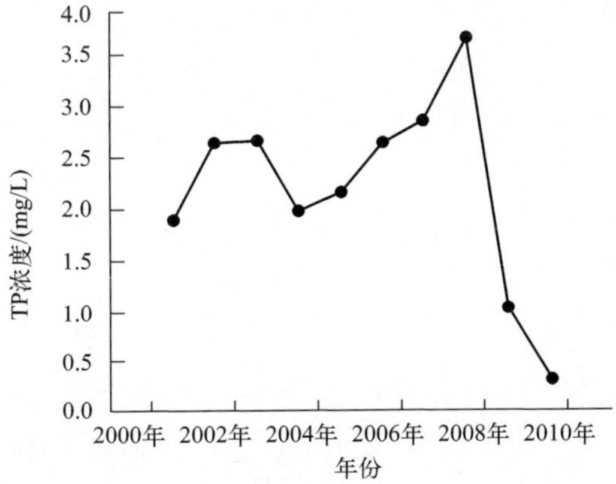

(e) 乌龙河

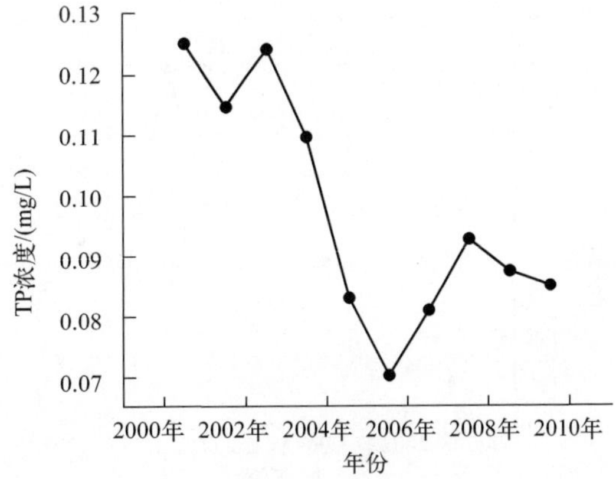

(f) 洛龙河

图 1-7

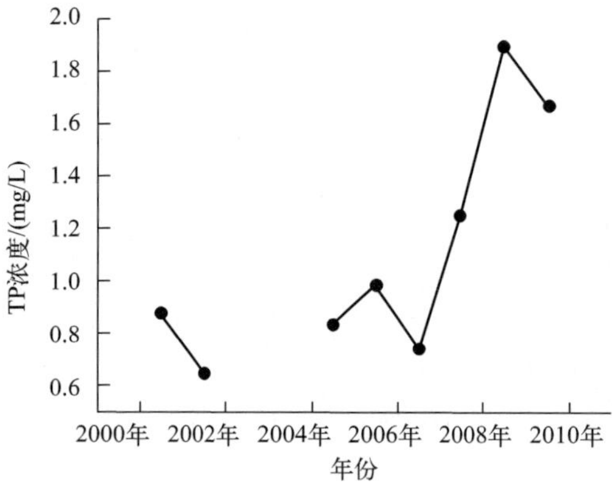

(g) 采莲河

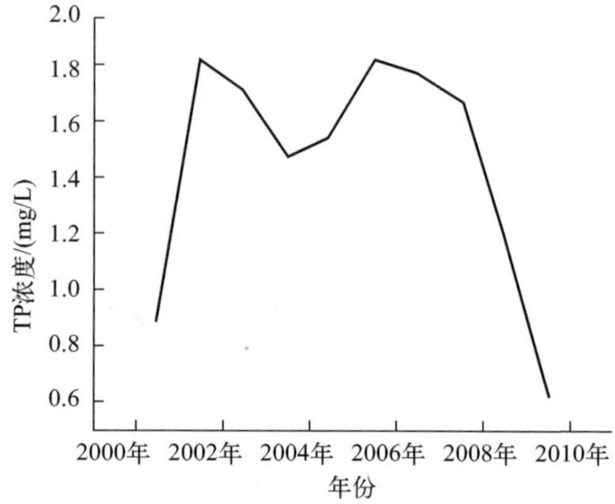

(h) 西坝河

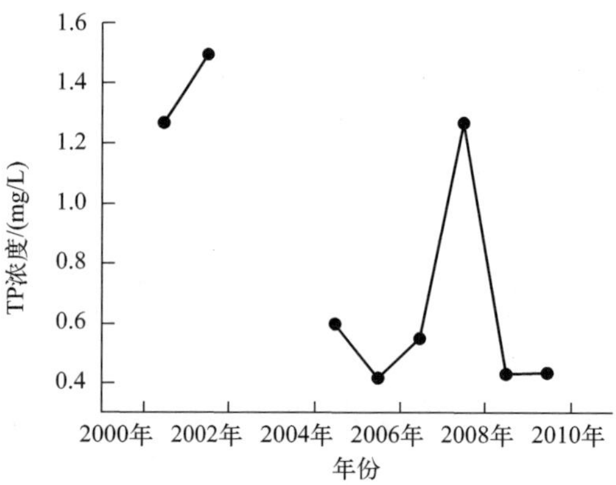

(i) 古城河

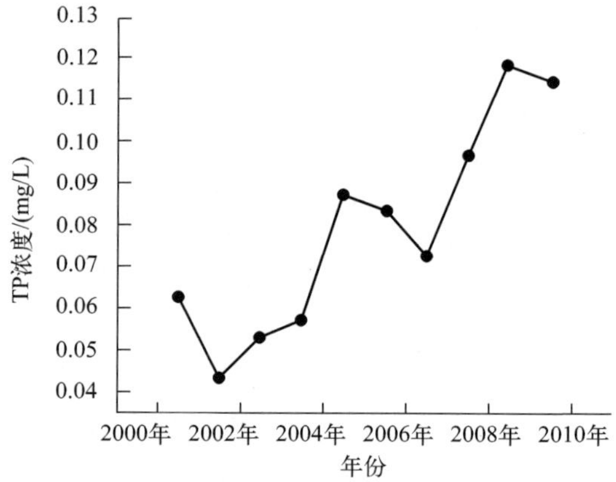

(j) 捞鱼河

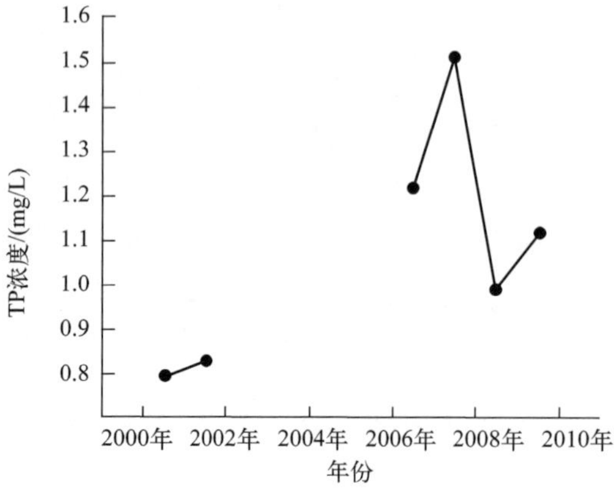

(k) 小清河

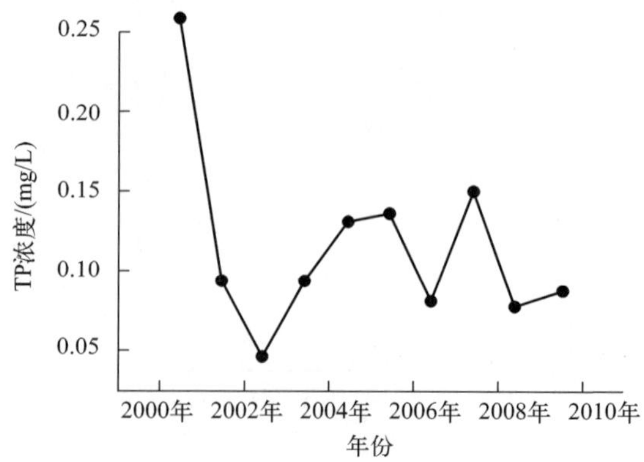

(l) 东大河

图 1-7　2001～2010 年滇池主要入湖河流的 TP 浓度变化

（2）城市排水

随着城市化进程的加快，滇池流域的城市化程度不断提高，城市排水中含有大量的废水和污水，其中包括工业废水、生活污水等。这些废水中含有大量的磷污染物，有些没有经过有效的处理就直接排入金沙江、岷江和长江等河流，进而进入滇池。

（3）土壤侵蚀

滇池流域的部分地区地形较为陡峭，土壤侵蚀比较严重。在降雨和人类活动的作用下，土壤表面富含磷的部分会被冲刷，进入河流，最终输送到滇池中。

（4）生活污水排放

除了城市排水外，滇池流域的一些农村地区也存在生活污水排放问题。这些生活污水中含有大量的磷污染物，如果没有得到有效处理就会直接排入河流，则增加了磷污染物的输入量。

综上所述，滇池主要入湖河流中的磷来自农业排放、城市排水、土壤侵蚀和生活污水等多方面。这些磷污染物的输入会对滇池的水质产生影响，加剧滇池的富营养化问题，对滇池的生态环境和水资源造成威胁。因此，需要采取有效的措施来减少入湖河流中的磷排放，保护滇池的生态环境。

1.3.2　滇池水体中磷浓度变化

1987～2020 年间，滇池 TP 指标总体呈现先上升后下降趋势（图 1-8），其中草海的 TP 年均浓度在 1987～2010 年间呈现显著的上升趋势（$P<0.001$），而 2011～2020 年间显著下降（$P<0.001$）。外海的上升趋势不明显（$P=0.17$），更多表现为年际波动，但年均浓度维持在Ⅳ-Ⅴ类水之间。

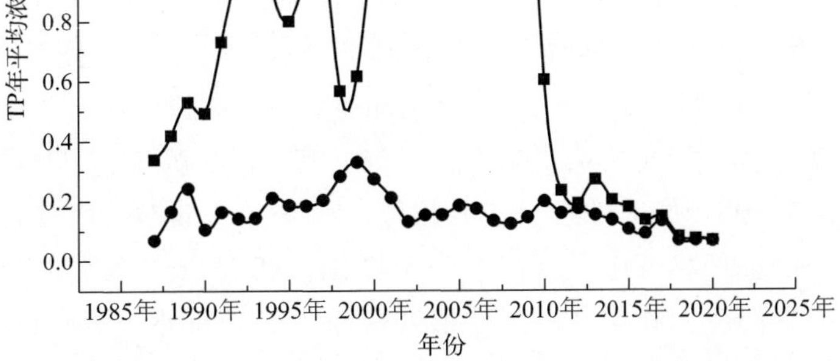

图 1-8　1960～2020 年滇池湖体 TP 年平均浓度变化

滇池水体中的磷浓度变化受多种因素的影响，包括季节变化、人类活动、水文过程及湖泊内部循环等。以下是滇池水体中磷浓度变化的一般情况。

（1）季节变化

滇池的水体磷浓度在不同季节会有明显的变化。通常在雨季，特别是暴雨期间，磷浓度会增加，主要是由于雨水冲刷了土壤表面的磷污染物，将其输送到河流和湖泊中。而在旱季，磷浓度通常会下降，这是因为降水量减少，土壤侵蚀和城市排水等磷来源减少。

（2）人类活动影响

人类活动对滇池水体中磷浓度的影响也非常显著。农业活动中的化肥使用、农药施用以及城市排水中的废水直接排放都会增加水体中的磷浓度。特别是在农业发达地区和城市集中地区，人类活动对水体磷浓度的影响更为明显。

（3）水文过程

水文过程如降雨、径流、水位变化等也会影响滇池水体中的磷浓度。降雨会增加土壤侵蚀，导致磷流入河流和湖泊中。径流的增加也会带来更多的磷污染物输入。而水位变化则可能改变水体中底泥的磷释放情况。

（4）湖泊内部循环

滇池作为一个湖泊，其内部循环也会影响磷浓度的变化。湖水的自然对流、风的作用、悬浮物的沉降等都会影响水体中的磷分布和浓度。

总体来说，滇池水体中磷浓度的变化受到多种因素的综合影响。为了有效管理和保护滇池水质，需要综合考虑季节变化、人类活动、水文过程等因素，采取有效的措施来减少水体中的磷污染物输入，保持水质的稳定和良好状态。

1.3.3 滇池沉积物中的磷

湖泊沉积物中的磷含量变化与湖泊水质密切相关。沉积物中的磷可以作为内源污染物，通过沉积物-水界面交换释放到水体中，尤其在湖泊底层缺氧或搅动时，这种释放会加剧，从而导致水体磷含量升高。过量的磷进入水体会引起藻类过度繁殖，导致水体富营养化，进而影响湖泊的生态平衡和水质。因此，沉积物中磷的累积和释放动态对湖泊水质的长期变化起着关键作用。如图 1-9 所示，1960～2013 年滇池沉积物 TP 浓度的变化范围为 0.86～1.52g/kg，平均值为 1.17g/kg。在 20 世纪 80 年代之前，TP 浓度随着沉积年代增加较慢，之后迅速增加。从整体趋势来看，数据并非呈现简单的线性变化，而是呈现出复杂且多样的波动特征。Mann-Kendall（曼-肯德尔）趋势检验的统计值为 4.307，呈显著上升趋势（$P<0.01$）。1960～1964 年，滇池沉积物 TP 浓度呈下降趋势，1964～2003 年，滇池沉积物 TP 浓度呈上升趋势，2003 年后数据呈现出缓慢下降趋势。

滇池草海和外海沉积物 TP 含量存在一定区别。相关研究表明，草海沉积物中 TP 含量相对较高，而外海沉积物中 TP 含量相对较低。草海和外海不同形态磷含量也有差异，草海湖区 NaOH-P 含量较高，外海湖区 HCl-P 含量较高。产生这种区别的原因可能与滇池草海和外海的水动力条件、周边环境、人类活动影响程度等因素有关。草海相对外海来说，水域面积较小，水流速度较慢，水体交换能力较弱，这可能导致磷更容易

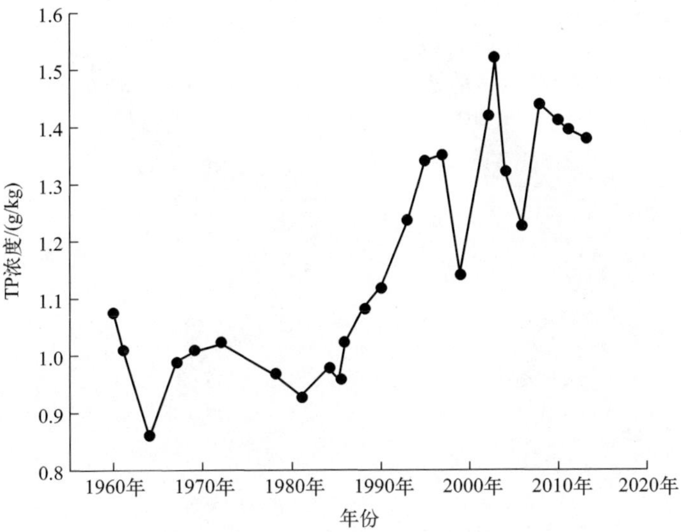

图 1-9　滇池沉积物磷含量变化

在草海沉积物中累积。此外，草海周边人类活动较为密集，可能有更多的含磷污染物排入，进而影响沉积物 TP 含量。而外海水域面积较大，水动力条件相对较强，可能有利于磷的扩散和稀释。

草海沉积物中不同形态磷的空间分布特征见图 1-10（书后另见彩图）（史静 等，2013）。从图 1-10 可以看出：草海沉积物全磷高含量区域，分布在西南部、北部和东部。这主要是由于西北部位于永盛村，该区域有大量的鱼塘和菜地，全磷得到很大沉积；

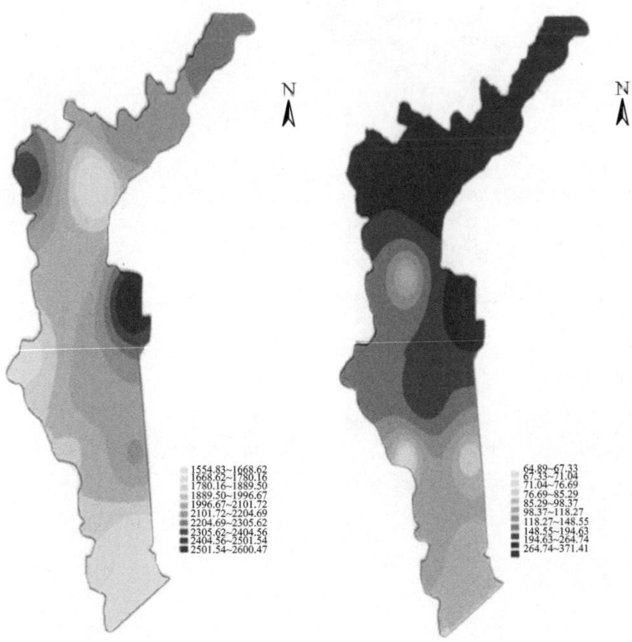

(a) TP　　(b) Al-P

图 1-10

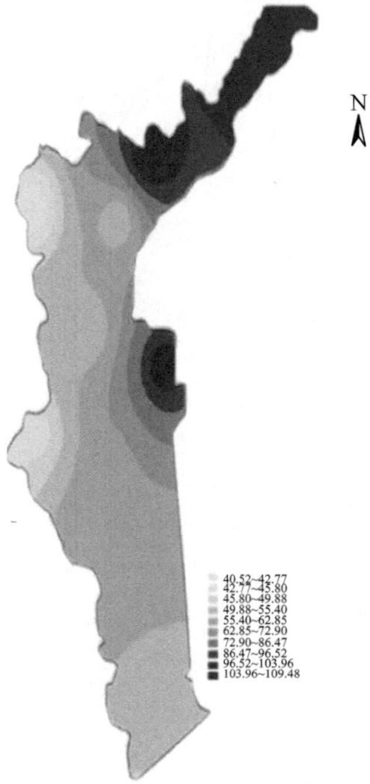

(c) Fe-P

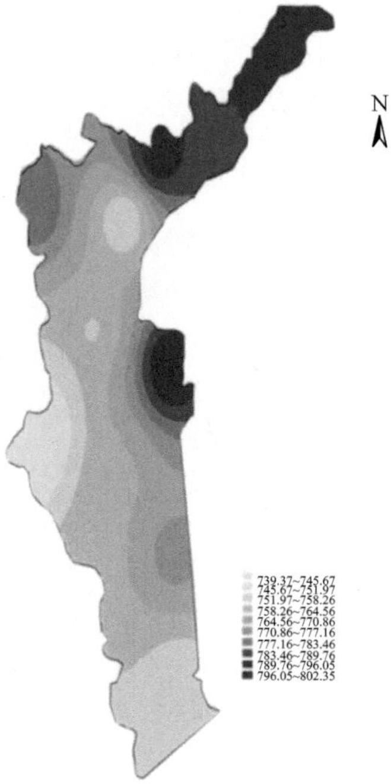

(d) Ca-P

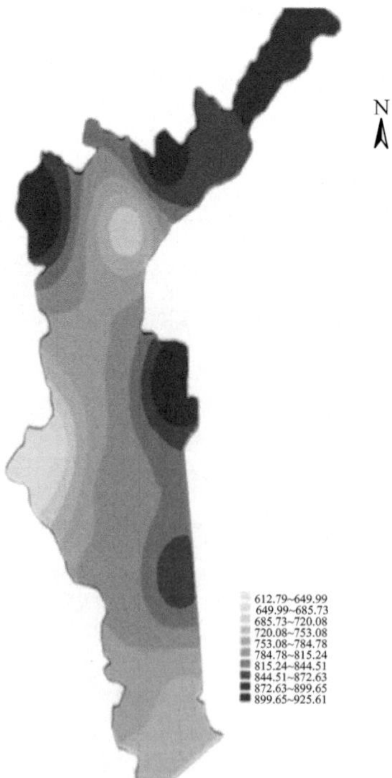

(e) O-P

图 1-10　沉积物磷形态空间分布（单位：mg/kg）

北部是草海最低的入湖河流大观河，该河道流经昆明市区，长年接纳城区污水使得该区域沉积物长年累积含量较高；东部海埂附近，被开发成旅游区，每年都有大量红嘴鸥粪便和生活垃圾，使得磷含量较高。

陈永川等（2007）研究表明（表 1-3），滇池外海沉积物（0～20cm）TP 的平均含量为 2.17g/kg，全年平均在 1.55～2.90g/kg 之间变化，变异范围是 34%～40%。表层（0～5cm）、中层（5～10cm）、底层（10～20cm）沉积物 TP 含量的变化趋势一致，总体趋势是夏季较高，冬季较低。沉积物 TP 含量的高低与磷的吸附和释放有关，沉积物表层直接接受水体磷的沉淀和吸附，是内源磷累积的主要界面，因此表层（0～5cm）沉积物 TP 含量明显高于中层（5～10cm）和底层（10～20cm）。其中全湖表层沉积物 TP 含量的最大值为 4.74g/kg，最小值为 1.52g/kg，表层的年变化平均范围为 2.21～2.90g/kg；中层沉积物 TP 含量的最大值为 3.96g/kg，最小值为 1.26g/kg，年变化平均范围为 1.87～2.28g/kg；底层沉积物 TP 含量的最大值为 3.99g/kg，最小值为 0.98g/kg，年变化平均范围为 1.55～2.09g/kg。

表 1-3　滇池外海沉积物 TP 含量特征　　单位：g/kg

变化特征	表层（0～5cm）	中层（5～10cm）	底层（10～20cm）
年平均	2.46±0.84	2.10±0.72	1.91±0.77
平均范围	2.21～2.90	1.87～2.28	1.55～2.09
最大值	4.74±0.08	3.96±0.02	3.99±0.11
最小值	1.52±0.17	1.26±0.03	0.98±0.06
变异系数	34%	34%	40%

作为国家重点治理的富营养化湖泊之一，滇池沉积物的 TP 含量负荷已经远远超过了太湖、巢湖和其他富营养化湖泊。表明滇池沉积物磷是水体磷的一个巨大储存库和重要磷源，在滇池水体环境中起重要作用。有关滇池沉积物磷的形态及其随不同时间向水体的迁移转化、沉积物磷释放量与内源负荷的定量研究，沉积物磷释放对蓝藻水华暴发和水体环境质量的影响及相互作用机制等还需进一步研究。

滇池沉积物磷也呈现明显的季节性变化。滇池沉积物 TP 含量尤其是表层沉积物 TP 含量总体趋势是夏季较高，冬季较低，与水体磷的变化趋势大致一致。这可能是因为夏季雨水较多，导致城市污水、农田养分及面山水土流失等，外部磷随雨水迁移到滇池中，导致水体和沉积物 TP 含量特别是表层含量增加；也可能与蓝藻的生长和藻华的暴发密切相关。有关滇池蓝藻的时空分布特征及沉积物磷释放与藻类生长的相互作用还有待进一步研究。

湖泊沉积物中的磷来源于多种因素，包括自然过程和人类活动。以下是滇池沉积物中磷的主要来源和特点。

（1）来源

1）自然过程

① 地球化学过程：滇池是一个古老的湖泊，在漫长的地质历史中，受到了多种地

球化学过程的影响，这些过程导致了沉积物中磷的累积。

② 植被生长和生物死亡：湖泊周围的植被生长和水中生物的死亡会导致有机物的沉积，这些有机物包含有机磷，进而贡献沉积物中的磷含量。

2）人类活动

① 农业排放：滇池流域是一个农业发达地区，大量的农业活动导致了化肥、农药等磷源的输入。这些磷源随着水流进入滇池，一部分会被吸附到沉积物中。

② 城市排水：随着城市化的发展，城市排水中含有大量的废水和污水，其中包括工业废水、生活污水等。这些废水中含有磷污染物，如果没有得到有效处理就会直接排入滇池，增加沉积物中磷的含量。

（2）特点

沉积物中的磷通常以无机磷和有机磷的形式存在，其中无机磷主要包括磷酸盐和亚磷酸盐，而有机磷则主要来自生物残体、腐殖质等有机物。沉积物中磷的含量和分布通常会随着水体中环境的变化而变化，例如水体富营养化程度、沉积速率等。沉积物中的磷对水体生态系统的影响是潜在的，因为它可能在水体再次搅动或氧气减少的情况下重新释放到水体中，导致水质恶化。

综上所述，滇池沉积物中的磷主要是受到自然过程和人类活动的影响累积而成。了解沉积物中磷的来源和特点有助于制定有效的保护和治理策略，以减少磷对滇池水质的不良影响。

参考文献

包立，张乃明，农明英，2014. 滇池东大河流域土壤磷素累积规律及空间分布特征研究［J］. 土壤，46（3）：470-474.

曹雪艳，李永梅，张怀志，等，2010. 滇池流域原位模拟降雨条件下不同土壤质地磷素流失差异研究［J］. 水土保持学报，24（3）：13-17.

曹志洪，林先贵，杨林章，等，2005. 论“稻田圈”在保护城乡生态环境中的功能Ⅰ. 稻田土壤磷素径流迁移流失的特征［J］. 土壤学报，42（5）：179-804.

陈西平，1992. 计算降雨及农田径流污染负荷的三峡库区模型［J］. 中国环境科学，12（1）：48-52，30.

陈晓玲，张媛，张琍，等，2013. 丰水期鄱阳湖水体中氮磷含量分布特征［J］. 湖泊科学，25（5）：643-648.

陈欣，郭新波，2000. 采用 AGNPS 模型预测小流域磷素流失的分析［J］. 农业工程学报，16（5）：44-47.

陈一兵，Trouwborst K O，1997. 土壤侵蚀建模中 ANSWERS 及地理信息系统 ARC/INFO 的应用研究［J］. 土壤侵蚀与水土保持学报，3（2）：1-13.

陈永川，汤利，谌丽，等，2005. 滇池水体中磷的时空变化特征研究［J］. 农业环境科学学报，24（6）：1145-1151.

陈永川，汤利，张德刚，等，2007. 滇池沉积物总磷的时空分布特征研究

[J]. 农业环境科学学报，(01)：51-57.

程浩亮，杨具瑞，芦振爱，等，2011. 滇池湖泊生态系统水动力学模拟 [J]. 生态与农村环境学报，27 (4)：74-80.

Dag O，Hessen，1997. 氮流失对淡水和海洋受体富营养化的重要意义 [J]. AMBIO—人类环境杂志，26 (5)：306-313.

段永惠，张乃明，2003. 滇池流域农村面源污染状况分析 [J]. 环境保护，7，28-30.

段永惠，张乃明，洪波，等，2005. 滇池流域农田土壤氮磷流失影响因素探析 [J]. 中国生态农业学报，13 (2)：116-118.

冯胜，秦伯强，高光，2007. 细菌群里结果对水体富营养化的响应 [J]. 环境科学学报，27：1823-1829.

高超，张桃林，吴蔚东，2001. 农田土壤中的磷向水体释放的风险评价 [J]. 环境科学学报，21 (3)：344-348.

高丽，杨浩，周健民，等，2004. 滇池沉积物磷的释放以及不同形态磷的贡献 [J]. 农业环境科学学报，23 (4)：731-734.

高伟，周丰，郭怀成，等，2013. 滇池流域高分辨率氮磷排放清单 [J]. 环境科学学报，33 (1)：240-250.

桂萌，祝万鹏，余刚，等，2003. 滇池流域大棚种植区面源污染释放规律 [J]. 农业环境科学学报，22 (1)：1-5.

郝旭，张乃明，史静，2013. 昆明市云龙水库径流区氮磷非点源污染负荷分析 [J]. 水土保持通报，33 (6)：274-278.

贺缠生，傅伯杰，1998. 非点源污染的管理及控制 [J]. 环境科学，19 (5)：15-18.

何晓玲，郑子成，李廷轩，2013. 不同耕作方式对紫色土侵蚀及磷素流失的影响 [J]. 中国农业科学，46 (12)：2492-2500.

简永兴，王建波，何国庆，2001. 湖北省海口湖、太白湖与武山湖水生植物多样性的比较研究 [J]. 生态学报，21：1815-1824.

金相灿，1992. 中国湖泊富营养化 [M]. 北京：中国环境科学出版社.

金相灿，辛玮光，卢少勇，等，2007. 入湖污染河流对受纳湖湾水质的影响 [J]. 环境科学研究，(04)：52-56.

雷宝坤，刘宏斌，段宗颜，等，2004. 滇池流域设施条件下氮磷对土壤硝酸盐累积的影响 [J]. 云南农业大学学报，(03)：330-334.

李宝，丁士明，范成新，等，2008. 滇池福保湾底泥内源氮磷营养盐释放通量估算 [J]. 环境科学，(1)：114-120.

李怀恩，沈晋，刘玉生，1997. 流域非点源模型的建立与应用实例 [J]. 环境科学学报，17 (2)：141-147.

李怀恩，胥彦玲，张强，等，2006. 黑河流域磷迁移转化过程连续模拟研究 [J]. 环境科学，27 (7)：1292-1298.

李庆逵，1989. 我国土壤科学发展与展望 [J]. 土壤学报，(03)：207-216.

李硕，孙波，曾志远，等，2004. 遥感和 GIS 辅助下流域养分迁移过程的计算机模拟 [J]. 应用生态学报，15 (2)：278-282.

李学平，石孝均，2010a. 模拟条件下农田磷素渗滤淋失特征研究 [J]. 环境科学与技术，33 (3)：32-35.

李学平，邹美玲，2010b. 农田土壤磷素流失研究进展［J］. 中国农学通报，26（11）：173-177.

李裕元，邵明安，郑纪勇，等，2003. 黄绵土坡耕地磷素迁移与土壤退化研究［J］. 水土保持学报，17（4）：1-7.

李跃勋，徐晓梅，何佳，等，2010. 滇池流域点源污染控制与存在问题解析［J］. 湖泊科学，22（5）：633-639.

李中杰，郑一新，张大为，等，2012. 滇池流域近 20 年社会经济发展对水环境的影响［J］. 湖泊科学，24（6）：875-882.

梁中耀，刘永，盛虎，等，2014. 滇池水质时间序列变化趋势识别及特征分析［J］. 环境科学学报，34（3）：754-762.

刘方，黄昌勇，何腾兵，等，2003. 长期施肥下黄壤旱地磷对水环境的影响及其风险评价［J］. 土壤学报，40（6）：838-834.

刘永，阳平坚，盛虎，等，2012. 滇池流域水污染防治规划与富营养化控制战略研究［J］. 环境科学学报，32（8）：1962-1972.

刘远金，卢瑛，陈俊林，等，2002. 广州城郊菜地土壤磷素特征及流失风险分析［J］. 土壤与环境，11（3）：237-240.

刘忠翰，贺彬，王宜明，等，2004. 滇池不同流域类型降雨径流对河流氮磷入湖总量的影响［J］. 地理研究，23（5）：593-604.

刘忠翰，彭江燕，1997. 滇池流域农业区排水水质状况的初步调查［J］. 云南环境科学，（02）：6-9.

鲁如坤，2000. 植物营养与施肥原理［M］. 北京：农业出版社：201-202.

卢少勇，张彭义，余刚，等，2006. 滇池王家庄湖滨带人工湿地农业径流中磷去除的干湿季节性规律［J］. 农业环境科学学报，25（5）：1313-1317.

陆轶峰，李宗逊，雷宝坤，2003. 滇池流域农田氮磷肥施用现状与评价［J］. 云南环境科学，22（1）：34-37.

吕家珑，Fortune s，Brookes P C，2003. 土壤磷淋溶状况及其 Olsen 磷“突变点”研究［J］. 农业环境科学学报，22（2）：142-146.

吕家珑，张一平，张君常，等，1999. 土壤磷运移研究［J］. 土壤学报，36（1）：75-82.

孟裕芳，1999. 滇池外海氮，磷含量的发展趋势分析［J］. 云南环境科学，18（4）：32-33.

秦伯强，高光，朱广伟，等，2013. 湖泊富营养化及其生态系统响应［J］. 科学通报，58（10）：855-864.

邱凉，罗小勇，程红光，2011. 长江流域大尺度空间非点源污染负荷研究［J］. 人民长江，42（18）：81.

单红艳，杨林章，王建国，2004. 土壤磷素流失的途径、环境影响及对策［J］. 土壤，36（6）：602-608.

沈宏，宋立荣，周培疆，等，2007. 有机磷农药对滇池微囊藻生长和摄磷效应的影响［J］. 水生生物学报，（06）：863-868.

盛虎，刘慧，王翠榆，等，2012. 滇池流域社会经济环境系统优化与情景分析［J］. 北京大学学报（自然科学版），48（4）：638-647.

史静，俎晓静，张乃明，等，2013. 滇池草海沉积物磷形态、空间分布特征及影响因素［J］. 中国环境科学，33（10）：1808-1813.

王道涵，梁成华，孙铁珩，等，2005. 磷素在土壤中的垂直迁移潜力研究［J］. 农业环境科学学报，（06）：1157-1160.

王佳音，张世涛，王明玉，等，2013. 滇池流域大河周边地下水氮污染的时空分布特征及影响因素分析［J］. 中国科学院研究生院学报，30（3）：339-346.

汪淼，严红，焦立新，等，2015. 滇池沉积物氮内源负荷特征及影响因素［J］. 中国环境科学，35（1）：218-226.

王庆仁，李继云，1999. 论合理施肥与土壤环境的可持续性发展［J］. 环境科学进展，7（2）：116-123.

王泉，李跃勋，何佳，等，2012. 滇池北岸入湖河流水质变化趋势分析［J］. 环境科学与技术，35（2）：191-194.

王涛，张维理，张怀志，2008. 滇池流域人工模拟降雨条件下农田施用有机肥对磷素流失的影响［J］. 植物营养与肥料学报，14（6）：1092-1097.

王晓燕，王静怡，欧洋，等，2008. 坡面小区土壤-径流-泥沙中磷素流失特征分析［J］. 水土保持学报，22（2）：1-5.

邬伦，李佩武，1996. 降雨过程与氮、磷流失特征研究［J］. 环境科学学报，16（1）：111-115.

夏青，廖庆宜，庄大帮，等，1985. 同化容量与数学模型第二部分数学模型八、非点源污染负荷计算模型［J］. 环境科学研究，（03）：43-52.

许海，朱广伟，秦伯强，等，2011. 氮磷比对水华蓝藻优势形成的影响［J］. 中国环境科学，31（10）：1676-1683.

徐明岗，孙立华，张一平，1998. 土壤磷扩散规律及其能量特征的研究Ⅱ. 施肥量及水肥温相互作用对磷扩散的影响［J］. 土壤学报，35（1）：55-65.

颜小品，李玉照，刘永，等，2013. 基于结构方程模型的滇池叶绿素 a 与关键影响因子关系识别［J］. 北京大学学报（自然科学版），49（6）：1031-1039.

杨广容，李春莉，王自林，等，2012. 滇池流域农田不同土地利用方式对土壤磷素积累及其吸附的影响［J］. 西北农林科技大学学报（自然科学版），40（7）：156-166.

杨丽霞，杨桂山，苑韶峰，等，2007. 不同雨强条件下太湖流域典型蔬菜地土壤磷素的径流特征［J］. 环境科学，28（8）：1763-1769.

杨永辉，2013. 湖泊流域营养盐过程模拟及其与叶绿素 a 的响应关系研究［D］. 北京：北京大学.

杨志岩，李畅游，张生，等，2009. 内蒙古乌梁素海叶绿素 a 浓度时空分布及其与氮磷浓度关系［J］. 湖泊科学，21（3）：429-433.

姚美香，胡玉洪，汤承彬，等，2005. 典型小流域水土流失观测及土壤侵蚀模数背景值——滇池流域台地区呈贡大渔乡综合示范区［J］. 云南环境科学，（S1）：119-121.

姚平，赵付竹，夏红云，2009. 滇池流域气候特征研究［J］. 环境科学导刊，28（增刊）：8-10.

尹家元，杨继红，杨光宇，等，1999. 昆明滇池及盘龙江磷形态分布研究［J］. 岩矿测试，（01）：9-12.

余天应，杨浩，2005. 藻类生长对滇池沉积物磷释放影响的研究［J］. 土壤，（03）：321-325.

臧玲，姚静华，田光明，2010. 水稻田磷素径流流失形态变化特征的模拟研究 [J]. 水土保持学报，24 (4)：12-15，21.

张德刚，汤利，陈永川，等，2007. 滇池流域典型城郊村镇排放污水氮、磷特征分析 [J]. 农业环境科学学报，26 (6)：2245-2250.

张德刚，汤利，陈永川，等，2009. 滇池流域典型城郊氮磷污染负荷定量研究 [J]. 水土保持学报，23 (5)：167-170.

张焕朝，张红爱，曹志洪，2004. 太湖地区水稻土磷素径流流失及其 Olsen 磷的"突变点" [J]. 南京林业大学学报（自然科学版），28 (5)：6-10.

章明奎，周翠，方利平，2006. 水稻土磷环境敏感临界值的研究 [J]. 农业环境科学学报，25 (1)：170-174.

张乃明，李成学，李阳红，2007. 滇池流域土壤磷累积特征与释放风险研究 [J]. 土壤，39 (4)：665-667.

张乃明，余扬，洪波，等，2003. 滇池流域农田土壤径流磷污染负荷影响因素 [J]. 环境科学，24 (3)：155-157.

张荣社，李广贺，周琪，等，2005. 潜流湿地中植物对脱氮除磷效果的影响中试研究 [J]. 环境科学，(04)：83-86.

张荣社，李广贺，周琪，等，2007. 潜流湿地控制暴雨径流中氮磷冲击负荷中试研究 [J]. 中国给水排水，(01)：64-68.

张维理，徐爱国，冀宏杰，等，2004. 中国农业面源污染形势估计及控制对策Ⅲ：中国农业面源污染控制中存在问题分析 [J]. 中国农业科学，37 (7)：1026-1033.

张永泽，刘玉生，郑丙辉，1997. (Exergy) 在湖泊生态系统建模中的应用 [J]. 湖泊科学，(01)：75-81.

张宇，2006. 滇池沿岸台地水土、氮磷流失特征与控制对策分析 [J]. 云南环境科学，(01)：31-34.

张兆国，赵晓惠，陈慧泉，等，2005. 农林复合经营模式控制滇池面山台地水土及氮、磷流失的研究 [J]. 林业调查规划，(01)：39-43.

张志剑，王珂，朱荫湄，等，2001. 浙北水稻主产区田间土-水磷素流失潜能 [J]. 环境科学：99-101.

赵斌，卢少勇，金相灿，等，2007. 滇池湖滨韭菜地磷污染特征调查 [J]. 中国农学通报，(12)：402-406.

钟晓英，赵小蓉，鲍华军，等，2004. 我国 23 个土壤磷素淋失风险评估 Ⅰ. 淋失临界值 [J]. 生态学报，24 (10)：2275-2280.

周全来，赵牧秋，鲁彩艳，等，2006. 磷在稻田土壤中的淋溶和迁移模拟研究 [J]. 土壤，38 (6)：734-739.

邹锐，朱翔，贺彬，等，2011. 基于非线性响应函数和蒙特卡洛模拟的滇池流域污染负荷削减情景分析 [J]. 环境科学学报，31 (10)：2312-2318.

Abrams M M , Jarrell W M, 1995 . Soil Phosphorus as a potential non-point source for elevated stream phosphorus levels [J]. Journal of Environmental Quality, 24 (1)：132-138.

Andrew S , Peter K , Claire B , et al. , 2017. Evaluation of phosphorus site assessment tools: Lessons from the USA [J]. Journal of Environmental Quality, 46 (6)：1250-1256.

Brookes P C，Heckrath G，Hofman G，et al.，1998. Losses of phosphorus in drainage water [J]. Phosphorus Loss from Soil to Water：253-271.

Brown L J，Taleban V，Gharabaghi B，et al.，2011. Seasonal and spatial distribution patterns of atmospheric phosphorus deposition to Lake Simcoe [J]. Journal of Great Lakes Research，373 (SI)：15-25.

Camarero L，Catalan J，2012. Atmospheric phosphorus deposition may cause lakes to revert from phosphorus limitation back to nitrogen limitation [J]. Nature Communications，3 (1118) .

Carpenter S R，2008. Phosphorus control is critical to mitigating eutrophication [J]. Proceedings of the National Academy of Sciences of the United States of America，105 (32)：11039-11040.

Conley D J，Paerl H W，Howarth R W，et al.，2009. Ecology controlling eutrophication：Nitrogen and phosphorus [J]. Science，323 (5917)：1014-1015.

Covell D L，1998. The role of phosphorus in the eutrophication of reviving water：A review [J]. Environ Qual ，27：261-266.

Crawford N H，Linsley R K，1966. Digital simulation in hydrology：Standford Watershed Model Ⅳ [J]. Dept Civil Engineering，Stanford University，Standford，Californial，Technical Report，39.

Downing J A，Mccauley E，1992. The nitrogen - phosphorus relationship in lakes [J]. Limnology and Oceanography，37 (5)：936-945.

Elser J J，Bracken M E S，Cleland E E，et al.，2007. Global analysis of nitrogen and phosphorus limitation of primary producers in freshwater，marine and terrestrial ecosystems [J]. Ecology Letters，10 (12)：1135-1142.

Frere M H，Onstad C S，Holtan H N，1975. An agricultural chemical transport model (ACTMO) [J]. Agricultural Research Service，3：56.

Gao W，Guo H，2014. Nitrogen research at watershed scale：A bibliometric analysis during 1959-2011 [J]. Scientometrics，99 (3)：737-753.

Hargan K E，Paterson A M，Dillon P J，2011. A total phosphorus budget for the Lake of the Woods and the Rainy River catchment [J]. Journal of Great Lakes Research，37 (4)：753-763.

Heckrath G，Djurhuus J，Quine T A，et al.，2005. Tillage erosion and its effect on soil properties and crop yield in Denmark [J]. Journal of Environmental Quality，34 (1)：12-24.

Hesketh N，Brookes P C，2000. Development of an indicator for risk of phosphorus leaching [J]. J Environ Qual，29：105-110.

Hong B，Swaney D P，Morth C，et al.，2012. Evaluating regional variation of net anthropogenic nitrogen and phosphorus inputs (NANI/NAPI)，major drivers，nutrient retention pattern and management implications in the multinational areas of Baltic Sea basin [J]. Ecological Modelling，227：117-135.

Hutchins G E，1973. Eutrophication [J]. American Scientist，61 (3)：269-279.

James D W，Kotuby-Amacher J，Anderson G L，et al.，1996. Phosphorusmobility in calcareous soils under heavy manure [J]. J Environ Qual，25：

770-775.

Jones R A, Lee G F, 1986. Eutrophication modeling for water quality management: An update of the Vollenweider-OECD model [J]. World Health Organization Water Quality Bulletin, 11 (2): 67-74, 118.

Kagami M, Hirose Y, Ogura H, 2013. Phosphorus and nitrogen limitation of phytoplankton growth in eutrophic Lake Inba, Japan [J]. Limnology, 14 (1): 51-58.

Knisel W G, 1980. CREAMS: A Field-scale model for chemicals, runoff and erosion from agricultural management systems [J]. In: USDA Conservation Report 26.

Kopacek J, Prochazkova L, Stuchlik E, et al., 1995. The nitrogen-phosphorus relationship in mountain lakes—Influence of atmospheric input, watershed, and Ph [J]. Limnology and Oceanography, 40 (5): 930-937.

Laflen J, 1998. Editorial [J]. Journal of Soil and Water Conservation, 53 (2): 90-91.

Lane L, 1998. The water erosion prediction project: Model overview [J]. In Proc Natl Water Conf ASCE, 20.

Liu Z H, Liu X H, He B, et al, 2009. Spatio-temporal change of water chemical elements in lake Dianchi, China [J]. Water and Environment Journal, 23 (3): 235-244.

Lv J J, Yang H, Gao L, Yu T Y, 2005. Spatial variation of P and N in water and sediments of Dianchi Lake, China [J]. Pedosphere, 15 (1): 78-83.

Mehner T, Diekmann M, Gonsiorczyk T, et al., 2008. Rapid recovery from eutrophication of a stratified lake by disruption of internal nutrient load [J]. Ecosystems, 11 (7): 1142-1156.

Moody C S, Worrall F, 2021. Limited influence of nutrient additions to the transformation of dissolved and particulate organic matter from a peatland headwater [J]. Journal of Geophysical Research: Biogeosciences, 126 (7).

Mozaffari M, Sims J T, 1994. Phosphorus availability and sorption inAtlantic plain watershed dominated by animal-based agriculture [J]. Soil Sci, 157: 97-107.

Naumann E, 1931. Limnologische terminologie [J]. Handbuchen Biologische Arbeitsmethoden, 9 (8): 1-776.

OECD, 1982. Eutrophication of waters: Monitoring, assessment and control [Z]. Paris.

Russell M J, Weller D E, Jordan T E, et al., 2008. Net anthropogenic phosphorus inputs: Spatial and temporal variability in the Chesapeake Bay region [J]. Biogeochemistry, 88 (3): 285-304.

Schindler D W, Hecky R E, Findlay D L, et al., 2008. Eutrophication of lakes cannot be controlled by reducing nitrogen input: Results of a 37-year whole-ecosystem experiment [J]. Proceedings of the National Academy of Sciences of the United States of America, 105 (32): 11254-11258.

Sharpley A N, Withers P J A, 1994. The environmentally sound man-agement of agricultural phosphorus [J]. Fert Res, 39: 133-146.

Sims J T, Simard R R B, Joern C, 1998. Phosphorus loss in agricultural drainage: Historical perspective and current research [J]. J Environ Qual, 27: 277-293.

Sondergaard M, Bjerring R, Jeppesen E, 2013. Persistent internal phosphorus loading during summer in shallow eutrophic lakes [J]. Hydrobiologia, 710 (1): 95-107.

Sulis A, Buscarinu P, Soru O, et al., 2014. trophic state and toxic cyanobacteria density in optimization modeling of multi-reservoir water resource systems [J]. Toxins, 6 (4): 1366-1384.

Tipping E, Benham S, Boyle J F, et al., 2014. Atmospheric deposition of phosphorus to land and freshwater [J]. Environmental Science-Processes & Impacts, 16 (7): 1608-1617.

Wang H, Wang H, 2009. Mitigation of lake eutrophication: Loosen nitrogen control and focus on phosphorus abatement [J]. Progress in Natural Science, 19 (10): 1445-1451.

Wang H, Wang H, Liang X, et al., 2014. Total phosphorus thresholds for regime shifts are nearly equal in subtropical and temperate shallow lakes with moderate depths and areas [J]. Freshwater Biology, 59 (8): 1659-1671.

Wischmeier W H, Smith D D, 1978. Predicting rainfall-erosion losses-a guide to conservation planning [J]. In: USDA, ARS, Agricultural Handbook 537.

Young R A, Onstad C A, Bosch D D, et al., 1989. AGNPS: A non-point-source pollution model for evaluation agricultural watershed [J]. Journal of Water and Soil Conservation, 44 (2): 169-173.

Zhang N M, Yu Y, Hong B, et al., 2004. Factors influencing run off P losses from farmlands of the Dianchi Lake Watershed in Yunnan, China [J]. Pedosphere, 14 (2): 259-262.

第2章 滇池流域土壤磷素累积特征

滇池作为中国西南的重要湖泊之一，承载着丰富的生态和水资源价值。随着人类活动的加剧，滇池流域的农业、工业及城市化进程对土壤环境造成了深远影响，其中土壤磷素的累积问题尤为突出。磷素作为植物生长的关键营养元素，其在土壤中的累积不仅影响农业生产的可持续性，还可能通过水体富营养化，进一步威胁滇池水质的健康。本章通过对滇池流域不同土地利用类型和土壤样本的系统分析，探讨了土壤磷素的累积特征及主要影响因素，揭示了土地利用方式、施肥管理及水土流失等对磷素累积的作用机制。通过研究磷素在土壤中的转化与流动特性，旨在为滇池流域的土壤磷素管理和水质保护提供科学依据，并为农业生产中的磷肥使用和生态环境保护措施优化提供技术支持。

2.1　滇池流域的自然与社会经济概况

2.1.1　滇池流域自然资源概况

滇池（24°40′～25°02′N，102°37′～102°49′E）位于中国云南省昆明市，是中国六大淡水湖之一，也是云南省最大的高原湖泊。滇池面积为 330km^2，平均水深为 5m，最大水深为 11m，总蓄水量约为 13.8 亿立方米。滇池的流域面积约为 2920km^2，占昆明市总面积的 13.9%。流域涉及昆明市主城六区（五华区、盘龙区、官渡区、西山区、呈贡区、晋宁区）和牛栏江补水区（寻甸县、嵩明县），是云南省经济和社会发展水平最高的区域。

滇池的水源主要来自径流、降水和地下水补给。流域内共有河流 29 条，其中主要入湖河流有 14 条，如盘龙江、螳螂川等。年平均降水量约为 1000mm，主要集中在 6～10 月的雨季，占全年降水量的 85%以上，自产水资源总量 5.7 亿立方米，人均水资源占有量 260m^3，为全省平均水平的 1/19，全国平均水平的 1/8，世界平均水平的 1/25。流域内的年平均气温为 15°C 左右，最冷月（1 月）平均气温为 7.8°C，最热月（7 月）平均气温为 20.1°C。流域内的植被主要以亚热带常绿阔叶林为主，海拔较高的山区覆盖有针叶林。滇池湿地面积曾达数万公顷，但由于城市扩张和农业发展，现存天然湿地面积大幅减少。目前，流域内的湿地保护区主要集中在滇池湖西岸的滇池国家湿地公园，面积约为 12.2km^2。

滇池流域的地质构造复杂，属于东南亚地块的一部分，形成于多次构造运动的作用下。滇池地区地处横断山脉东南缘，地质历史上经历了多次强烈的构造运动，包括喜马拉雅运动、印支运动和扬子板块的碰撞等，形成了多样的地质地貌。滇池流域的地层以中生代、古生代沉积岩为主，局部地段出露了较新的第四纪沉积物。该流域主要由砂岩、页岩、石灰岩、火山岩等构成，其中石灰岩广泛分布，为该区域的喀斯特地貌提供了基础条件。滇池流域的地貌特征包括湖泊沉积平原、河谷、丘陵以及西部的西山山脉，西山是由古生代至中生代的碳酸盐岩组成，岩溶地貌发育有典型的溶洞和地下河。滇池流域的地质条件不仅影响了该区域的水文循环和生态系统，还为矿产资源的形成提供了有利条件。此外，由于滇池流域地处地震带，该地区地震活动频繁，具有较高的地震风险。地质环境的变化对流域内的土地利用和城市发展也提出了特殊的要求，尤其是在山区和湖泊边缘区域的建设必须考虑地质灾害风险。

滇池流域的矿产资源相对较为有限，主要集中在非金属矿产资源和少量金属矿产的开采利用。流域内丰富的石灰石资源是该地区最重要的非金属矿产，石灰石广泛用于建筑材料和工业生产，尤其是水泥工业。石灰石的开采对区域经济发展起到了重要的推动作用，但也给环境带来挑战，尤其是对生态系统和水资源的影响。此外，流域内还分布有一些磷矿，这些矿产资源主要用于化肥生产，为农业发展提供了重要的原材料。滇池流域的磷矿属于中等规模，在全国磷矿储量中占有一定比例。尽管如此，矿产开采活动在滇池流域内的比例相对较小，大部分矿区位于流域外围地区。流域内部由于生态保护的需要，矿产资源的开采受到严格控制。随着环保意识的增强，滇池流域内的矿产开采受到更加严格的环境法规约束，尤其是在水源保护和土地修复方面的要求日益提高。未来，滇池流域的矿产资源开发需要进一步平衡经济效益与环境效益，推动绿色矿业的可持续发展。

滇池流域的生物多样性十分丰富，具有多样的生态系统，包括湖泊、湿地、森林、草地等多种生境，为各种动植物提供了栖息地。滇池是云南省的重要湿地生态系统之一，湖泊周边的湿地植物群落为许多水鸟和其他湿地生物提供了栖息和繁殖的场所。滇池流域内有多种珍稀动植物，其中滇池金线鲃等鱼类是该地区的特有物种，具有重要的保护价值。然而，由于滇池水质的恶化和人类活动的干扰，许多水生物种的栖息环境遭到破坏，生物多样性面临严峻挑战。近年来，为了恢复滇池的生态功能，流域内实施了多项湿地恢复工程，包括种植水生植物、建设人工湿地和引入外来物种等措施。此外，滇池周边的森林生态系统也为流域内的生物多样性提供了重要支持，森林不仅是多种动物的栖息地，还通过涵养水源、保持水土等功能，促进了区域生态的平衡。滇池流域的生物资源不仅具有生态价值，还为当地居民提供了丰富的资源，发展了渔业、林业和旅游业。保护滇池流域的生物多样性和生态环境，不仅有助于维持区域的生态系统功能，还能为经济可持续发展提供基础。

2.1.2 滇池流域社会经济概况

滇池流域是昆明市的重要组成部分，人口密度高，社会经济发展水平较高，流域面积为全省面积的0.78%，但聚集了全省7.5%的人口，产出全省25.3%的工农业生产总值、44%的工业总产值、1/5的社会商品零售额。2022年昆明市的常住人口为860万人，GDP总量为7541.37亿元。根据《2022年昆明市国民经济和社会发展统计公报》，其中第三产业占比为63.7%，是昆明经济的主要支柱。滇池流域内的主要经济活动包括旅游业、商贸业、服务业以及农业。滇池周边分布着众多著名景区，如西山森林公园、大观楼、民族村等，吸引了大量国内外游客。2022年，昆明市接待游客达2.18亿人次，实现旅游总收入2744.8亿元。农业在滇池流域也占有重要地位，特别是流域的周边县区。滇池流域主城六区耕地面积约为42.65万亩（1亩=666.7m^2），主要种植稻谷、蔬菜、花卉等。昆明市是中国重要的花卉生产基地，2022年昆明花卉园艺种植面积约为

$2.55\times10^4 km^2$，昆明市鲜切花产量为 105.01 亿枝，占全国鲜切花产量的 15%。

然而，随着经济的发展，滇池流域也面临严峻的环境问题，尤其是滇池的水污染问题。根据监测数据，滇池的水质长期处于劣Ⅴ类，主要污染物包括 TP、氨氮和化学需氧量（COD）。为治理滇池污染，昆明市政府投入了大量资金和资源，截至 2023 年，累计投入资金超过 600 亿元用于滇池治理工程，滇池流域共有 28 座城镇污水处理厂（水质净化厂，设计处理规模为 $2.36\times10^6 m^3/d$），同时通过恢复湿地、种植水生植物等措施来改善滇池生态环境。

其次，随着人口增长和经济发展，土地资源的紧张局面日益加剧，如何在发展中实现土地资源的可持续利用成为一个重要的议题。再者，城乡发展不平衡的问题在滇池流域依然存在，城市地区发展较快，而农村地区相对滞后，城乡差距扩大。此外，滇池流域的生态保护与经济发展之间的矛盾也较为突出，如何平衡经济增长与生态环境保护成为未来社会治理的一个重要课题。

滇池流域是一个自然环境优越、经济发展较为发达的区域，但也面临着环境保护与经济发展的双重挑战。在未来的发展中，需要进一步平衡生态保护与经济发展的关系，推动滇池流域的可持续发展。

2.2　滇池流域土壤的空间分布

受地形、气候、生物和地质因素的综合作用，滇池流域的土壤共有 7 类，红壤为地带性土壤，棕壤、黄壤属垂直地带性土壤，同时，还分布有水稻土、沼泽土、冲积土和紫色土等隐域性土壤。红壤主要分布于山区和丘陵地区；水稻土主要分布于滇池湖滨地区、河流谷地和山区平坝；第三系紫色土主要分布于流域东南的侏罗系红层地区。整个流域红壤分布面积最广，其次为水稻土。整个流域的地势东北高、西南低，区内沿东北西南向发育一条沟，以沟为轴，两侧对称呈阶梯状分布有低山地、台地、冲沟等地貌类型。成土母质为石灰岩、砂岩的残积物、坡积物和冲积洪积物。流域内出露地表的岩石经风化和成土过程作用，逐步发育形成砂岩红壤、石灰岩红壤或红色石灰土，砂岩红壤、石灰岩红壤经开垦后演化为红砂土或红土，岩石风化壳和各种土壤表土经流水侵蚀搬运堆积逐步演化为冲积土。此外，人为耕作和放牧活动对土壤形成演化有重要影响。

滇池流域的土壤类型多样，受地形、气候、植被等多种因素的影响，形成了不同的土壤分布带。流域内主要土壤类型包括红壤、棕壤、黄壤、水稻土、沼泽土、冲积土和紫色土等。滇池流域土地利用如图 2-1 所示（书后另见彩图）。红壤广泛分布在山地和丘陵地带，因其富含铁、铝氧化物，呈现出鲜明的红色，红壤的养分含量较低，需通过培肥措施提高农业生产力。黄壤则多分布在气候湿润的中高山地区，其养分较红壤稍高，但保水保肥能力较弱。水稻土是滇池平原区和湖泊沿岸地带的主要土壤类型，由于长期种植水稻，这类土壤经过水田的淋溶和耕作，具备良好的保水性和肥力，是农业生产的重要基础。滇池流域的土壤质量直接影响当地农业的发展，但随着近年来工业化和城市化的推进，土壤退化和污染问题日益严重。特别是滇池流域的重金属污染和氮磷污染，导致土壤质量下降，影响了农产品的安全性。因此，近年来云南省加大了对滇池流域土壤保护与改良的力度，采取了退化土壤修复、污染治理和可持续农业实践等措施，以改善土壤质量和生态环境。

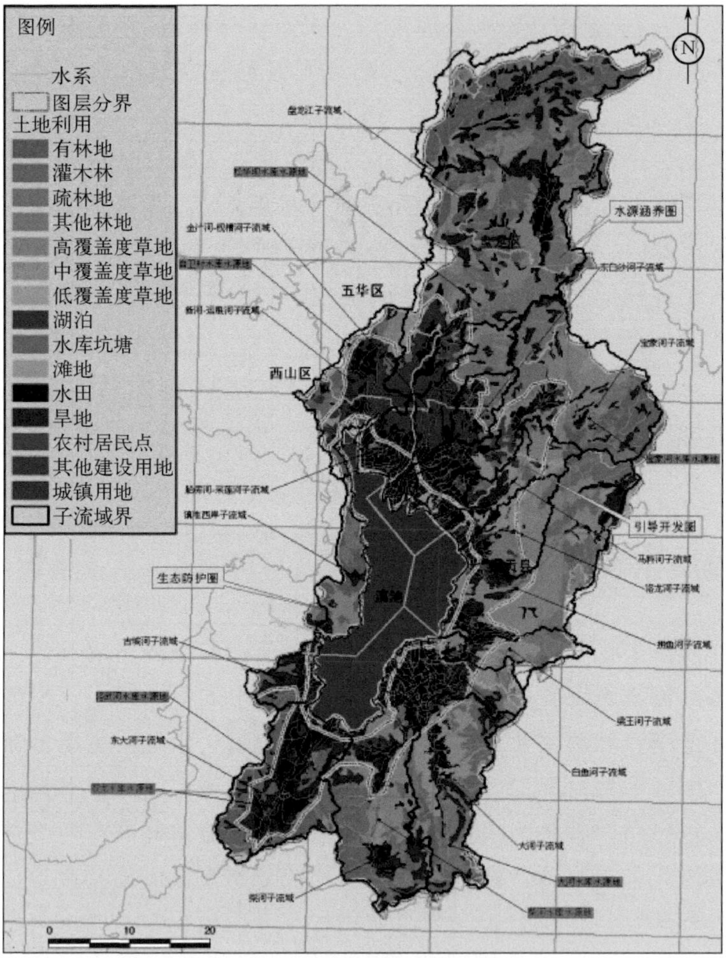

图 2-1 滇池流域土地利用示意图

目前滇池污染治理的研究多把重点放在点源污染物上，据了解，流域面上土壤侵蚀引起的有机质、N、P 的迁移富集对滇池的污染有重要意义。滇池流域非点源污染物主要由 N、P、COD 等组成，来自 4 个方面：a. 坡地水土流失；b. 农田施用化肥和农药；c. 农村生活污水；d. 农村固体废物。滇池流域尤其是湖滨区域是城乡交错、湖泊和陆地交错的区域。由于滇池周围矿区开采、农田大棚化肥的超标使用（滇池东部肥料达 1800 ～ 7500kg/hm^2）、人口膨胀和资源的不合理利用、城镇村用地扩展、城市化未经处理的污水排放，滇池流域水土流失、湖泊萎缩、湖水污染和富营养化问题日益严重。水土流失是引起面源污染的重要动力和主要载体之一，土壤侵蚀本身就是一个大范围的面源污染。因此，对土壤侵蚀模数的研究也是面源污染研究的一个重要方面。多余的流入滇池流域的地表水体富营养化等一系列环境问题日益严重。

2.3　滇池流域土壤磷素的基本统计特征

应用经典统计学分析表明，滇池流域土壤全磷的含量为 0.99～2.34g/kg，平均值为 1.34g/kg，显著高于南方第二次全国土壤普查结果（0.56g/kg），全磷含量极高；土壤中有效磷含量 35.14～181.33mg/kg，平均值为 62.94mg/kg，土壤中水溶性磷含量 12.99～94.56mg/kg，平均值为 26.40mg/kg，有效磷和水溶性磷也均处于极高水平，且变异系数比全磷高很多，变化范围大。滇池流域土壤取样点分布如图 2-2 所示（书后另见彩图）。

图 2-2　土壤取样点

滇池流域土壤磷素累积特征见表 2-1。

表 2-1 滇池流域土壤磷素累积特征

统计量	土壤全磷 /(g/kg)	土壤有效磷 /(mg/kg)	土壤水溶性磷 /(mg/kg)
最小值	0.99	35.14	12.99
最大值	2.34	181.33	94.56
平均值	1.34	62.94	26.40
标准差	0.35	47.18	26.39
变异系数	0.26	0.75	1.00
偏度	1.79	2.18	2.27
峰度	3.46	3.47	3.77
$P_{k\text{-}s}$	0.617	0.362	0.480

单样本科尔莫格罗夫-斯米尔诺夫（K-S）检验（$P<0.05$，双侧检测）表明，滇池流域土壤全磷、有效磷、水溶性磷均符合正态分布，这些数据可以直接用于地统计学中的 Kriging（克里金）插值分析。

2.4 滇池流域大棚土壤磷素含量分布与地统计分析

土壤磷素空间分布是结构性和随机性因素共同作用的结果，C_0 表示块金值，代表由实验误差和小于实验取样尺度上施肥、灌溉等随机因素引起的变异；C 为偏基台值，代表由气候、土壤母质、地形等非人为的区域因素（空间自相关部分）引起的变异。

许多土壤性质的半方差函数在位置趋于零时并不为零。这时的非零值就称为“块金方差（nugget variance）”或“块金效应”。它代表了无法解释的或随机的变异，通常由测定误差或土壤性质的微变异所造成。块金效应可以用来表示土壤的空间相关性（见表 2-2）。

表 2-2 块金效应与空间相关性

块金效应	空间相关性
<0.25	强
0.25～0.75	中等
>0.75	弱

总体来看，滇池流域土壤磷素与实验变异函数拟合较好（决定系数 R^2 均在 0.7 以上）。块金值和基台值之比 [$C_0/(C+C_0)$]，即块金效应，可用来表示系统变量的空间相关性程度。

由表 2-3 可以看出，土壤全磷、有效磷的块金效应分别为 0.108 和 0.027，具有很强空间相关性，结构性因素（自然因素）的影响较大，但水溶性磷的块金效应达到 0.434，属中等空间自相关，受耕作等人为因素的影响程度大。

表 2-3　滇池流域土壤磷素地统计学分析

指标	趋势效应	模型	块金值 C_0	偏基台值 C	块金效应 $C_0/(C+C_0)$	变程 /m	决定系数 R^2	残差 RSS
全磷	无	指数	0.004	0.033	0.108	591	0.877	0.002
有效磷	无	球型	0.001	0.036	0.027	613	0.838	0.002
水溶性磷	无	球型	0.023	0.030	0.434	404	0.787	0.004

2.4.1　滇池流域土壤全磷含量

土壤全磷量即磷的总贮量，包括有机磷和无机磷两大类。滇池流域土壤全磷的空间分布图表明（图 2-3，书后另见彩图），全磷的分布具有显著的空间特征，且在全流域尺

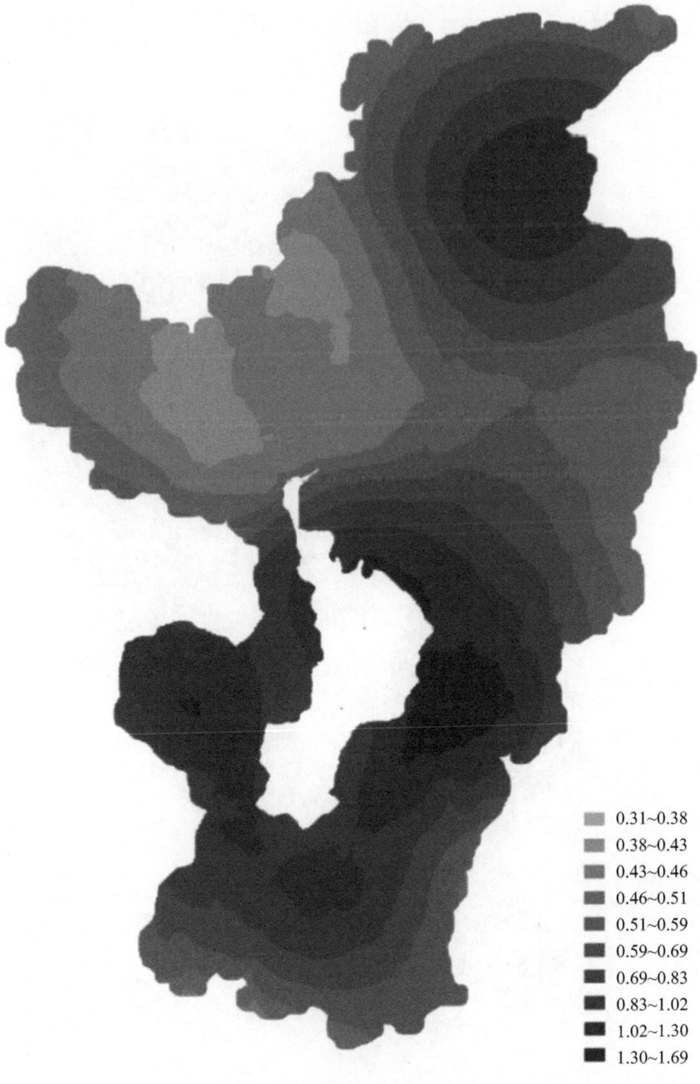

图 2-3　滇池流域土壤全磷空间分布

度上表现为高含量和大变幅，累积量最大的地区为东岸湖滨大棚种植区，显著高于其他区域，随着远离大棚区，全磷含量均匀地向远离滇池的方向降低，呈显著的条带状分布。西岸磷矿区也有较高累积，但变化程度不大。土壤中的磷素大部分是以迟效性状态存在，因此土壤全磷含量并不能作为土壤磷素供应的指标，全磷含量高时并不意味着磷素供应充足，而全磷含量低于某一水平时却可能意味着磷素供应不足，这在滇池流域尤其显著。

2.4.2 滇池流域土壤有效磷含量

土壤有效磷的空间分布表明土壤有效磷分布具有明显的空间特征（图 2-4，书后另见彩图），从整个区域尺度看，含量高、变幅大的区域为流域大棚典型种植区，但变化程度不如全磷明显，大棚区的有效磷含量差异不显著，这是由大棚区复种指数高，有效磷多被作物利用、不易累积造成的。土壤有效磷是土壤磷素养分供应水平高低的指标，土壤磷素含量高低在一定程度上反映了土壤中磷素的贮量和供应能力。相对全磷来说，有效磷在大棚中的累积不如全磷显著，利用率低，存在的流失风险就会加大。

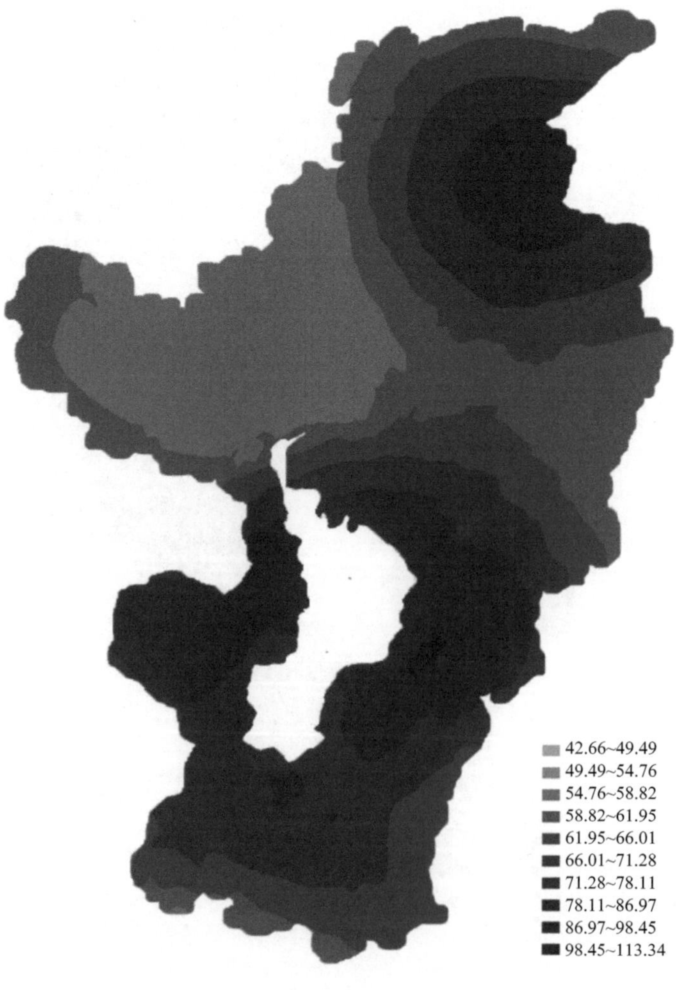

图 2-4 滇池流域土壤有效磷空间分布

2.4.3 滇池流域土壤水溶性磷含量

土壤水溶性的空间分布表明土壤水溶性磷分布具有明显的空间特征（图 2-5，书后另见彩图），从整个区域尺度来看，水溶性的含量较高，含量最高的区域是东岸的大棚区，但是变幅最大，水溶性受人为因素的影响最为明显，一旦离开大棚区水溶性磷的含量迅速下降。土壤水溶性磷是土壤磷素进入水体，引起水体富营养化的直接指标，这也说明大棚区域的磷流失风险高于其他土地利用类型。

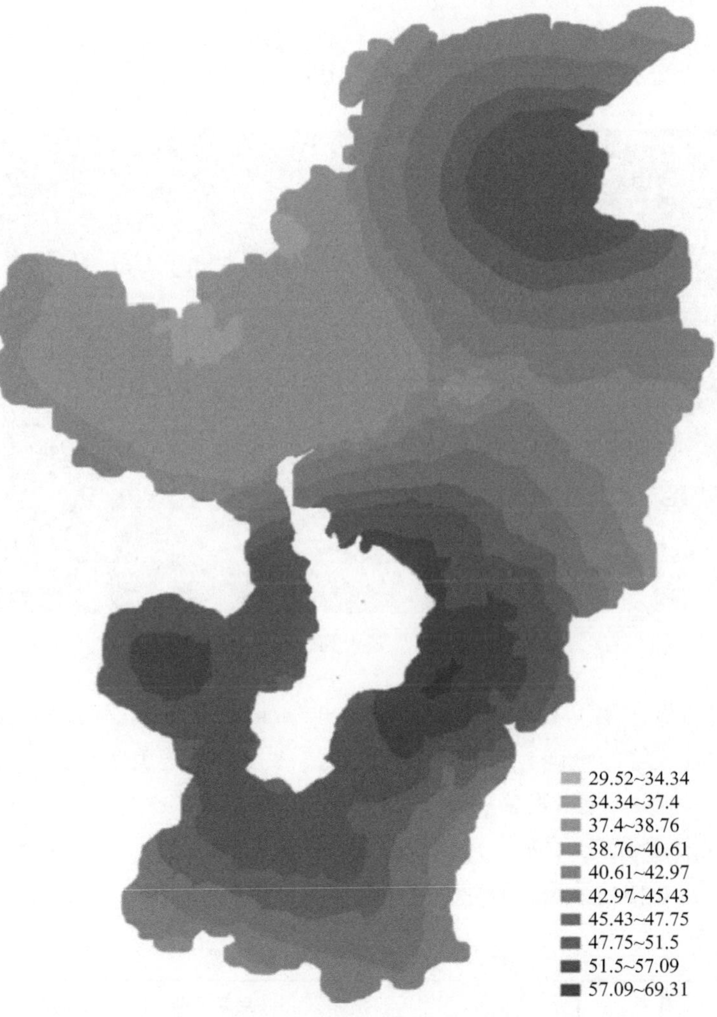

图 2-5 滇池流域土壤水溶性磷空间分布

滇池流域土壤全磷、有效磷和水溶性磷的空间分布状况基本一致，说明其存在一定的相关性，但具体的分布变化状况又各有特点，因此对滇池流域土壤的研究要根据不同的磷形态来进行。

2.5 典型小流域土壤磷素累积

2.5.1 东大河流域土壤磷素变化规律

东大河是入滇的 36 条主要河道之一，全长 17.13km，起点为宝峰镇大春河水库分洪闸，终点为昆阳镇兴旺村委会河嘴入湖口，流经宝峰镇昌家营，昆阳镇乌龙、储英等 11 个村委会。径流面积 195.44km^2，是昆阳坝区的防洪主河道，也是最主要的灌溉河道。大量化肥等富营养物质通过农田排灌汇集到河道后，进入滇池，直接增加了滇池水的污染负荷。

东大河土样点分布见图 2-6（书后另见彩图）。

图 2-6　东大河土样点

整个东大河流域土壤全磷含量为 0.24～1.87g/kg，平均值为 1.01g/kg（见表 2-4），明显高于南方酸性土壤的全磷含量的一般值（0.56k/kg），这表明东大河土壤磷有显著的累积。土地利用类型对土壤磷素累积有显著作用。全磷含量依次为：湿地（1.79g/kg）＞花卉大棚（1.34g/kg）＞蔬菜大棚（1.05g/kg）＞耕地（0.85g/kg）＞坡耕地（0.74g/kg）＞林地（0.32g/kg）。总体趋势是湿地＞大棚＞耕地＞林地。

表 2-4　东大河土壤全磷状况

土地利用类型	林地	坡耕地	耕地	蔬菜大棚	花卉大棚	湿地
样本数/个	6	11	5	9	26	2
含量范围/(g/kg)	0.24～0.67	0.41～0.83	0.80～1.01	0.87～1.16	1.11～1.52	1.70～1.87
平均值/(g/kg)	0.32	0.74	0.85	1.05	1.34	1.79
标准差	0.06	0.04	0.01	0.04	0.11	0.12
变异系数	0.18	0.05	0.02	0.04	0.08	0.07

根据第二次全国土壤普查的养分分级标准，林地全磷含量处于五级水平，坡耕地处于三级水平，耕地处于二级水平，蔬菜大棚、花卉大棚、湿地处于一级水平，全流域的全磷水平整体较高。

其中林地全磷含量的变异系数较大，各取样点之间的差异显著，其他土地利用类型下的变化不明显，变异系数较小，证明人为干扰对磷含量的影响更加重要。

东大河流域土壤有效磷的含量为 6.58～75.90mg/kg，平均值为 37.50mg/kg（见表 2-5）。土壤有效磷含量依次为：湿地＞花卉大棚＞蔬菜大棚＞耕地＞坡耕地＞林地。其中林地处于三级标准，坡耕地、耕地、蔬菜大棚处于二级标准，花卉大棚和湿地处于一级标准，全流域有效磷含量偏高。

表 2-5　东大河土壤有效磷状况

土地利用类型	林地	坡耕地	耕地	蔬菜大棚	花卉大棚	湿地
样本数/个	6	11	5	9	26	2
含量范围/(mg/kg)	6.58～21.35	16.13～28.10	27.91～35.14	29.74～39.31	39.04～63.46	68.48～75.90
平均值/(mg/kg)	11.82	25.79	28.99	37.13	49.08	72.19
标准差	4.04	2.37	0.75	1.57	7.41	5.25
变异系数	0.34	0.09	0.03	0.04	0.15	0.07

东大河流域土壤水溶性磷的含量为 3.76～44.32mg/kg，平均值为 16.48mg/kg（见表 2-6）。土壤水溶性磷含量依次为：湿地＞花卉大棚＞蔬菜大棚＞耕地＞坡耕地＞林地。

表 2-6　东大河土壤水溶性磷状况

土地利用类型	林地	坡耕地	耕地	蔬菜大棚	花卉大棚	湿地
样本数/个	6	11	5	9	26	2
含量范围/(mg/kg)	3.76～10.04	7.35～11.31	11.28～13.02	11.85～14.40	13.97～20.76	35.69～44.32
平均值/(mg/kg)	6.06	10.90	11.55	13.49	16.89	40.00
标准差	1.23	0.40	0.20	0.36	1.82	6.10
变异系数	0.20	0.04	0.02	0.03	0.11	0.15

2.5.2　宝象河流域土壤磷素变化规律

宝象河为官渡区境内一条集灌溉、排水为一体的重要区域性防洪河道。河道发源于官渡区东南部老爷山，经三岔河汇入宝象河水库。出库后经昆明东南郊的大板桥、阿拉、小板桥、官渡、六甲等乡镇，最终在官渡宝丰村附近汇入滇池。宝象河是滇池流域内第二大河道，河道全长 41.4km，流域面积 316km^2，占滇池流域面积的

10.82%，年滇池平均陆地径流 $0.55\times10^8m^3$，是滇池流域的主要河流，涉及流经地区几十万居民的生产和生活。近年来，新昆洛路、东三环、世纪金源、残运会会场等重大项目相继落户宝象河流域，宝象河作为官渡区二次创业腾飞的一方热土，其原有格局和功能已经不能满足发展需要。宝象河是昆明的一条较早的河道，河堤两边只有2m多宽，水流不能进入污水处理厂，只能直排滇池，所以河道的污染严重威胁着滇池水体。

宝象河流域的土壤主要有水稻土、红壤和紫色土；土壤利用方式主要有水田、菜地、旱地、林地和城镇建设用地等。

宝象河流域土壤采样点如图 2-7 所示。

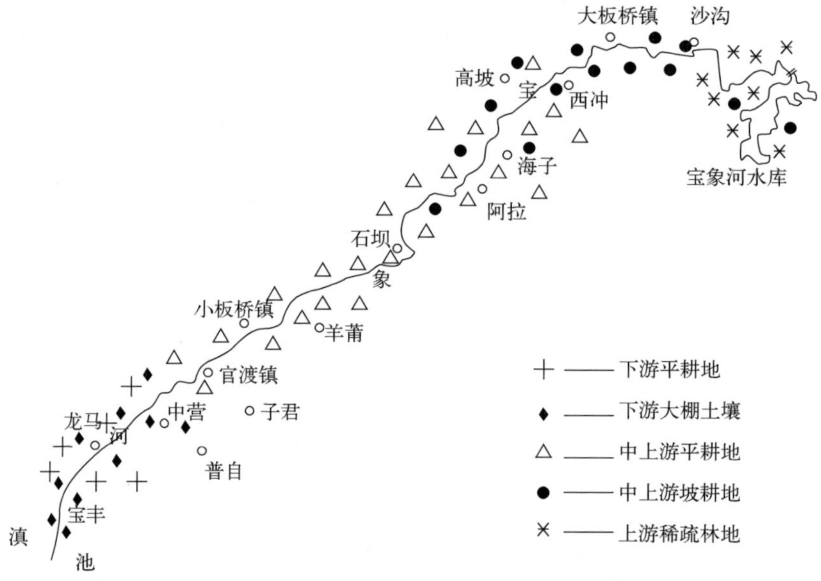

图 2-7 宝象河流域土壤采样点

整个宝象河流域 0～10cm 土壤全磷的含量为 0.44～2.67g/kg，平均值为 1.29g/kg。10～20cm 土壤全磷含量为 0.40～2.58g/kg，平均值为 1.14g/kg（见表 2-7）。明显高于南方酸性土壤全磷含量的一般值（根据第二次全国土壤普查，南方酸性土壤全磷含量一般低于 0.56g/kg），这表明宝象河流域土壤磷有明显的累积。土壤的利用方式和地形对土壤磷素的累积也有一定的影响，0～10cm 土壤全磷含量依次为：Ⅳ下游大棚土壤（1.58g/kg）>Ⅴ下游平耕地（1.37g/kg）>Ⅲ中上游平耕地（1.32g/kg）>Ⅱ中上游坡耕地（1.16g/kg）>Ⅰ上游稀疏林地（1.02g/kg）。10～20cm 土壤全磷含量依次为：Ⅳ下游大棚土壤（1.43g/kg）>Ⅴ下游平耕地（1.30g/kg）>Ⅲ中上游平耕地（1.12g/kg）>Ⅱ中上游坡耕地（1.02g/kg）>Ⅰ上游稀疏林地（0.85g/kg）。结果表明 0～20cm 下游大棚土壤磷素累积明显，且总体趋势是靠近滇池的平耕地总磷平均累积水平高于上游林地、坡耕地以及中上游平耕地土壤。

表 2-7　不同土地利用方式耕层土壤全磷含量现状

土地利用方式及采样点		Ⅰ	Ⅱ	Ⅲ	Ⅳ	Ⅴ
		$n=8$	$n=14$	$n=24$	$n=11$	$n=6$
0～10cm	平均值/(g/kg)	1.02	1.16	1.32	1.58	1.37
	范围值/(g/kg)	0.44～1.88	0.55～2.12	0.8～2.54	1.07～2.67	0.94～1.80
	标准差	0.36	0.66	0.82	0.61	0.54
10～20cm	平均值/(g/kg)	0.85	1.02	1.12	1.43	1.30
	范围值/(g/kg)	0.40～1.47	0.52～2.09	0.62～2.41	1.04～2.58	0.75～1.65
	标准差	0.35	0.55	0.84	0.68	0.46

将滇池宝象河流域不同土地利用方式 0～20cm 土层全磷的含量与第二次全国土壤普查的土壤养分分级标准进行比较，全磷的分级结果见表 2-8。

表 2-8　不同土地利用方式土壤全磷养分分级

土地利用方式及其采样点数		Ⅰ	Ⅱ	Ⅲ	Ⅳ	Ⅴ
		($n=8$)	($n=14$)	($n=24$)	($n=11$)	($n=6$)
＞1g/kg	一级	66.7%	50%	88.9%	87.5%	85.7%
0.8～1g/kg	二级	0%	16.7%	11.1%	12.5%	14.3%
0.6～0.8g/kg	三级	0%	16.7%	0%	0%	0%
0.4～0.6g/kg	四级	33.3%	16.7%	0%	0%	0%
0.2～0.4g/kg	五级	0%	0%	0%	0%	0%
＜0.2g/kg	六级	0%	0%	0%	0%	0%

根据以上标准分析滇池宝象河流域不同土地利用方式 0～10cm 土层全磷的含量，结果表明不同的土地利用方式，分级结果差异性很大，上游稀疏林地（Ⅰ）、上游坡耕地（Ⅱ）、中上游平耕地（Ⅲ）、下游大棚土壤（Ⅳ）和下游平耕地（Ⅴ）达到一级标准的分别占比 66.7%、50%、88.9%、87.5%、85.7%；达到二级标准的分别占比 0%、16.7%、11.1%、12.5%、14.3%；达到三级标准的分别占比 0%、16.7%、0%、0%、0%；达到四级标准的分别占比 33.3%、16.7%、0%、0%、0%。上游稀疏林地（Ⅰ）全磷含量主要以一、四级为主；上游坡耕地（Ⅱ）主要以一、二、三、四级为主；中上游平耕地（Ⅲ）、下游大棚土壤（Ⅳ）和下游平耕地（Ⅴ）主要以一、二级为主。按习惯分法一、二级为高水平，三、四级为中等水平，五、六级为低水平，则滇池宝象河流域 5 种土壤利用方式［上游稀疏林地（Ⅰ）、上游坡耕地（Ⅱ）、中上游平耕地（Ⅲ）、下游大棚土壤（Ⅳ）、下游平耕地（Ⅴ）］土壤全磷的含量分级中高水平的在总样品数中占比分别为 66.7%、66.7%、100%、100%、100%；中等水平的分别占比 33.3%、33.3%、0%、0%、0%。综合来看，滇池宝象河流域土壤全磷含量达到高水平的占 86.3%，中等水平的占 13.7%。

表 2-9 不同土地利用方式不同层次土壤速效磷、WP 含量现状

指标	层次	项目	Ⅰ ($n=8$)	Ⅱ ($n=14$)	Ⅲ ($n=24$)	Ⅳ ($n=11$)	Ⅴ ($n=6$)
Olsen-P /（mg/kg）	0～10cm	范围值	2.1～14.5	1.7～22.2	6.5～140.8	11.1～198.1	33.6～50.2
		平均值	7.72	7.90	29.17	77.42	41.90
		标准差	4.5	6.9	30.1	63.4	39.7
	10～20cm	范围值	1.0～14.1	1.0～24.3	6.4～89.2	8.6～177.3	37.3～42.0
		平均值	6.40	7.31	21.01	65.79	39.70
		标准差	3.7	5.9	20.6	60.8	32.9
WP /（mg/kg）	0～10cm	范围值	6.2～7.4	2.6～9.0	2.3～42.0	6.2～56.8	8.6～19.6
		平均值	6.83	4.94	9.62	26.40	14.10
		标准差	2.0	2.3	9.3	26.4	14.7
	10～20cm	范围值	0.9～6.0	1.3～3.8	1.0～23.8	3.9～59.0	5.9～7.2
		平均值	4.00	2.17	6.50	20.80	6.60
		标准差	1.9	1.3	6.9	19.6	10.2

宝象河流域土壤（0～10cm）Olsen-P 含量为 1.7～198.1mg/kg，平均值为 32.82mg/kg（见表 2-9）。土壤（0～10cm）Olsen-P 含量依次为：Ⅳ下游大棚土壤（77.42mg/kg）＞Ⅴ下游平耕地（41.9mg/kg）＞Ⅲ中上游平耕地（29.17mg/kg）＞Ⅱ中上游坡耕地（7.90mg/kg）＞Ⅰ上游稀疏林地（7.72mg/kg）。整个宝象河流域土壤（10～20cm）Olsen-P 含量为 1.0～177.3mg/kg，平均值为 28.04mg/kg。土壤（10～20cm）Olsen-P 含量依次为：Ⅳ下游大棚土壤（65.79mg/kg）＞Ⅴ下游平耕地（39.70mg/kg）＞Ⅲ中上游平耕地（21.01mg/kg）＞Ⅱ中上游坡耕地（7.31mg/kg）＞Ⅰ上游稀疏林地（6.40mg/kg）。

宝象河流域土壤（0～10cm）WP（水溶性磷）含量为 2.3～56.8mg/kg，平均值为 12.38mg/kg（见表 2-9）。土壤（0～10cm）WP 含量依次为：Ⅳ下游大棚土壤（26.40mg/kg）＞Ⅴ下游平耕地（14.10mg/kg）＞Ⅲ中上游平耕地（9.62mg/kg）＞Ⅰ上游稀疏林地（6.83mg/kg）＞Ⅱ中上游坡耕地（4.94mg/kg）。整个宝象河流域土壤（10～20cm）WP 含量为 0.9～59.0mg/kg，平均值为 8.01mg/kg。土壤（10～20cm）WP 含量依次为：Ⅳ下游大棚土壤（20.80mg/kg）＞Ⅴ下游平耕地（6.60mg/kg）＞Ⅲ中上游平耕地（6.50mg/kg）＞Ⅰ上游稀疏林地（4.00mg/kg）＞Ⅱ中上游坡耕地（2.17mg/kg）。

将滇池宝象河流域土地不同土地利用方式 0～10cm 土层 Olsen-P 的含量与第二次全国土壤普查的土壤养分分级标准进行比较，Olsen-P 的分级结果如表 2-10 所列。

表 2-10　不同土壤利用方式土壤 Olsen-P 养分分级

土壤利用型及其采样点数		Ⅰ (n=8)	Ⅱ (n=14)	Ⅲ (n=24)	Ⅳ (n=11)	Ⅴ (n=6)
>40mg/kg	一级	0%	0%	22.2%	62.5%	50.8%
20～40mg/kg	二级	0%	8.3%	44.0%	25.0%	49.2%
10～20mg/kg	三级	16.7%	25.0%	33.3%	12.5%	0%
5～10mg/kg	四级	33.3%	41.7%	0.4%	0%	0%
3～5mg/kg	五级	33.3%	16.7%	0%	0%	0%
<3mg/kg	六级	16.7%	8.3%	0%	0%	0%

根据以上标准分析滇池宝象河流域不同土地利用方式 0～10cm 土层 Olsen-P 的含量，结果表明不同的土壤利用方式，分级结果差异性很大。上游稀疏林地（Ⅰ）、上游坡耕地（Ⅱ）、中上游平耕地（Ⅲ）、下游大棚土壤（Ⅳ）和下游平耕地（Ⅴ）达到一级标准的分别占比 0%、0%、22.2%、62.5%、50.8%；达到二级标准的分别占比 0%、8.3%、44.0%、25.0%、49.2%；达到三级标准的分别占比 16.7%、25.0%、33.3%、12.5%、0%；达到四级标准的分别占比 33.3%、41.7%、0.4%、0%、0%；达到五级标准的分别占比 33.3%、16.7%、0%、0%、0%；达到六级标准的分别占比 16.7%、8.3%、0%、0%、0%。上游稀疏林地（Ⅰ）Olsen-P 含量主要以四、五级为主；上游坡耕地（Ⅱ）主要以三、四级为主；中上游平耕地（Ⅲ）主要以二、三级为主；下游大棚土壤（Ⅳ）和下游平耕地（Ⅴ）主要以一、二级为主。按习惯分法一、二级为高水平，三、四级为中等水平，五、六级为低水平，则滇池宝象河流域 5 种土壤利用方式［上游稀疏林地（Ⅰ）、上游坡耕地（Ⅱ）、中上游平耕地（Ⅲ）、下游大棚土壤（Ⅳ）、下游平耕地（Ⅴ）］土壤 Olsen-P 的含量分级中高水平的占总样品数的比例分别为 0%、8.3%、66.2%、87.5%、100%；中等水平的分别占比 50.0%、66.7%、33.7%、12.5%、0%；低水平的土样所占比例分别为 50.0%、25.0%、0%、0%、0%。综合来看，滇池宝象河流域土壤 Olsen-P 含量达到高水平的占 45.3%，中等水平的占 32.6%，低水平的占 15.0%。

2.5.3　古城河流域土壤磷素变化规律

古城河发源于昆明市晋宁区昆阳镇汉云村委会牛洞箐，全长 5.3km，河道径流面积 41.49km^2，在古城村马鱼滩村流入滇池（图 2-8，书后另见彩图）。晋宁区委、区政府共投入资金 2176 万元进行古城河整治，对老河道进行改道，新挖了一条从安晋路到入湖河口长 980m 的新河道。目前，已建成 1277.22 亩（1 亩=666.7m^2）入湖河口湿地。此外，还对河道两岸 124 个排水口实施了堵口查污，对汉营村、下方古城两个村庄的生活污水进行处理。

图 2-8　古城河土样点

表 2-11 显示，整个古城河流域土壤全磷含量为 0.25～2.34g/kg，平均值为 1.02g/kg，是南方酸性土壤全磷含量一般值（0.56g/kg）的 2 倍，这表明古城河土壤磷有显著的累积。土地利用类型对土壤磷素累积有显著作用。全磷含量依次为：湿地＞花卉大棚＞蔬菜大棚＞矿区土壤＞耕地＞复垦土壤＞林地。

表 2-11　古城河土壤全磷状况

土地利用类型	矿区土壤	复垦土壤	林地	耕地	蔬菜大棚	花卉大棚	湿地
样本数/个	12	7	4	4	4	8	2
含量范围/(g/kg)	0.88～0.99	0.45～0.82	0.25～0.47	0.62～0.88	0.98～1.14	1.12～1.70	1.73～2.34
平均值/(g/kg)	0.94	0.57	0.35	0.84	1.05	1.32	2.04
标准差	0.03	1.54	0.09	0.03	0.06	0.18	0.43
变异系数	0.04	0.08	0.25	0.03	0.05	0.14	0.21

根据第二次全国土壤普查的养分分级标准，林地全磷含量处于五级水平，复垦土壤处于四级水平，矿区土壤、耕地处于二级水平，蔬菜大棚、花卉大棚、湿地处于一级水平，全流域的全磷水平整体高。

其中林地全磷含量的变异系数较大，各取样点之间的差异显著，其他土地利用类型的变化不明显，变异系数较小，证明人为干扰对磷含量的影响更加重要。

古城河流域土壤有效磷的含量为 6.67～81.33mg/kg，平均值为 36.58mg/kg（见

表 2-12)。土壤有效磷含量依次为：湿地＞花卉大棚＞蔬菜大棚＞矿区土壤＞耕地＞复垦土壤＞林地。其中林地、复垦土壤处于三级标准，矿区土壤、耕地、蔬菜大棚处于二级标准，花卉大棚和湿地处于一级标准，全流域有效磷含量高。

表 2-12　古城河土壤有效磷状况

土地利用类型	矿区土壤	复垦土壤	林地	耕地	蔬菜大棚	花卉大棚	湿地
样本数/个	12	7	4	4	4	8	2
含量范围/(mg/kg)	30.27～35.14	16.41～27.95	6.67～17.64	21.16～30.70	35.06～39.21	39.19～64.42	72.49～81.33
平均值/(mg/kg)	33.00	19.53	13.01	28.99	37.47	47.18	76.91
标准差	1.42	1.54	4.47	1.11	0.50	8.91	6.25
变异系数	0.04	0.08	0.34	0.04	0.04	0.19	0.08

古城河流域土壤水溶性磷的含量为 5.28～64.56mg/kg，平均值为 17.99mg/kg (见表 2-13)。土壤水溶性磷含量依次为：湿地＞花卉大棚＞蔬菜大棚＞矿区土壤＞耕地＞复垦土壤＞林地。

表 2-13　古城河土壤水溶性磷状况

土地利用类型	矿区土壤	复垦土壤	林地	耕地	蔬菜大棚	花卉大棚	湿地
样本数/个	12	7	4	4	4	8	2
含量范围/(mg/kg)	11.87～12.99	8.27～11.31	5.28～8.63	9.96～11.88	12.91～14.11	14.10～23.46	46.70～64.56
平均值/(mg/kg)	12.46	9.21	6.75	11.54	13.58	16.76	55.63
标准差	0.37	0.56	1.26	0.25	0.50	3.07	12.63
变异系数	0.03	0.06	0.19	0.02	0.04	0.18	0.23

第3章 滇池流域土壤磷素流失与环境阈值

滇池流域的水体富营养化引起国内外的广泛关注，已有很多关于该区域水体富营养化的研究成果。近年来，随着点源污染得到控制，农业非点源污染成为滇池流域水体富营养化的主要因素。刘永等（2012）对滇池流域水污染和富营养化的研究提出：氮磷等营养物质应为未来控制重点。滇池流域农业产业结构的改变，使得磷肥的施用量成倍提高，流域土壤P流失的风险增加，对水环境的危害也增大。滇池流域有69%的土壤对该区域水环境造成危害，在农业集约化的模式下，露天菜地和大棚的面积迅速增加，农民施肥量成倍增加，导致土壤磷素渗漏的风险显著加大。大棚种植面积的增加使得径流损失量减少，渗漏危害的比重增加。有研究发现，滇池流域露天菜地和大棚表层土壤的Olsen-P含量均超过土壤磷流失“突变点”。对滇池东大河流域土壤磷素进行研究发现，不同土地利用方式下土壤Olsen-P水平不同，依次为湿地>花卉大棚>蔬菜大棚>耕地>坡耕地>林地，全流域有效磷含量偏高，按照第二次全国土壤普查分级标准，湿地和花卉大棚处于一级标准，耕地、蔬菜大棚、坡耕地处于二级标准，林地处于三级标准。在滇池流域进行原位模拟降雨试验，分析大棚和露地两种利用方式下土壤磷素流失的情况，结果发现：a. 露地的径流流失能力大于大棚，以PP为主要流失形态；b. 同种利用方式下不同土壤质地中，壤质黏土（大棚）和砂质黏土以TDP为主要流失形态。进一步对农田径流磷素流失的土壤影响因子进行研究发现：地表Olsen-P含量与径流液中磷呈正相关；有机质含量与土壤PSI呈正相关；雨强的大小及降雨量直接影响产流的起始时间和产流量；黏粒含量和土壤孔隙度影响雨水的入渗过程。

虽然对径流中磷迁移特征及规律，以及磷素淋失阈值的研究较多（曹志洪 等，2005；张焕朝 等，2004），但主要集中于太湖流域尤其是水稻田。但在运用阈值评估土壤磷素淋失潜能时，不同地区、土壤类型、土地利用方式，流失的环境阈值指标选取、量值差别较大。关于滇池流域土壤磷素环境阈值及影响因素的研究鲜有报道，而滇池作为我国水体富营养化最严重的湖泊之一，同时也是土壤磷素累积严重过量的流域，且流域自身地形、坡度、降雨、土壤类型和施肥方式等的特殊性使土壤磷极易淋失，从而也是导致水体持续高磷含量的重要原因之一。该区域既有自身的独特性又有湖滨带土壤的代表性。虽然张乃明等（2003～2007）对滇池流域土壤径流磷污染负荷影响因素开展过研究，而目前关于此的零散研究尚不能系统且定量地明确磷素环境风险评价指标。并且，磷的迁移过程由于受到地域条件如降雨、地势、土壤质地、下垫面等的影响较多，迫切要求针对具体区域确定其土壤磷素流失的阈值及影响因素，明确不同利用方式下红壤渗滤液中各形态磷的比重和变化趋势。

因此，通过模拟研究科学解答滇池流域农田土壤磷累积与磷素流失之间的关系这一科学问题，明确滇池流域土壤磷素环境阈值，研究其主要影响因素，运用环境阈值对滇池流域磷素流失风险进行解析，对于降低磷素淋失、控制农业磷的面源污染、制定优化管理措施具有重要意义。

3.1　滇池流域不同利用方式下红壤中各形态磷含量

由图3-1可知，在草地（CD）中$CaCl_2$-P的含量在0.14～0.32mg/kg之间，0～20cm

土层中 $CaCl_2$-P 的平均值为 0.29mg/kg，20～40cm 土层的均值为 0.15mg/kg，40～60cm 土层中均值为 0.23mg/kg，土层之间无显著性差异，但与大棚（DP）和露地（LD）具有极显著性差异。大棚中 $CaCl_2$-P 最大值为 9.43mg/kg，最小值为 8.03mg/kg，各土层间存在差异，与草地和露地存在极显著性差异；露地中 $CaCl_2$-P 最大值为 3.37mg/kg，最小值为 2.13mg/kg。3 种不同利用方式存在 $CaCl_2$-P 含量大棚＞露地＞草地，与有效磷的含量趋势相一致（P＜0.05）。

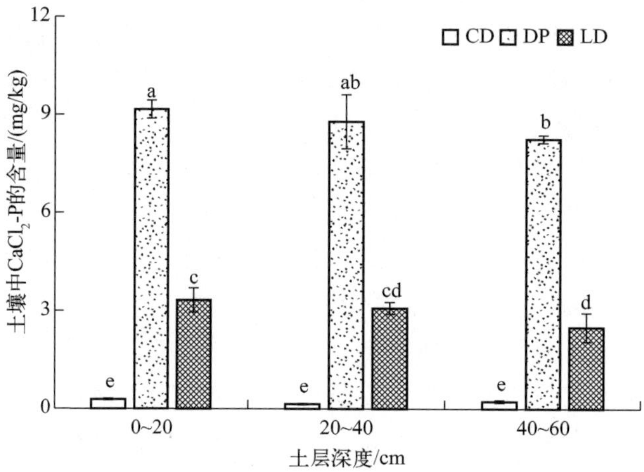

图 3-1 不同磷水平下各土层的 $CaCl_2$-P 含量

不同土地利用方式下红壤 NaOH-P 含量具有极显著性差异，草地和露地中的平均值分别为 62.26mg/kg 和 156.36mg/kg，草地和露地的各土层之间无显著差异，而大棚中各土层之间具有极显著差异，从上往下依次为 162.47mg/kg、157.08mg/kg 和 149.54mg/kg，呈现降低的趋势，直观地反映了磷在土壤中向下迁移的形式。不同利用方式下红壤的 NaOH-P 的含量都具有显著性的差异，呈现与 Olsen-P 相同的趋势（P＜0.05）（图 3-2）。

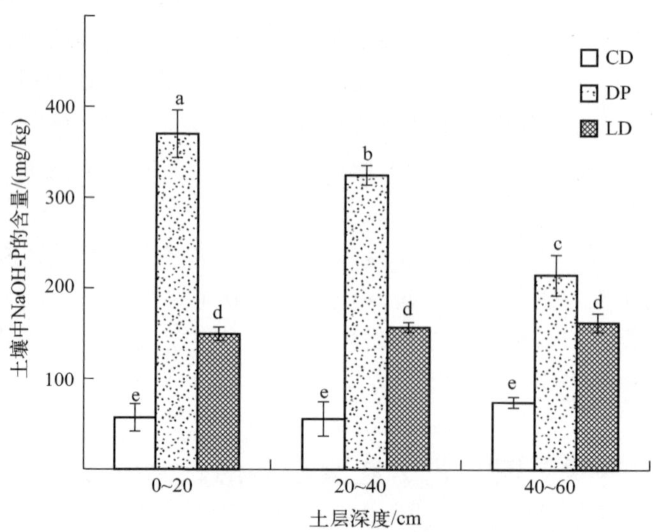

图 3-2 不同磷水平下各土层的 NaOH-P 含量

由图 3-3 可知，不同土地利用方式及各自不同土层的磷吸附指数（PSI），大致都在 20～40cm 之间，大致呈草地＞大棚＞露地的趋势，这一现象与施肥有关。草地土层之间基本一致，说明在草地利用土壤中磷素各层分布均匀，大棚和露地存在由表层向下 PSI 逐渐降低的趋势，与 Olsen-P 由上层到下层减少相一致，且由于大棚土壤长年密集种作使得其土层中 PSI 比露地低。PSI 与自身的磷含量密切相关，也在一定程度上可以反映磷流失风险。

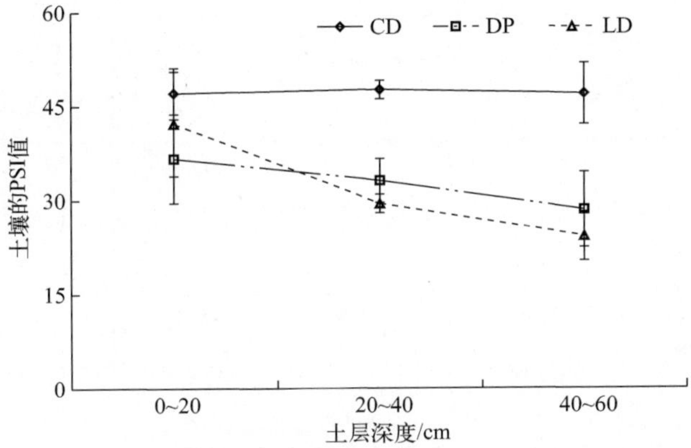

图 3-3　不同磷水平下各土层的 PSI

3.2　土壤渗滤液各形态磷

3.2.1　不同利用方式下红壤渗滤液中磷的含量

滤液中测得草地、大棚和露地中 TP 平均值依次为 0.46mg/L、0.61mg/L 和 0.49mg/L，呈现大棚＞露地＞草地，没有显著性差异。滤液经过 0.45μm 微孔滤膜过滤测得 TDP，草地 3 个处理的平均值为 0.26mg/L，露地平均值为 0.28mg/L，与草地相差不大，而大棚均值为 0.34mg/L，高于草地和露地，但与其他两种没有显著性差异。MRP 在草地和露地滤液中的均值都为 0.14mg/L，大棚中略高，为 0.17mg/L。PP 在大棚的滤液中达到最大值 0.27mg/L，露地的滤液中为 0.21mg/L，草地中最少，为 0.19mg/L，在 3 种不同土地利用方式下呈现大棚＞露地＞草地。可溶性有机磷 DOP 在大棚的滤液中取得最大值 0.27mg/L，均值为 0.18mg/L，草地和露地的均值都为 0.13mg/L，但是在草地中取得最小值 0.075mg/L（表 3-1）。

表 3-1　渗滤液中各磷指标　　单位：mg/L

项目		全磷（TP）	可溶性全磷（TDP）	钼酸盐反应磷（MRP）	颗粒态磷（PP）	可溶性有机磷（DOP）
1	草地 1	0.5682	0.3251	0.1860	0.2431	0.1391
2		0.5250	0.3231	0.1946	0.2020	0.1285
3		0.5574	0.3124	0.1894	0.2450	0.1230

续表

项目		全磷（TP）	可溶性全磷（TDP）	钼酸盐反应磷（MRP）	颗粒态磷（PP）	可溶性有机磷（DOP）
4	草地 2	0.4386	0.3082	0.1469	0.1304	0.1613
5		0.3974	0.2808	0.1270	0.1166	0.1538
6		0.3482	0.2146	0.1383	0.1336	0.0763
7	草地 3	0.4611	0.2858	0.1192	0.1753	0.1666
8		0.3978	0.1759	0.0682	0.2219	0.1078
9		0.4414	0.1579	0.0827	0.2835	0.0752
10	大棚 1	0.6117	0.2782	0.0661	0.3334	0.2121
11		0.4934	0.2471	0.1155	0.2463	0.1316
12		0.4599	0.1979	0.1261	0.2620	0.0718
13	大棚 2	0.6288	0.4009	0.1547	0.2279	0.2463
14		0.7177	0.3812	0.2277	0.3365	0.1534
15		0.7465	0.3715	0.1643	0.3750	0.2073
16	大棚 3	0.6542	0.4140	0.1780	0.2402	0.2360
17		0.5272	0.3904	0.2671	0.1367	0.1233
18		0.6163	0.4805	0.2134	0.3563	0.2671
19	露地 1	0.5885	0.3436	0.1977	0.2450	0.1459
20		0.5855	0.2687	0.1494	0.3168	0.1193
21		0.4146	0.2588	0.1567	0.1558	0.1021
22	露地 2	0.5167	0.2931	0.1268	0.2237	0.1663
23		0.5652	0.2823	0.1376	0.2830	0.1446
24		0.4931	0.2471	0.1293	0.2460	0.1177
25	露地 3	0.4083	0.3031	0.1363	0.1051	0.1668
26		0.3624	0.2451	0.0973	0.1173	0.1478
27		0.4410	0.2471	0.1470	0.1939	0.1000

如表 3-2 所列，红壤渗滤液磷的含量状况调查发现：渗滤液中 TP 含量范围为 0.09～0.9mg/L，TDP 含量范围为 0.03～0.9mg/L，MRP 含量范围为 0.01～0.71mg/L，DOP 含量范围为 0.03～0.29mg/L，PP 含量范围为 0.01～0.52mg/L；草地、大棚和露地渗滤液中各形态 P 在同一土地利用方式下存在 TDP＞PP＞MRP＞DOP 的趋势。不同利用方式下红壤渗滤液的各形态磷平均含量具有一定规律，其中 TP、TDP 和 PP 存在大棚＞露地＞草地的规律，与土壤 Olsen-P 含量规律相一致；MRP 和 DOP 存在大棚＞露地＝草地的规律。3 种不同利用方式的土壤滤液中 TP 和 PP 的含量具有差异，总体趋势为大棚＞露地＞草地，这与土壤中有效磷含量具有一致性；MRP 和 TDP 的含量具有相似性，3 种土地利用的方式具有极显著性差异，也具有大棚＞露地＞草地的趋

势；DOP 的含量不具有显著性差异（$P<0.05$）。

表 3-2　不同利用方式红壤渗滤液磷的含量状况　　单位：mg/L

项目		TP	TDP	MRP	DOP	PP
草地	范围值	0.1～0.9	0.03～0.77	0.01～0.54	0.03～0.29	0.01～0.35
	平均值	0.46	0.26	0.14	0.13	0.19
大棚	范围值	0.09～1.18	0.03～0.9	0.01～0.71	0.08～0.28	0.02～0.52
	平均值	0.61	0.35	0.17	0.18	0.28
露地	范围值	0.15～0.82	0.085～0.55	0.01～0.29	0.07～0.24	0.1～0.46
	平均值	0.49	0.28	0.14	0.13	0.21

3.2.2　红壤渗滤液中各形态磷的动态变化

草地渗滤液中各形态磷的动态变化见图 3-4，在第 1 周渗滤试验中草地渗滤液中 TP 取最小值 0.16mg/L，随渗滤周数的增加而增加，到第 4 周时达到最大值 0.72mg/L，呈逐渐上升的趋势；可溶性全磷 TDP 随渗滤周数的增加而增加，在第 1 周取最小值 0.09mg/L，在第 4 周取最大值 0.36mg/L；MRP 含量先随渗滤周数的增加而增加，在第 3 周达最大值，到第 4 周时降低，在第 1 周取最小值 0.02mg/L，在第 3 周取最大值 0.24mg/L；草地渗滤液中 DOP 的含量呈现先增再减再增的趋势，在第 1 周取得最小值 0.06mg/L，在第 2 周 DOP 含量为 0.13mg/L，但在第 3 周就降低了 0.03mg/L，在第 4 周渗滤试验中 DOP 含量却高达 0.21mg/L；草地渗滤液中 PP 含量随渗滤周数的增加而增加，在第 1 周渗滤试验中取最小值 0.08mg/L，第 4 周取最大值 0.36mg/L。

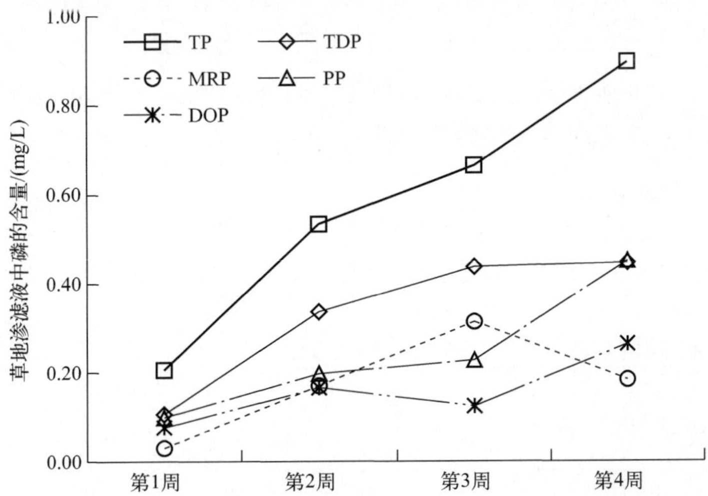

图 3-4　草地利用土壤模拟试验中渗滤液中磷含量

大棚渗滤液中各形态磷的动态变化见图 3-5，大棚渗滤液中 TP 在第 1 周渗滤试验时取最小值 0.15mg/L，随渗滤周数的增加逐渐增加，在第 3 周取得最大值 0.9mg/L，但在第 4 周 TP 含量明显下降，取值为 0.85mg/L；TDP 具有随渗滤周数增加而增加的趋势，其增加速率比草地大，在第 1 周取最小值 0.10mg/L，第 4 周取最大值 0.60mg/L；MRP 随着渗滤周数的增加其含量也增加，在第 4 周达到最大值 0.28mg/L；DOP 存在增长的趋势，在第 1 周取最小值 0.07mg/L，在第 4 周取最大值 0.32mg/L；PP 含量随渗滤试验周数的增加呈先增后减的趋势，在第 3 周达到最大值 0.43mg/L。

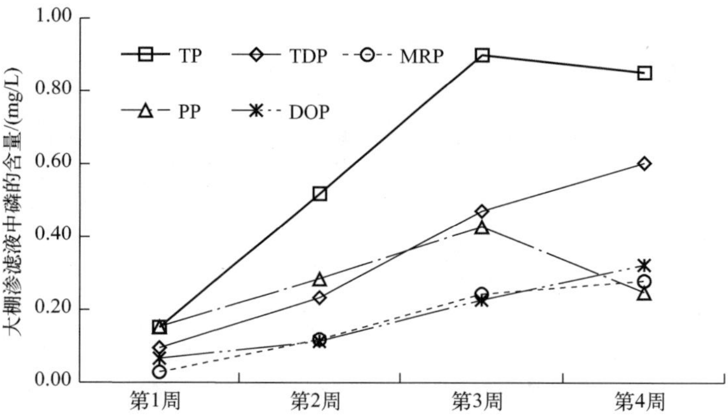

图 3-5 大棚土壤模拟试验中渗滤液中磷含量

露地渗滤液中各形态磷的动态变化见图 3-6，露地渗滤液的 TP 趋势与大棚相一致，在第 1 周取最小值 0.27mg/L，第 3 周取最大值 0.72mg/L，但在第 4 周降为 0.51mg/L；露地渗滤液中的 TDP 含量与草地相当，但是其在第 4 周渗滤时有减小的趋势，在第 1 周取最小值 0.13mg/L，在第 3 周取最大值 0.36mg/L；露地渗滤液的 MRP 含量先随渗滤周数的增加而增大，在第 3 周达最大值，到第 4 周时下降，第 1 周 MRP 含量为 0.02mg/L，第 3 周 MRP 含量为 0.24mg/L；DOP 存在增长的趋势，露地渗滤液中 DOP 含量变化很小，都在 0.11～0.16mg/L 之间；露地渗滤液中 PP 含量呈先减后增再减的趋势，在第 2 周渗滤试验中 PP 含量最小，为 0.12mg/L，第 3 周渗滤试验中 PP 含量达到 0.36mg/L，为 4 周试验中的最大值。

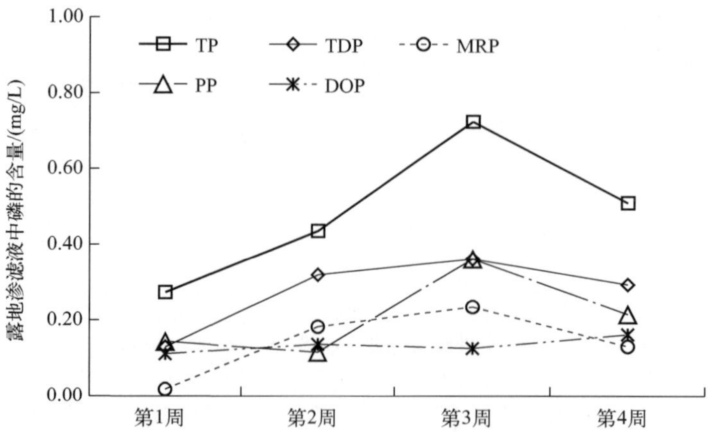

图 3-6 露地土壤模拟试验中渗滤液中磷含量

草地中 TP 呈逐渐上升的趋势可能是由于其本身磷分布不均，磷含量主要分布在表层，随着渗滤周数的增加逐渐向下迁移；大棚渗滤液中的 TP 最大值均高于草地、露地，与大棚中 Olsen-P 含量最高相一致；第 1 周露地渗滤试验中 TP 最大，与农业上的翻耕密切相关。每周渗滤液中 MRP 含量基本呈大棚>露地>草地的趋势，这与土壤中 Olsen-P 含量相一致，在 3 个磷处理水平下的土柱渗滤试验中 MRP 的含量基本相同，这与土壤形成具有一定关系。

3.3　流域红壤磷的纵向渗滤对农田排水的影响与评价

3.3.1　红壤渗滤液中各形态磷占渗滤液中 TP 的比重

通过对渗滤液中 TDP、MRP、PP、DOP 占渗滤液中 TP 的比重进行分析，能清楚地说明土壤磷素淋失的主要形态。由表 3-3 可知，草地 4 周渗滤液中 TDP 占 TP 的比重均值为 50%～60%，4 周渗滤液中比重存在先增后减的趋势，在第 3 周渗滤液中比重均值为最大值 65.82%；MRP 占 TP 比重的均值随着渗滤周数的增加先增后减，在第 3 周达到最大值 47.15%；PP/TP 值随着渗滤周数的增加先减后增，第 1 周渗滤液中比重为 48.22%，第 3 周达到最小值 34.18%，第 4 周达到最大值 50.24%；DOP 占 TP 的比重随渗滤周数的增加呈减小趋势。大棚 4 周渗滤液中 TDP 占 TP 的比重呈先减后增的趋势，在第 2 周渗滤液中为最小值 44.99%，在第 4 周达到最大值 70.82%；MRP 的比重呈一直增长的趋势，在第 4 周渗滤液中均值取得最大值 32.83%；PP 占 TP 的比重随渗滤周数的增加逐渐降低，在第 1 周高达 68.38%，但是在第 4 周均值降为 29.18%；DOP 的比重随渗滤周数的增加呈先减后增的趋势，在第 2 周取最小值 21.99%，但此后增加，在第 4 周达到最大值 37.98%。露地处理的土柱试验中，TDP 渗滤液中均值没有明显趋势，但在第 2 周渗滤试验中占 73.41%；渗滤液 MRP 占总磷（TP）的比重随渗滤周数的增加呈先增加后逐渐降低的趋势，第 4 周取最小值 17.85%；PP 的比重没有明显趋势，在第 2 周渗滤试验中取最小值 26.59%；DOP 的比重均值约为 40%。

表 3-3　渗滤液中各形态磷的比重　　单位：%

项目		TDP/TP 值	MRP/TP 值	PP/TP 值	DOP/TP 值
第 1 周	草地	16.44～90	6.83～40	10～83.56	0.72～75
	大棚	20～83.33	10～40.82	10～80	5.1～71.79
	露地	28.33～80.39	3.90～14.08	19.61～71.67	21.67～74.51
第 2 周	草地	30.84～96.11	21.36～75.64	3.89～76.33	8.47～61.85
	大棚	15.22～65.15	1.90～35.87	16.56～79.49	16.99～50.09
	露地	43.01～83.44	23.55～51.79	16.56～56.99	18.73～39.43
第 3 周	草地	58.33～76.19	26.12～61.42	29.47～41.28	1.25～32.59
	大棚	13.56～83.15	7.58～78.72	16.85～86.44	3.72～47.89
	露地	21.17～82.14	19.20～43.42	17.86～78.83	1.96～50.36

续表

项目		TDP/TP 值	MRP/TP 值	PP/TP 值	DOP/TP 值
第 4 周	草地	24.69～72.99	9.36～31.71	27.01～75.31	15.18～41.28
	大棚	51.72～93.15	16.80～53.20	10.94～51.15	20.49～54.32
	露地	44.13～84.24	17.85～38.18	6.85～64.01	19.65～65.47

3.3.2 不同利用方式下土壤渗滤液中的磷素含量水平评价

将同种利用方式下渗滤液中的 TP 含量取平均值可以得到表 3-4。

由表 3-4 可知草地、大棚和露地渗滤液中 TP 的含量分别为 0.46mg/L、0.61mg/L 和 0.49mg/L，与土壤 Olsen-P 含量相一致，呈现大棚＞露地＞草地的趋势。草地在整个渗滤试验过程中 TP 与其总平均值相比增加比例依次为－65.21％、－6.52％、15.21％和 56.52％；大棚每周模拟试验中渗滤液 TP 与其总平均值相比增加比例依次为－39.34％、－14.75％、47.54％和 39.34％；露地在每周模拟试验中渗滤液 TP 与其总平均值相比增加比例依次为－44.89％、－10.2％、46.93％和 4.08％。将同种利用方式下渗滤液中的 TP 平均值与我国地表水（湖库）V 类标准比较，草地、大棚和露地分别高出 230％、305％和 245％，与径流农田排水总磷平均值相比发现草地、大棚和露地分别高出平均值 0.25mg/L、0.40mg/L 和 0.28mg/L，说明滇池流域土壤以渗滤方式向水环境排放的磷素占很大比重。在集约化农业发展的模式下，由于坚持绿色循环农业，滇池流域渗滤液中磷素低于最低水作标准。

表 3-4 不同利用方式渗滤液中 TP 含量与各标准比较

土地利用方式	TP/(mg/L)	滇池流域径流农田水 TP/(mg/L)	地表水 V 类 /(mg/L)	农田灌溉水质标准 /(mg/L)
草地	0.46	0.21	0.20	≤5.0
大棚	0.61	0.21	0.20	≤5.0
露地	0.49	0.21	0.20	≤5.0

3.3.3 滇池流域土壤中 Olsen-P 与滤液中各形态磷的相关性分析

用 SPSS 分析处理得出红壤中 Olsen-P 与滤液中各形态磷之间的双侧相关性，可以知道土壤中 Olsen-P 与土柱渗滤液的 TP、TDP、PP 和 DOP 的 4 次平均值具有极显著相关性。因此，在图 3-7 中列出了 Olsen-P 与它们的相关性而忽略了 MRP。

由图 3-7 可以得出，TP＝0.0021Olsen-P＋0.4411（R＝0.6269）；TDP＝0.001Olsen-P＋0.2607（R＝0.6622）；PP＝0.0013Olsen-P＋0.1788（R＝0.5518）；DOP＝0.001Olsen-P＋0.2607（R＝0.5864）。

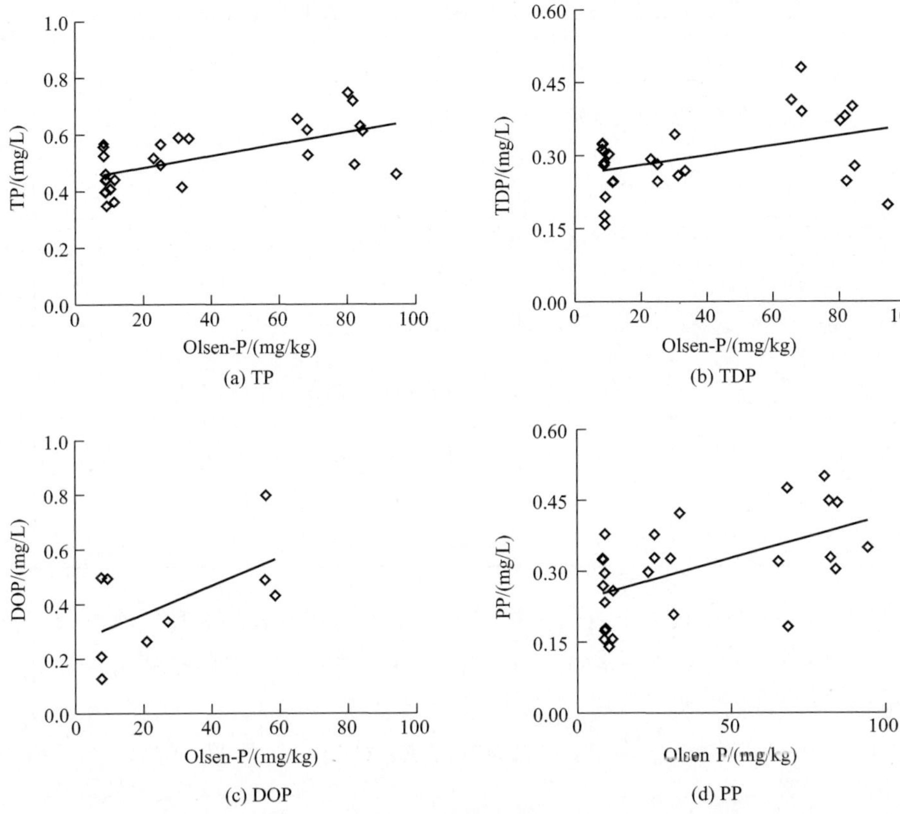

图 3-7 4 次试验渗滤液中各形态磷浓度与土壤耕层 Olsen-P 含量的相关性（在 0.01 上显著相关）

通过 SPSS 对土壤各种磷数据和土柱渗滤液中各种磷形态进行聚类分析可以得到图 3-8。可以将土壤分为 4 类，如表 3-5 所列。

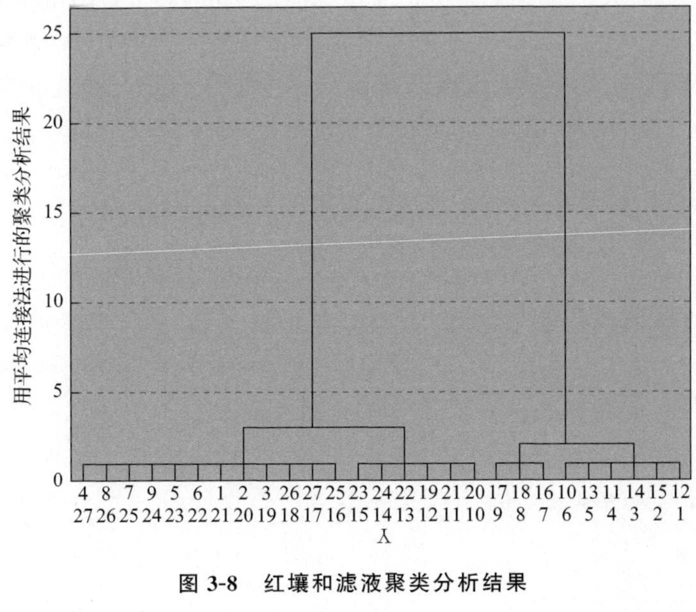

图 3-8 红壤和滤液聚类分析结果

表 3-5 4 次试验渗滤液中各形态磷浓度与土壤耕层数据聚类分析

类别	土壤 P/(mg/kg)				滤液 P/(mg/L)			
	有效磷(Olsen-P)	藻类可利用总磷(NaOH-P)	溶解态活性磷($CaCl_2$-P)	磷吸附指数(PSI)	全磷(TP)	可溶性全磷(TDP)	颗粒态磷(PP)	可溶性有机磷(DOP)
$n=12$	8.27～11.55	41.14～168.47	0.14～2.99	42.48～52.68	0.35～0.57	0.16～0.33	0.14～0.19	0.1～0.17
$n=6$	23～33.45	144.26～162.82	2.9～3.73	30.26～49.74	0.42～0.59	0.25～0.34	0.13～0.20	0.12～0.17
$n=3$	65.45～68.54	189.74～232.91	8.17～8.4	28.41～34.59	0.53～0.65	0.39～0.48	0.18～0.27	0.13～0.27
$n=6$	80.28～94.35	320.18～394.4	8.03～9.43	29.94～44.04	0.61～0.75	0.37～0.40	0.15～0.23	0.13～0.25

由表 3-5 可知，利用聚类分析的方法将不同土地利用方式的 3 种红壤分为 4 类。

第 1 类：Olsen-P 的含量在 8.27～11.55mg/kg 之间，其中包括所有的草地类型和少量 Olsen-P 含量低的露地。

第 2 类：Olsen-P 的含量在 23～33.45mg/kg 之间，包括第 1 类剩余的所有露地处理。

第 3 类：Olsen-P 的含量在 65.45～68.54mg/kg 之间，包括大棚中的 3 个处理。

第 4 类：Olsen-P 的含量在 80.28～94.35mg/kg 之间，包括剩余的 6 个大棚处理。

滇池的水体 TP 含量已经达到 0.59mg/kg 左右，根据 TP＝0.0021 Olsen-P＋0.4411（$R=0.6269$）可以算出：在滇池流域红壤中，Olsen-P＜40mg/kg、PSI＞50 时对环境中的水体富营养化没有显著的影响；当 40mg/kg＜Olsen-P＜70.90mg/kg、PSI＞40 时对环境有一定的影响；当 Olsen-P＞70.90mg/kg、PSI＜30 时，对滇池流域水体环境富营养化具有显著影响，应作为重点防范对象，主要是大棚土壤和小部分种植蔬菜的露地。

3.3.4 滇池流域土壤 Olsen-P 与渗滤液 TP 的“突变点”分析

为更明确红壤 Olsen-P 与渗滤液 TP 的“突变点”，根据得到的阈值，将 27 个样品数据进行处理得到各种不同利用方式下红壤 Olsen-P 与渗滤液 TP 的均值，作出 Olsen-P 与渗滤液 TP 的相关性分析曲线（图 3-9），得到两个相关性公式，当两个相关性公式的 y 值相同时求得红壤 Olsen-P 含量为 26.09mg/kg。可在 Olsen-P 为 26.09mg/kg 时得到一个突变点，表示当 Olsen-P＞26.09mg/kg 时经渗漏作用进入环境水体中的 TP 急剧增加，因此在需磷不多的作物种植过程中最好控制 Olsen-P＜26.09mg/kg。

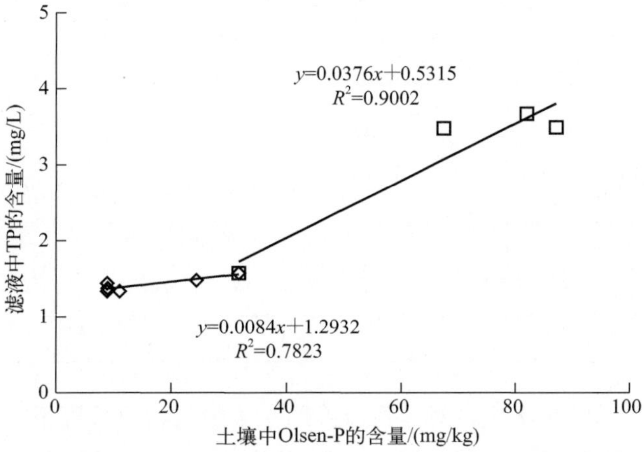

图 3-9　各处理滤液中 TP 与 Olsen-P 的突变点分析

3.4　土壤径流中磷素的形态

3.4.1　不同磷素水平下土壤径流液中各形态磷的含量

草地利用土壤为低磷水平的土壤，对其径流液同一雨强的所有坡度值求平均值得到表 3-6。在雨强为 40mm/h 时 TP 均值最大，为 2.95mg/L；在雨强为 80mm/h 时 TP 均值最小，为 0.42mg/L，呈先减后增的趋势，TP 4 次降雨均值为 1.44mg/L。TDP 的均值随着雨强的增加逐渐减小，最大值为 0.72mg/L，最小值为 0.05mg/L，4 次降雨均值为 0.28mg/L。MRP 随着雨强的增加呈先减后增再减的规律，在雨强为 80mm/h 时取最大值 0.18mg/L，雨强为 100mm/h 时取最小值 0.11mg/L，4 次降雨均值为 0.14mg/L。随着雨强的增加 BAP（生物可利用性磷）含量逐渐减小，在雨强为 40mm/h 时最大，为 1.10mg/L，在雨强为 100mm/h 时最小，为 0.01mg/L，此雨强出现未检出含量的样品，证明此时的 BAP 含量中随径流进入水体的很少，4 次降雨均值为 0.54mg/L。PP 含量随着雨强的增加呈先减后增的趋势，在雨强为 40mm/h 时最大，为 2.23mg/L，在雨强为 80mm/h 时最小，为 0.25mg/L，4 次降雨均值为 1.11mg/L。DOP 含量随雨强的增加大致呈减小的趋势，在雨强为 40mm/h 时，均值最大为 0.56mg/L，在雨强为 80mm/h 和 100mm/h 时基本稳定在 0.06mg/L 左右，说明最后趋于平稳状态，在雨强为 80mm/h 时出现未有检出的样品，4 次降雨均值为 0.21mg/L。

表 3-6　草地径流液中各形态磷含量　　单位：mg/L

项目		TP	TDP	MRP	BAP	PP	DOP
40mm/h	范围值	2.66～3.69	0.65～0.85	0.11～0.24	0.28～2.17	1.96～2.83	0.46～0.70
	平均值	2.95	0.72	0.16	1.10	2.23	0.56

续表

项目		TP	TDP	MRP	BAP	PP	DOP
60mm/h	范围值	1.45～2.09	0.09～0.34	0.02～0.25	0.17～2.99	1.06～0.76	0.09～0.35
	平均值	1.74	0.21	0.13	1.03	1.46	0.16
80mm/h	范围值	0.22～0.72	0.10～0.22	0.09～0.31	0.03～0.06	0.02～0.50	0.00～0.10
	平均值	0.42	0.14	0.18	0.04	0.25	0.06
100mm/h	范围值	0.58～0.68	0.03～0.08	0.04～0.22	0.00～0.02	0.36～0.60	0.04～0.16
	平均值	0.63	0.05	0.11	0.01	0.51	0.07

玉米地土壤为中磷水平土壤，对其径流液同一雨强的所有坡度值求平均值得到表 3-7。TP 随着雨强的增加呈先减后增的趋势，在雨强为 40mm/h 时取最大值 2.49mg/L，在雨强为 80mm/h 时取最小值 0.90mg/L，4 次降雨均值为 1.43mg/L。TDP 随着降雨强度的增加呈减小趋势，在雨强为 40mm/h 时最大，为 1.05mg/L，在雨强为 100mm/h 时最小，为 0.15mg/L，4 次降雨均值为 0.46mg/L。MRP 的含量随雨强的增加呈先增后减的趋势，在雨强为 60mm/h 时最大，为 0.44mg/L，在雨强为 100mm/h 时最小，为 0.11mg/L，4 次降雨均值为 0.26mg/L。BAP 的含量同样随着雨强增加呈先增后减的趋势，在雨强为 60mm/h 时最大，为 0.47mg/L，在雨强为 100mm/h 时最小，为 0.06mg/L，4 次降雨均值为 0.22mg/L。PP 的含量随着雨强增加呈先减后增的趋势，在雨强为 80mm/h 时最小，为 0.65mg/L，在雨强为 40mm/h 时最大，为 1.44mg/L，4 次降雨均值为 0.97mg/L。DOP 的含量随着雨强增加呈减小的趋势，在雨强为 100mm/h 时最小，为 0.05mg/L，在雨强为 40mm/h 时最大，为 0.76mg/L，4 次降雨均值为 0.25mg/L。

表 3-7 玉米地径流液中各形态磷含量 单位：mg/L

项目		TP	TDP	MRP	BAP	PP	DOP
40mm/h	范围值	1.51～5.04	0.87～1.19	0.25～0.32	0.06～0.50	0.39～4.17	0.62～0.89
	平均值	2.49	1.05	0.29	0.18	1.44	0.76
60mm/h	范围值	0.54～1.75	0.15～0.82	0.08～0.85	0.18～0.64	0.27～1.19	0.00～0.24
	平均值	1.24	0.38	0.44	0.47	0.86	0.12
80mm/h	范围值	0.39～1.29	0.16～0.33	0.13～0.27	0.08～0.21	0.24～0.96	0.02～0.09
	平均值	0.90	0.25	0.21	0.15	0.65	0.06
100mm/h	范围值	0.91～1.29	0.07～0.27	0.07～0.14	0.02～0.08	0.85～1.14	0.00～0.17
	平均值	1.09	0.15	0.11	0.06	0.93	0.05

蔬菜地土壤为高磷水平土壤，将其径流液同一雨强的所有坡度值求平均值得到表 3-8。TP 随着雨强的增加呈先减后增的趋势，在雨强为 60mm/h 时取最小值 1.19mg/L，在雨强为 40mm/h 时取最大值 3.51mg/L，4 次平均值为 2.78mg/L。TDP 随着雨强的增加呈减小的趋势，在雨强为 100mm/h 时取最小值 0.43mg/L，在雨强为 40mm/h 时取

最大值 2.78mg/L，4 次平均值为 1.13mg/L。MRP 随着雨强的增加呈减小的趋势，在雨强为 100mm/h 时取最小值 0.08mg/L，在雨强为 40mm/h 时取最大值 0.85mg/L，4 次平均值为 0.34mg/L。BAP 随着雨强的增加呈先增后减的趋势，在雨强为 40mm/h 时取最小值 0.15mg/L，在雨强为 60mm/h 时取最大值 0.60mg/L，4 次平均值为 0.40mg/L。PP 随着雨强的增加基本呈增加趋势，在雨强为 60mm/h 时取最小值 0.52mg/L，在雨强为 100mm/h 时取最大值 3.04mg/L，4 次平均值为 1.66mg/L。DOP 随着雨强的增加基本呈减小的趋势，在雨强为 60mm/h 时取最小值 0.38mg/L，在雨强为 40mm/h 时取最大值 1.91mg/L，4 次平均值为 0.79mg/L。

表 3-8　蔬菜地土壤径流液中各形态磷含量　　　　单位：mg/L

项目		TP	TDP	MRP	BAP	PP	DOP
40mm/h	范围值	1.98～5.49	1.68～3.28	0.60～1.02	0.03～0.31	0.06～2.36	0.99～2.36
	平均值	3.51	2.78	0.85	0.15	0.75	1.91
60mm/h	范围值	0.90～1.48	0.43～0.97	0.08～0.67	0.28～1.06	0.33～0.77	0.30～0.52
	平均值	1.19	0.67	0.29	0.60	0.52	0.38
80mm/h	范围值	1.17～3.95	0.34～0.97	0.07～0.18	0.23～0.90	0.84～3.04	0.18～0.78
	平均值	2.96	0.65	0.14	0.53	2.31	0.51
100mm/h	范围值	1.49～6.64	0.14～0.76	0.04～0.10	0.08～0.56	1.35～6.20	0.05～0.66
	平均值	3.47	0.43	0.08	0.31	3.04	0.35

3.4.2　径流液中各形态磷的动态变化

3.4.2.1　相同雨强不同坡度条件下土壤径流液分析

（1）相同雨强不同坡度条件下土壤径流液中 TP 含量

如图 3-10 所示。在雨强为 40mm/h 条件下，草地（CD）利用土壤径流液的全磷含量维持在 3.00mg/L 水平，随坡度的增加，蔬菜地（SC）和玉米地（YM）土壤呈先增后减的趋势，均在 12°时取最大值，分别为 5.50mg/L 和 5.04mg/L。在雨强为 60mm/h 时，草地利用土壤径流液中 TP 先增后减，在坡度为 18°时最大，为 2.09mg/L。蔬菜地土壤径流液中 TP 持续减少，但均大于 1.0mg/L，在坡度为 6°时取最大值 1.48mg/L。玉米地土壤径流液中 TP 呈先减后增的趋势，在坡度为 6°时有最大值 1.75mg/L，在坡度为 12°时有最小值 0.54mg/L。在雨强为 80mm/h 时，草地和玉米地土壤径流液中 TP 均先增后减，草地利用土壤径流液中 TP 在坡度为 18°时取最大值 0.72mg/L，玉米地土壤径流液中 TP 在坡度为 18°时取最大值 1.29mg/L。蔬菜地土壤径流液中 TP 呈先增后减再增的趋势，在坡度为 6°时最小，为 1.17mg/L，在坡度为 12°时最大，为 3.83mg/L。在雨强为 100mm/h 时，草地和玉米地土壤径流液中 TP 处于平稳水平，草地利用土壤径流液中 TP 在 0.65mg/L 左右，玉米地土壤径流液中 TP 含量大致为 1.10mg/L，蔬菜地土壤径流液中 TP 含量随坡度的增加呈先增后减再增的趋势，在坡度为 12°时最大，在坡度为 6°时最小。在雨强为 80mm/h 和 100mm/h 时均有 SC＞YM＞CD 的规律，此现象与土壤本身含有的磷水平相一致。

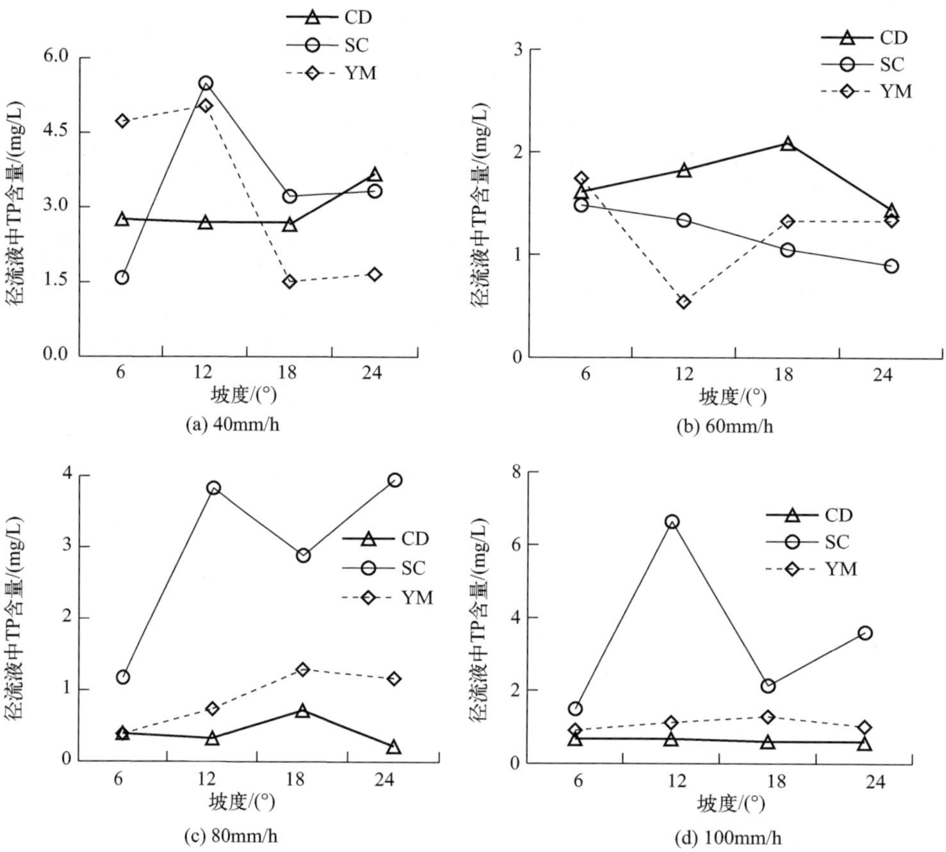

图 3-10 相同雨强不同坡度径流液中 TP 含量

（2）相同雨强不同坡度条件下土壤径流液中 TDP 含量

如图 3-11 所示。在雨强为 40mm/h 时，草地、蔬菜地和玉米地土壤径流液中 TDP 均处于平稳状态，草地土壤径流液中 TDP 均值为 0.70mg/L 左右，蔬菜地土壤径流液中 TDP 均值为 3.00mg/L 左右，玉米地土壤均值为 1.00mg/L 左右。在雨强为 60mm/h 时，3 种土地利用方式 TDP 含量均小于 1.00mg/L，草地径流液中 TDP 呈先增后减的趋势，在坡度为 18°时取最大值 0.34mg/L，在坡度为 24°时取最小值 0.09mg/L；蔬菜地土壤径流液中 TDP 含量随坡度的增加呈先增后减再增的趋势，在坡度为 18°时取最小值 0.43mg/L，在坡度为 12°时取最大值 0.97mg/L；玉米地土壤径流液中 TDP 含量呈持续减小的趋势，在坡度为 6°时最大，为 0.82mg/L，在坡度为 24°时最小，为 0.15mg/L。在雨强为 80mm/h 时，草地和玉米地土壤径流液中 TDP 均小于 0.4mg/L，均呈先增后减，在坡度为 18°时最大，草地为 0.22mg/L，玉米地为 0.33mg/L；蔬菜地土壤径流液中 TDP 呈先增后减再增的趋势，在坡度为 6°时最小，为 0.34mg/L，在坡度为 24°时最大，为 0.97mg/L。在雨强为 100mm/h 时，蔬菜地土壤径流液中 TDP 持续增加，在坡度为 24°时取最大值 0.76mg/L，草地处于低水平，最大值为 0.08mg/L，玉米地土壤径流液中 TDP 随坡度的增加呈先增后减的趋势，但均小于 0.3mg/L。

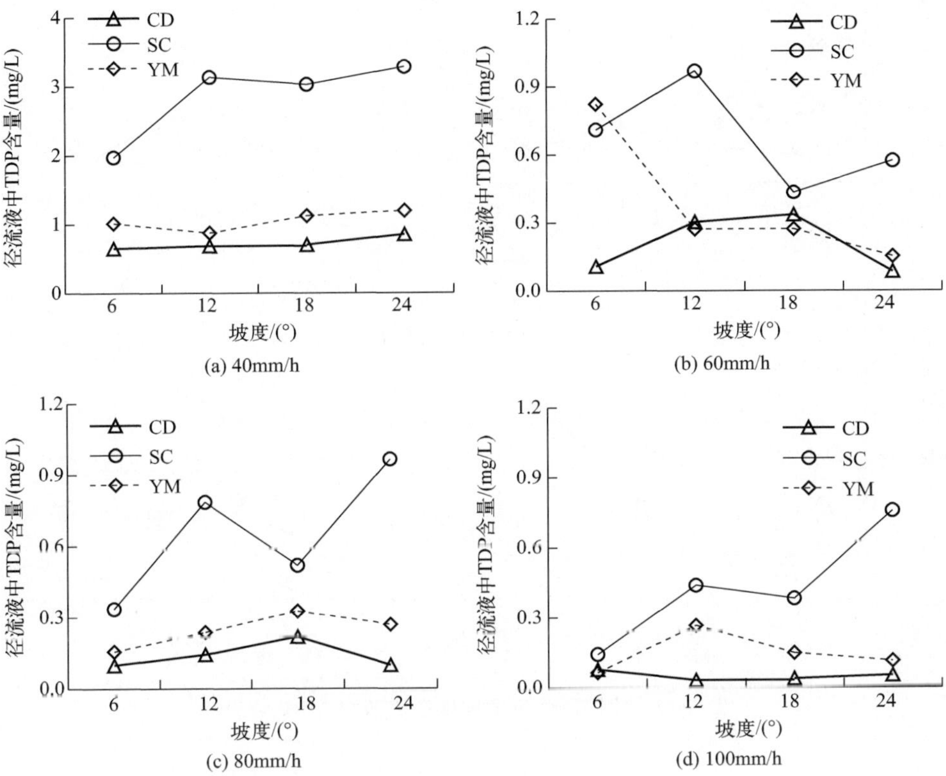

图 3-11　相同雨强不同坡度径流液中 TDP 含量

（3）相同雨强不同坡度条件下土壤径流液中 MRP 含量

如图 3-12 所示。在雨强为 40mm/h 时，草地和玉米地土壤径流液中 MRP 处于平稳状态，草地处于 0.15mg/L 水平，最大值为 0.24mg/L，玉米地处于 0.30mg/L 水平，最大值为 0.32mg/L，蔬菜地土壤径流液中 MRP 值均大于 0.6mg/L，最大值为 1.02mg/L，3 种土地利用方式存在蔬菜地＞玉米地＞草地的规律。在雨强为 60mm/h 时，草地径流液中 MRP 含量先增后减，均小于 0.4mg/L，最大值仅为 0.25mg/L；玉米地先减后增，最大值为 0.85mg/L；蔬菜地先增后减再增，最大值为 0.67mg/L，最小值为 0.12mg/L。在雨强为 80mm/h 时，草地和玉米地土壤径流液中 MRP 均持续增加，蔬菜地土壤径流液中 MRP 先减后增，草地在坡度为 24°时取最大值 0.31mg/L，在坡度为 6°时取最小值 0.09mg/L，玉米地在坡度为 24°时取最大值 0.27mg/L，蔬菜地土壤径流液中 MRP 在坡度为 12°时取最小值 0.07mg/L，在坡度为 24°时取最大值 0.18mg/L。在雨强为 100mm/h 时，不同磷水平土壤径流中 MRP 含量与雨强为 80mm/h 时具有一致趋势。

（4）相同雨强不同坡度条件下土壤径流液中 BAP 含量

如图 3-13 所示。在雨强为 40mm/h 时，3 种磷水平土壤径流液中 BAP 含量一般小于 1.00mg/L，草地值大于蔬菜地和玉米地，草地土壤径流液中 BAP 随坡度增加呈增

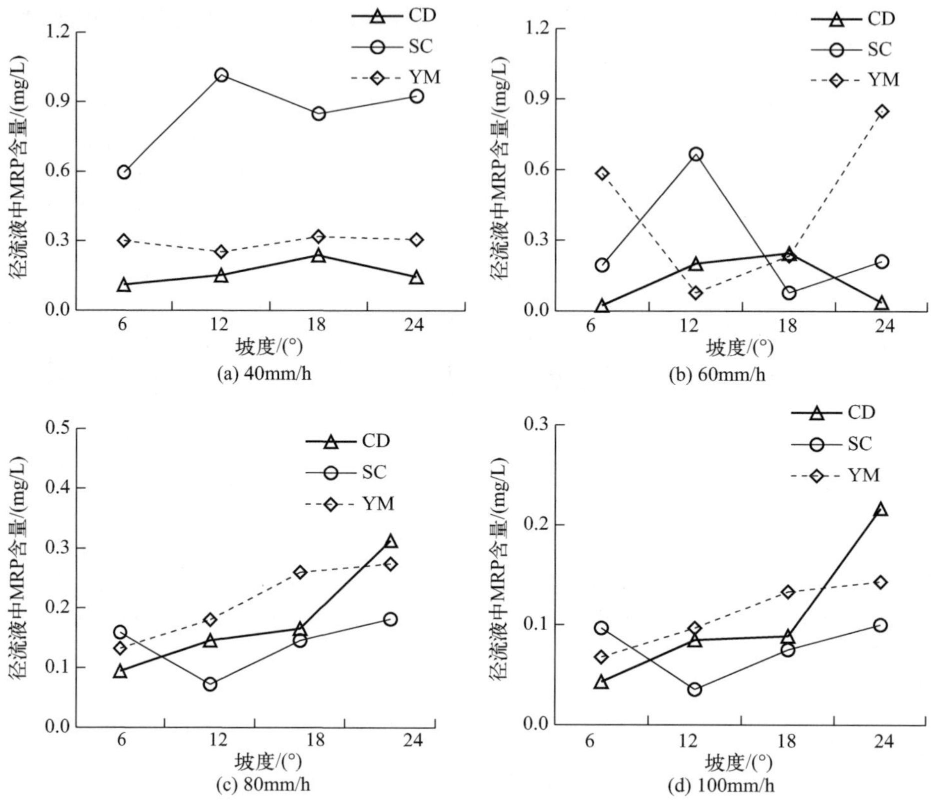

图 3-12　相同雨强不同坡度径流液中 MRP 含量

大趋势，最大值为 1.17mg/L，玉米地土壤径流液中 BAP 在坡度为 24°时最大，为 0.50mg/L，蔬菜地土壤径流液中 BAP 含量先增后减，在 18°时最大，为 0.31mg/L。在雨强为 60mm/h 时，草地径流液中 BAP 含量随坡度增加呈持续增加，在坡度为 24°时取最大值 2.99mg/L，蔬菜地和玉米地呈先增后减再增的趋势，均在 12°时取最大值，分别为 1.06mg/L 和 0.72mg/L。在雨强为 80mm/h 时，草地和玉米地趋于稳定，且小于 0.2mg/L，蔬菜地最小值大于 0.2mg/L，在 24°时取最大值，接近 1.00mg/L。在雨强为 100mm/h 时，草地和玉米地土壤径流液中 BAP 趋于稳定，且小于 0.2mg/L，蔬菜地土壤径流液中 BAP 含量随坡度增加持续增加，但均小于 0.60mg/L。

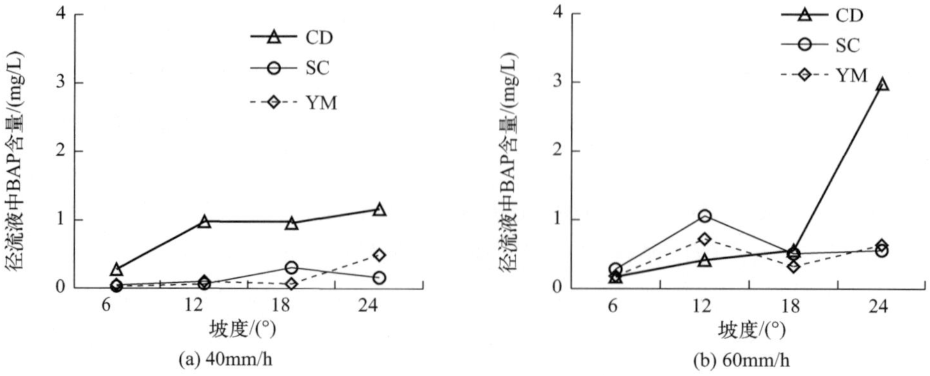

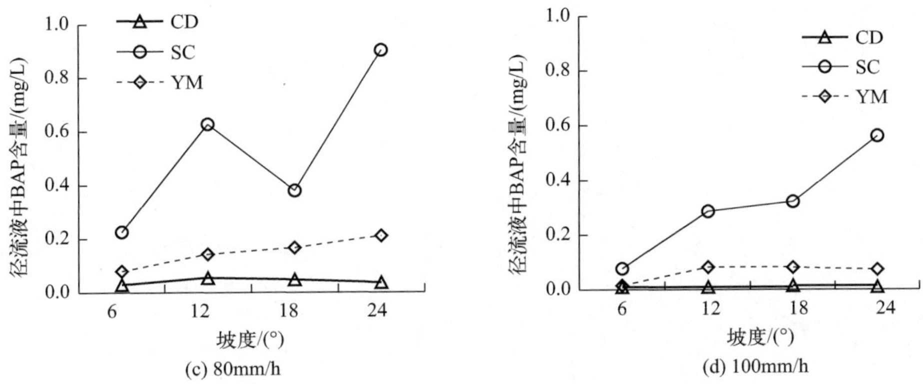

图 3-13　相同雨强不同坡度径流液中 BAP 含量

3.4.2.2　相同雨强不同磷素水平条件下土壤径流液分析

（1）相同雨强不同磷素水平条件下土壤径流液中 TP 含量

如图 3-14 所示。在雨强为 40mm/h 条件下，3 种利用方式下的土壤径流液的全磷含量维持在 5.50mg/L 水平，在坡度为 6°时，随着土壤含磷水平的增加径流液中的 TP 含量呈先增后减的趋势；在坡度为 12°时，随着土壤含磷水平的增加径流液中 TP 含量呈逐渐增加的趋势，在蔬菜地的径流液中取最大值 5.49mg/L；在坡度为 18°和 24°时，随着土壤含磷水平的增加径流液中 TP 含量呈先减后增的趋势，均小于 4.00mg/L。在雨强为 60mm/h 条件下，3 种利用方式下的土壤径流液的全磷含量维持在 2.40mg/L 水平，在坡度为 6°时，随着土壤含磷水平的增加径流液中的 TP 含量无明显变化，均为 1.5～1.8mg/L；在坡度为 12°时，随着土壤含磷水平的增加径流液中 TP 含量呈先减后增的趋势，在玉米地土壤的径流液中取最小值 0.54mg/L，在草地利用土壤径流液中取最大值 1.83mg/L；在坡度为 18°时，随着土壤含磷水平的增加径流液中 TP 含量呈逐渐减小趋势，在草地利用土壤径流液中取最大值 2.09mg/L，在蔬菜地土壤径流液中取最小值 1.05mg/L；在坡度为 24°时，随着土壤含磷水平的增加径流液中 TP 含量逐渐减小，但变化趋势不大，在蔬菜地取最小值 0.90mg/L。在雨强为 80mm/h 条件下，3 种利用方式下的土壤径流液的全磷含量维持在 2.20mg/L 水平，在坡度为 6°时 3 种不同利用方式下径流液中 TP 含量无明显变化，均值在 1.8mg/L 左右；在坡度为 12°时，随土壤含磷水平的增加呈先减后增的趋势，在草地利用土壤径流液中取最大值 1.83mg/L，在玉米地土壤径流液中取最小值 0.55mg/L；在坡度为 18°时，随土壤含磷水平的增加径流液中 TP 含量呈逐渐减小的趋势，在草地径流液中取最大值 2.09mg/L，在蔬菜地径流液中取最小值 1.05mg/L；在坡度为 24°时，随土壤含磷水平的增加径流液中 TP 含量呈逐渐减小的趋势，在草地径流液中取最大值 1.45mg/L，在蔬菜地径流液中取最小值 0.90mg/L。在雨强为 100mm/h 条件下，在同一坡度下，随着土壤含磷水平的增加径流液中 TP 含量呈增加趋势，在坡度为 6°和 18°时 TP 含量增加缓慢，均在 2.00mg/L 以下；在坡度为 12°和 24°时，在蔬菜地土壤径流液中突增，在 12°时取最大值 6.64mg/L，在 24°时取值为 3.61mg/L。

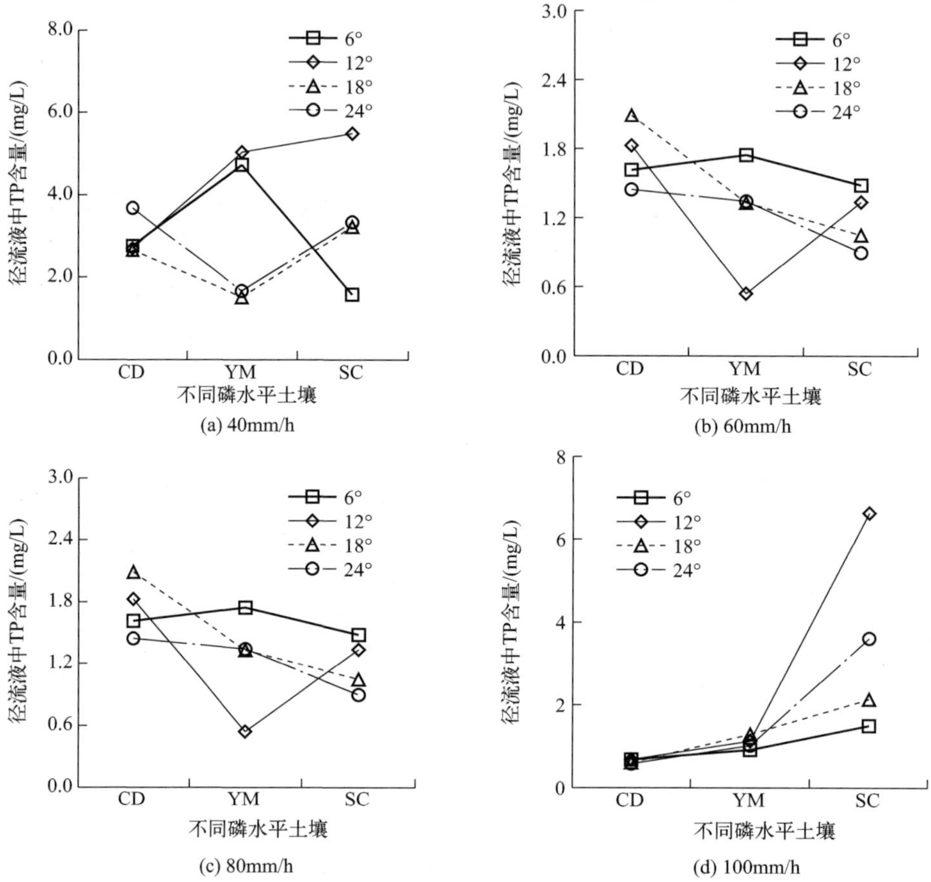

图 3-14 相同雨强不同磷素水平径流液中 TP 含量

（2）相同雨强不同磷素水平条件下土壤径流液中 TDP 含量

如图 3-15 所示。在雨强为 40mm/h 条件下，3 种利用方式下的土壤径流液的 TDP 含量均小于 4.00mg/L 水平，在同一坡度下随土壤含量水平的增加径流液中 TDP 含量逐渐增加。在雨强为 60mm/h 条件下，3 种利用方式下的土壤径流液中的 TDP 含量均小于 1.00mg/L 水平。坡度为 6°时，随土壤含磷水平的增加呈先增后减的趋势，在草地利用土壤径流液中取最小值 0.11mg/L，在玉米地土壤径流液中取最大值 0.82mg/L；在坡度为 12°、18°和 24°时，随着土壤含磷水平的增加均呈逐渐增加的趋势，均在蔬菜地土壤径流液中取最大值。在雨强为 80mm/h 条件下，3 种利用方式下的土壤径流液中的 TDP 含量均小于 1.00mg/L 水平，在同一坡度下随着土壤含磷水平的增加均呈逐渐增加的趋势，均在蔬菜地土壤径流液中取最大值，在坡度为 24°时取最大值 0.97mg/L。在雨强为 100mm/h 条件下，3 种利用方式下的土壤径流液中的 TDP 含量均小于 0.80mg/L 水平，随着土壤含磷水平的增加均呈逐渐增加的趋势，均在蔬菜地土壤径流液中取最大值，在坡度为 24°时取最大值 0.76mg/L，草地利用土壤径流液中 TDP 含量均小于 0.10mg/L。

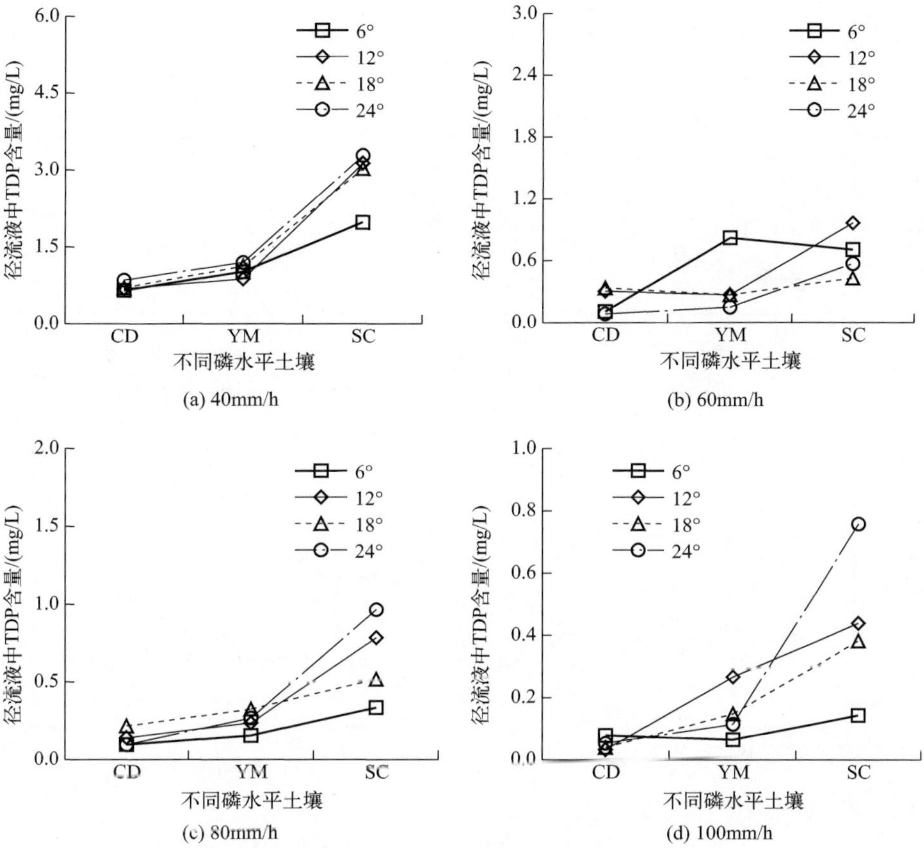

图 3-15　相同雨强不同磷水平径流液中 TDP 含量

（3）相同雨强不同磷素水平条件下土壤径流液中 MRP 含量

如图 3-16 所示。在雨强为 40mm/h 条件下，3 种利用方式下的土壤径流液中的 MRP 含量均小于 1.10mg/L 水平，在同一坡度下随土壤含磷水平的增加径流液中 MRP 含量逐渐增加，且同种磷水平土壤变化不大，草地利用土壤径流液中 MRP 含量在 0.15mg/L 左右，玉米地土壤径流液中 MRP 含量在 0.30mg/L 左右，蔬菜地土壤径流液中 MRP 含量在 0.90mg/L 左右。在雨强为 60mm/h 条件下，在坡度为 6°和 24°时，随着土壤含磷水平的增加呈先增后减的趋势，在玉米地土壤径流液中取最大值，分别为 0.59mg/L 和 0.85mg/L；在坡度为 12°时，随着土壤含磷水平的增加呈先减后增的趋势，在玉米地土壤径流液中 MRP 含量取最小值 0.08mg/L；在坡度为 18°时，随着土壤磷含量的增加呈减小趋势，在蔬菜地土壤径流液中取最小值 0.11mg/L。在雨强为 80mm/h 条件下，3 种利用方式下的土壤径流液的 MRP 含量均小于 0.35mg/L 水平，在坡度为 6°时，随着土壤磷含量的增加呈增加趋势，但变化不大，均值在 0.15mg/L 左右；在坡度为 12°和 18°时，随着土壤磷含量的增加径流液中 MRP 含量呈先增后减的趋势，均在蔬菜地土壤径流液中取最小值；在坡度为 24°时，随着土壤磷含量的增加呈减小趋势，在蔬菜地土壤径流液中 MRP 含量取最小值 0.18mg/L。在雨强为 100mm/h 条件下具有与 80mm/h 时相同的趋势。

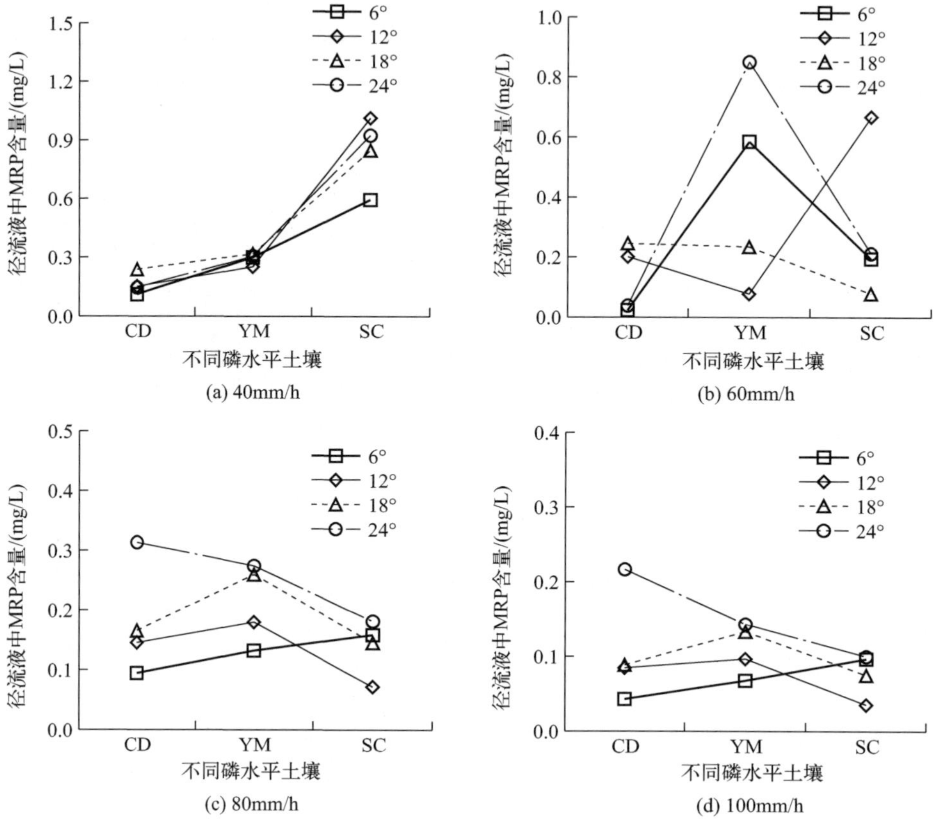

图 3-16 相同雨强不同磷水平径流液中 MRP 含量

(4) 相同雨强不同磷素水平条件下土壤径流液中 BAP 含量

如图 3-17 所示。在雨强为 40mm/h 条件下，3 种利用方式下的土壤径流液中的 BAP 含量在 1.20mg/L 以下，在坡度为 6°、12°和 24°时，均随着土壤磷素含量增加呈减少趋势，均在蔬菜地土壤径流液中取最小值；在坡度为 18°时，随着土壤磷素含量增加径流液中 BAP 含量呈先减后增趋势，在玉米地土壤径流液中取最小值 0.07mg/L。在雨强为 60mm/h 条件下，3 种利用方式下的土壤径流液的 BAP 含量均在 3.00mg/L 以下，在坡度为 6°、12°和 18°时，随着土壤磷素含量增加径流液中 BAP 含量均无显著变化，均在 0.50mg/L 左右；在坡度为 24°时，随着土壤磷素含量增加径流液中 BAP 含量呈减少趋势，在草地利用土壤径流液中取最大值 2.99mg/L。在雨强为 80mm/h 条件下，随着土壤磷素含量增加径流液中 BAP 含量呈增加趋势，均在蔬菜地土壤径流液中取最大值，在坡度为 24°时取最大值 0.90mg/L。在雨强为 100mm/h 条件下，与在 80mm/h 条件下具有相同趋势，均在蔬菜地土壤径流液中取最大值，其中随着坡度的增加 BAP 含量增加，在坡度为 24°时取最大值 0.56mg/L。

3.4.2.3 相同坡度不同雨强条件下的土壤径流液分析

(1) 相同坡度不同雨强条件下的土壤径流液中 TP 含量

如图 3-18 所示。在坡度为 6°时，同种利用方式下土壤径流液中 TP 含量随着降雨强

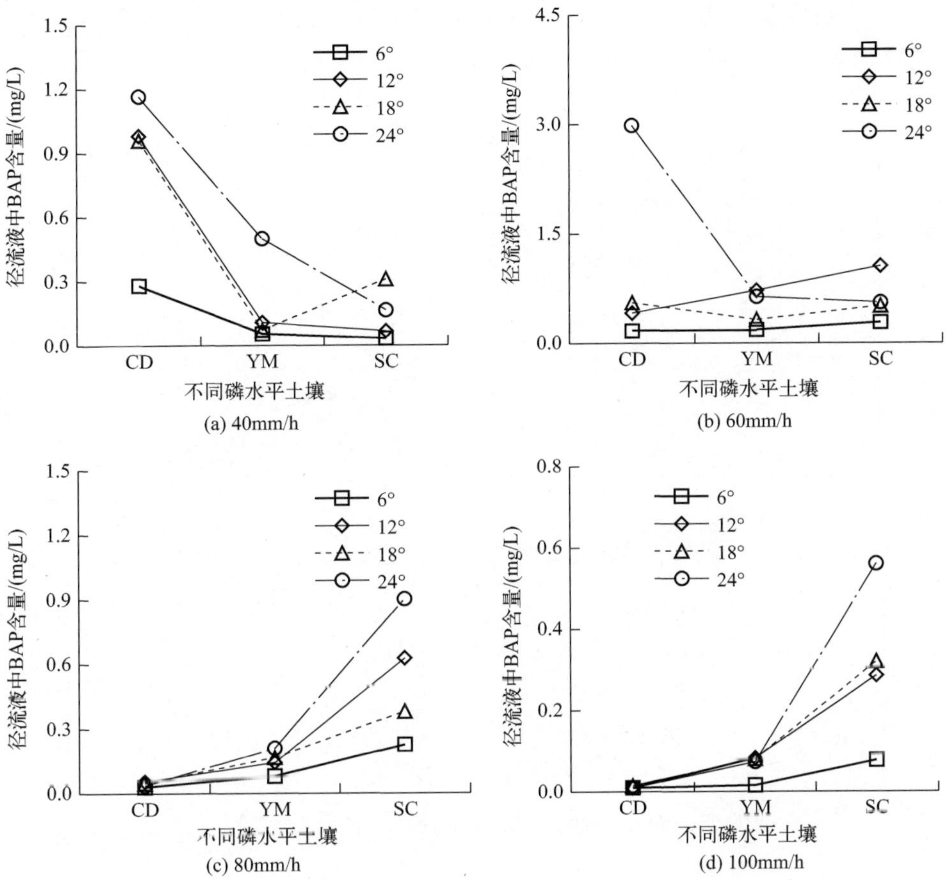

图 3-17　相同雨强不同磷水平径流液中 BAP 含量

度的增加呈先减后增的趋势，均在 40mm/h 取最大值，80mm/h 取最小值。草地利用土壤径流液中最大值为 2.76mg/L，最小值为 0.68mg/L；玉米地土壤径流液中最大值为 1.73mg/L，最小值为 0.91mg/L；蔬菜地土壤径流液中最大值为 1.98mg/L，最小值为 1.49mg/L。在坡度为 12°时，同种利用方式下土壤径流液中 TP 含量随着降雨强度的增加呈先减后增的趋势，草地和玉米地土壤径流液中 TP 均在 40mm/h 取最大值，60mm/h 取最小值，蔬菜地土壤径流液中 TP 在 100mm/h 取最大值，60mm/h 取最小值。草地利用土壤径流液中最大值为 2.70mg/L，最小值为 0.68mg/L；玉米地土壤径流液中最大值为 5.04mg/L，最小值为 0.54mg/L；蔬菜地土壤径流液中 TP 最大值为 6.64mg/L，最小值为 1.34mg/L。在坡度为 18°时，草地利用土壤径流液中 TP 随降雨强度的增加呈减少趋势，在 40mm/h 取最大值 2.66mg/L，在 100mm/h 取最小值 0.61mg/L；蔬菜地土壤径流液中 TP 随降雨强度的增加呈先减后增再减的趋势，在 40mm/h 取最大值 3.23mg/L，在 60mm/h 取最小值 1.05mg/L；玉米地土壤径流液中 TP 随降雨强度的增加无明显变化趋势，均值在 1.40mg/L。在坡度为 24°时，草地利用土壤径流液中 TP 随降雨强度的增加呈先减后增的趋势，在 40mm/h 取最大值 3.69mg/L，在 80mm/h 取最小值 0.22mg/L；蔬菜地土壤径流液中 TP 随降雨强度的增加呈先减后增再减的趋势，在 80mm/h 取最大值 3.95mg/L，在 60mm/h 取最小值 0.90mg/L；玉米地土壤径流液中 TP 随降雨强度的增加呈逐渐减小趋势，均值在 1.30mg/L。

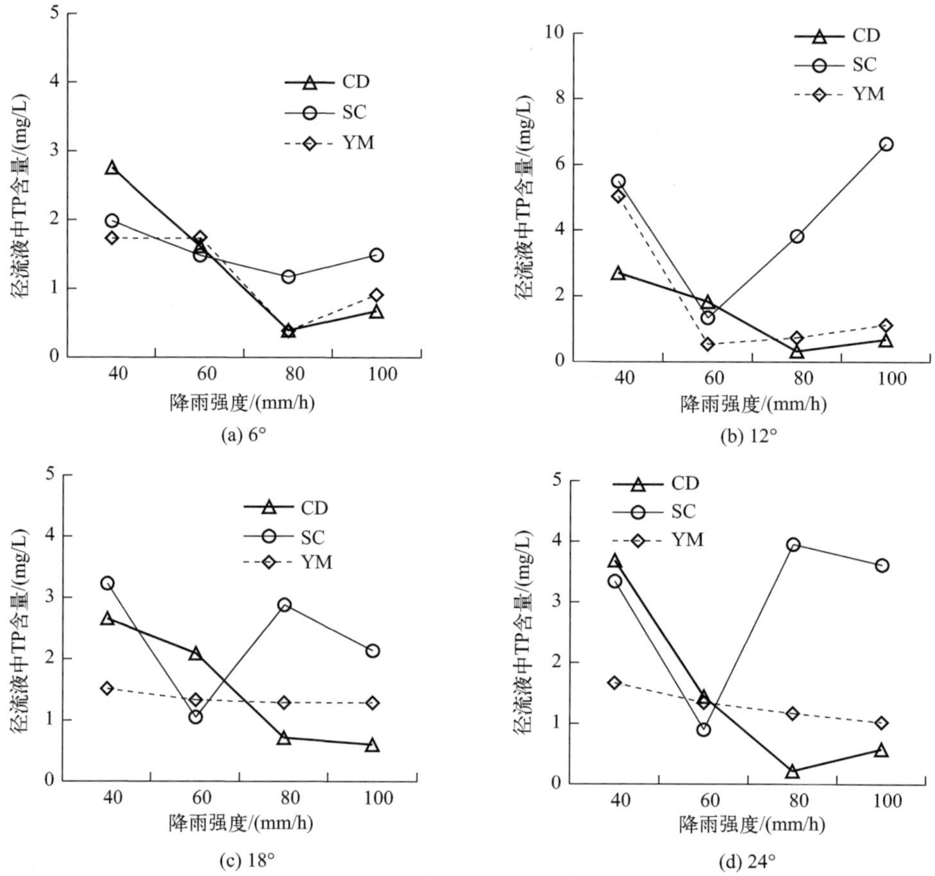

图 3-18 相同坡度不同降雨径流液中 TP 含量

(2) 相同坡度不同降雨条件下的土壤径流液中 TDP 含量

如图 3-19 所示。在坡度为 6°时，同种利用方式下土壤径流液中 TDP 含量随着降雨强度的增加呈减少的趋势，均在 40mm/h 取最大值，100mm/h 取最小值。草地利用土壤径流液中最大值为 0.65mg/L，最小值为 0.08mg/L；玉米地土壤径流液中最大值为 1.01mg/L，最小值为 0.07mg/L；蔬菜地土壤径流液中最大值为 1.68mg/L，最小值为 0.14mg/L。在坡度为 12°时，同种利用方式下土壤径流液中 TDP 含量随着降雨强度的增加呈减少的趋势，均在 40mm/h 取最大值，100mm/h 取最小值。草地利用土壤径流液中最大值为 0.69mg/L，最小值为 0.03mg/L；玉米地土壤径流液中最大值为 0.87mg/L，最小值为 0.27mg/L；蔬菜地土壤径流液中最大值为 3.13mg/L，最小值为 0.44mg/L。在坡度为 18°时，同种利用方式下土壤径流液中 TDP 含量随着降雨强度的增加呈减少的趋势，均在 40mm/h 取最大值，100mm/h 取最小值。草地利用土壤径流液中最大值为 0.70mg/L，最小值为 0.04mg/L；玉米地土壤径流液中最大值为 1.12mg/L，最小值为 0.15mg/L；蔬菜地土壤径流液中最大值为 3.03mg/L，最小值为 0.38mg/L。在坡度为 24°

时，草地和玉米地土壤径流液中 TDP 含量随降雨强度的增加呈减少趋势，在 40mm/h 取最大值，在 100mm/h 取最小值；蔬菜地土壤径流液中 TDP 随降雨强度的增加呈先减后增再减的趋势，在 40mm/h 取最大值 3.28mg/L，在 60mm/h 取最小值 0.57mg/L。

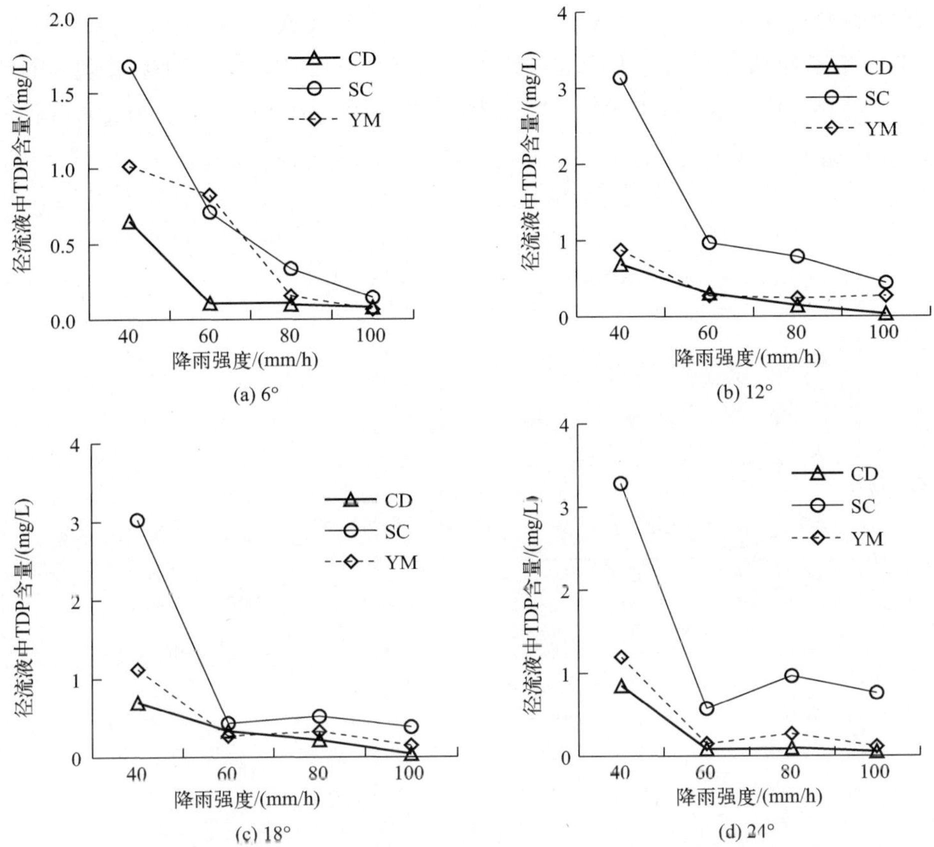

图 3-19　相同坡度不同降雨径流液中 TDP 含量

（3）相同坡度不同降雨条件下的土壤径流液中 MRP 含量

如图 3-20 所示。在坡度为 6°时，草地利用土壤径流液中 MRP 含量随降雨强度的增加呈先减后增再减的趋势，在雨强为 40mm/h 时取最大值 0.11mg/L，在雨强为 60mm/h 时取最小值 0.02mg/L；蔬菜地土壤径流液中 MRP 含量随降雨强度的增加呈减少趋势，在雨强为 40mm/h 时取最大值 0.60mg/L，在雨强为 100mm/h 时取最小值 0.10mg/L；玉米地土壤径流液中 MRP 含量随降雨强度的增加呈先增后减的趋势，在雨强为 60mm/h 时取最大值 0.59mg/L，在雨强为 100mm/h 时取最小值 0.07mg/L。在坡度为 12°时，草地和玉米地土壤径流液中 MRP 含量随降雨强度的增加无显著变化趋势，均在 0.25mg/L 左右；蔬菜地土壤径流液中 MRP 含量随降雨强度的增加呈减少趋势，在雨强为 40mm/h 时取最大值 1.02mg/L，在雨强为 100mm/h 时取最小值 0.04mg/L。在坡度为 18°时，草地和玉米地土壤径流液中 MRP 含量随降雨强度的增加无显著变化趋势，均在 0.30mg/L 左右；蔬菜地土壤径流液中 MRP 含量随降雨强度的增加呈先减后增再减趋势，在雨强为 40mm/h 时取最大值 0.85mg/L，在雨强为 60mm/h 和 100mm/h 时取最小值 0.08mg/L。在坡度为 24°时，草地利用土壤径流液中 MRP 含量随降雨强度的增加呈先减后增再减的趋势，在雨强为 80mm/h 时取最大值 0.31mg/L，在雨强为 60mm/h 时取最小值 0.04mg/L；蔬菜地土壤径流液中 MRP 含量随降雨强度的增加呈减少趋势，在雨强为 40mm/h 时取最大值 0.93mg/L，在雨强为 100mm/h 时取最小值 0.10mg/L；玉米地土壤径流液中 MRP 含量随降雨强度的增加呈先增后减的趋势，在雨强为 60mm/h 时取最大值 0.85mg/L，在雨强为 100mm/h 时取最小值 0.14mg/L。

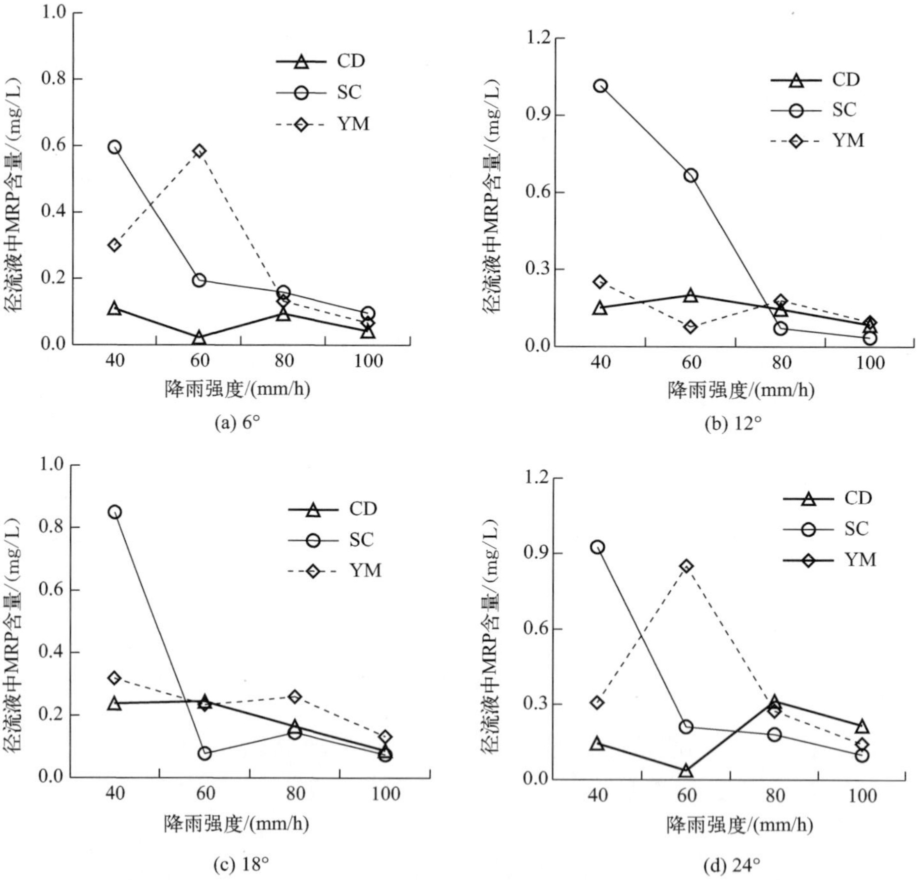

图 3-20 相同坡度不同降雨径流液中 MRP 含量

（4）相同坡度不同降雨条件下的土壤径流液中 BAP 含量

如图 3-21 所示。在坡度为 6°时，草地利用土壤径流液中 BAP 含量随降雨强度的增加呈减少趋势，在 100mm/h 时取值为 0mg/L，在 40mm/h 时取最大值 0.28mg/L；蔬菜地土壤径流液中 BAP 含量随降雨强度的增加呈先增后减的趋势，在 60mm/h 时取最大值 0.28mg/L，在 40mm/h 时取最小值 0.03mg/L；玉米地土壤径流液中 BAP 含量随降雨强度的增加呈先增后减的趋势，在 60mm/h 时取最大值 0.18mg/L，在 100mm/h 时取最小值 0.02mg/L。在坡度为 12°时，草地利用土壤径流液中 BAP 含量随降雨强度的增加呈减少趋势，在 100mm/h 时取值为 0mg/L，在 40mm/h 时取最大值 0.98mg/L；蔬菜地土壤径流液中 BAP 含量随降雨强度的增加呈先增后减的趋势，在 60mm/h 时取最大值 1.06mg/L，在 40mm/h 时取最小值 0.07mg/L；玉米地土壤径流液中 BAP 含量随降雨强度的增加呈先增后减的趋势，在 60mm/h 时取最大值 0.72mg/L，在 100mm/h 时取最小值 0.08mg/L。在坡度为 18°时，草地利用土壤径流液中 BAP 含量随降雨强度的增加呈减少趋势，在 100mm/h 时取值为 0mg/L，在 40mm/h 时取最大值 0.96mg/L；蔬菜地土壤径流液中 BAP 含量随降雨强度的增加呈先增后减的趋势，在 60mm/h 时取最大值 0.51mg/L，在 40mm/h 时取最小值 0.31mg/L；玉米地土壤径流液中 BAP 含量随降雨强度的增加呈先增后减的趋势，在 60mm/h 时取最大值 0.32mg/L，在 40mm/h 时取最小值 0.07mg/L。在坡度为 24°时，草地利用土壤径流液中 BAP 含量随降雨强度的增加呈先增后减的趋势，在 100mm/h 时取值为 0.01mg/L，在 60mm/h 时取最大值 2.99mg/L；蔬菜地土壤径流液中 BAP 含量随降雨强度的增加呈先增后减的趋势，在 80mm/h 时取最大值 0.90mg/L，在 40mm/h 时取最小值 0.17mg/L；玉米地土壤径流液中 BAP 含量随降雨强度的增加呈先增后减的趋势，在 60mm/h 时取最大值 0.64mg/L，在 100mm/h 时取最小值 0.07mg/L。

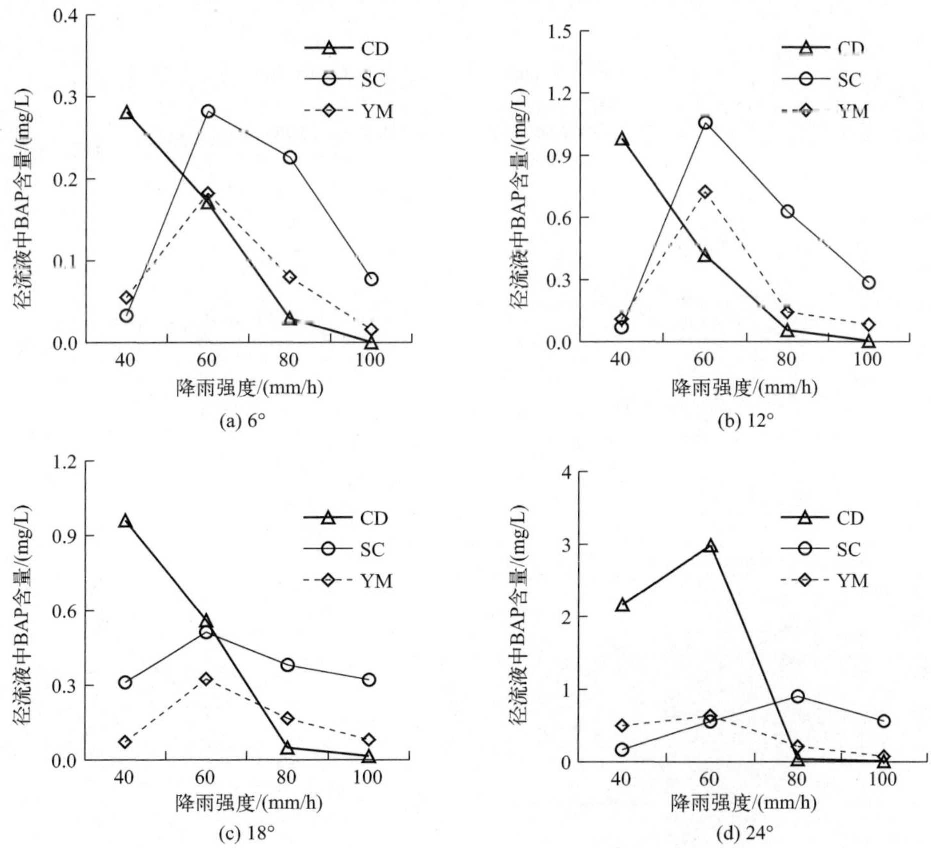

图 3-21　相同坡度不同降雨径流液中 BAP 含量

3.4.2.4 相同坡度不同磷素水平条件下的土壤径流液分析

（1）相同坡度不同磷素水平条件下的土壤径流液中 TP 含量

如图 3-22 所示。在坡度为 6°时，雨强为 80mm/h 和 100mm/h 时，随着土壤磷素含量的增加径流液中 TP 含量逐渐增加，均在草地利用土壤径流液中取最小值，在蔬菜地土壤径流液中取最大值；雨强为 60mm/h 时，随着土壤磷素含量的增加径流液中 TP 含量先增后减；在雨强为 40mm/h 时，随着土壤磷素含量的增加径流液中 TP 含量呈先减后增的趋势，在草地利用土壤径流液中取最大值 2.76mg/L，在玉米地土壤径流液中取最小值 1.73mg/L。在坡度为 12°时，雨强为 40mm/h 时，随着土壤磷素含量的增加径流液中 TP 含量逐渐增加，在草地利用土壤径流液中取最小值 2.70mg/L，在蔬菜地土壤径流液中取最大值 5.49mg/L；在雨强为 60mm/h 时，随着土壤磷素含量的增加径流液中 TP 含量呈先减后增的趋势，在草地利用土壤径流液中取最大值 1.83mg/L，在玉米地土壤径流液中取最小值 0.54mg/L；雨强为 80mm/h 时，随着土壤磷素含量的增加径流液中 TP 含量逐渐增加，在草地利用土壤径流液取最小值 0.33mg/L，在蔬菜地土壤径流液中取最大值 3.83mg/L；在雨强为 100mm/h 时，随着土壤磷素含量的增加径流液中 TP 含量逐渐增加，在草地利用土壤径流液中取最小值 0.68mg/L，在蔬菜地土壤径

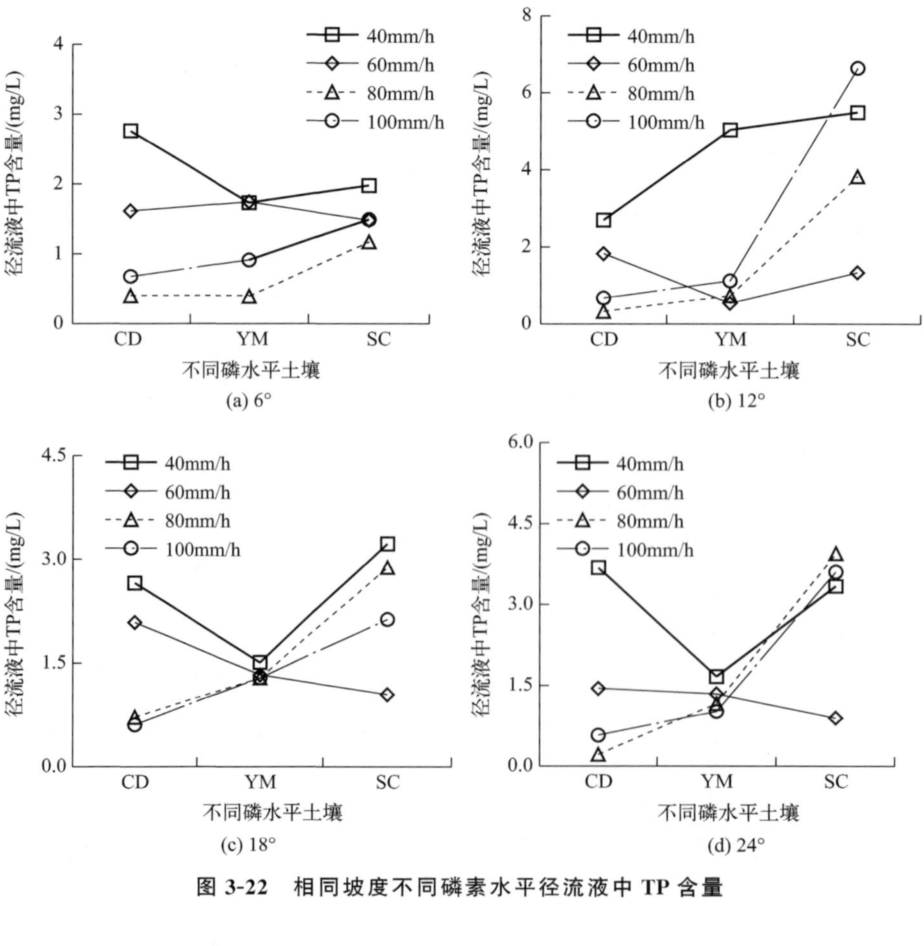

图 3-22 相同坡度不同磷素水平径流液中 TP 含量

流液中取最大值6.64mg/L。在坡度为18°时，雨强为40mm/h时，随着土壤磷素含量的增加径流液中TP含量呈先减后增的趋势，在玉米地土壤径流液中取最小值1.51mg/L，在蔬菜地土壤径流液中取最大值3.23mg/L；雨强为60mm/h时，随着土壤磷素含量的增加径流液中TP含量减少，在草地利用土壤径流液中取最大值2.09mg/L，在蔬菜地土壤径流液中取最小值1.05mg/L；在雨强为80mm/h和100mm/h时，随着土壤磷素含量的增加径流液中TP含量逐渐增加，均在草地利用土壤径流液中取最小值，在蔬菜地土壤径流液中取最大值。在坡度为24°时，雨强为40mm/h时，随着土壤磷素含量的增加径流液中TP含量呈先减后增的趋势，在玉米地土壤径流液中取最小值1.67mg/L，在草地利用土壤径流液中取最大值3.69mg/L；在雨强为60mm/h时，随着土壤磷素含量的增加径流液中TP含量减少，在草地利用土壤径流液中取最大值1.49mg/L，在蔬菜地土壤径流液中取最小值0.90mg/L；在雨强为80mm/h和100mm/h时，随着土壤磷素含量的增加径流液中TP含量逐渐增加，均在草地利用土壤径流液中取最小值，在蔬菜地土壤径流液中取最大值。

（2）相同坡度不同磷素水平条件下的土壤径流液中TDP含量

如图3-23所示。在坡度为6°时，雨强为40mm/h时，径流液中TDP含量随着土壤磷含量的增加呈逐渐增加的趋势，在草地利用土壤径流液中取最小值0.65mg/L，在蔬菜地径流液中取最大值1.68mg/L；雨强为60mm/h时，径流液中TDP含量随着土壤磷含量的增加呈先增后减的趋势，在草地利用土壤径流液中取最小值0.11mg/L，在玉米地径流液中取最大值0.82mg/L；雨强为80mm/h和100mm/h时，径流液中TDP含量随着土壤磷含量的增加无显著变化的趋势，均小于0.40mg/L。在坡度为12°时，雨强为40mm/h时，径流液中TDP含量随着土壤磷含量的增加呈逐渐增加的趋势，在草地利用土壤径流液中取最小值0.69mg/L，在蔬菜地径流液中取最大值3.13mg/L；雨强为60mm/h、80mm/h和100mm/h时，径流液中TDP含量随着土壤磷含量的增加无显著变化的趋势，均小于1.00mg/L。在坡度为18°时，雨强为40mm/h时，径流液中TDP含量随着土壤磷含量的增加呈逐渐增加的趋势，在草地利用土壤径流液中取最小值0.70mg/L，在蔬菜地径流液中取最大值3.03mg/L；雨强为60mm/h、80mm/h和100mm/h时，径流液中TDP含量随着土壤磷含量的增加无显著变化的趋势，均小于0.60mg/L。在坡度为24°时，雨强为40mm/h时，径流液中TDP含量随着土壤磷含量的增加呈逐渐增加的趋势，在草地利用土壤径流液中取最小值0.85mg/L，在蔬菜地径流液中取最大值3.28mg/L；雨强为60mm/h、80mm/h和100mm/h时，径流液中TDP含量随着土壤磷含量的增加无显著变化的趋势，均小于1.00mg/L。

（3）相同坡度不同磷素水平条件下的土壤径流液中MRP含量

如图3-24所示。在坡度为6°时，雨强为40mm/h时，径流液中MRP含量随着土壤磷含量的增加呈逐渐增加的趋势，在草地利用土壤径流液中取最小值0.11mg/L，在蔬菜地径流液中取最大值0.60mg/L；雨强为60mm/h时，径流液中MRP含量随着土壤磷含量的增加呈先增后减的趋势，在草地利用土壤径流液中取最小值0.02mg/L，在玉米地径流液中取最大值0.59mg/L；雨强为80mm/h和100mm/h时，径流液中MRP

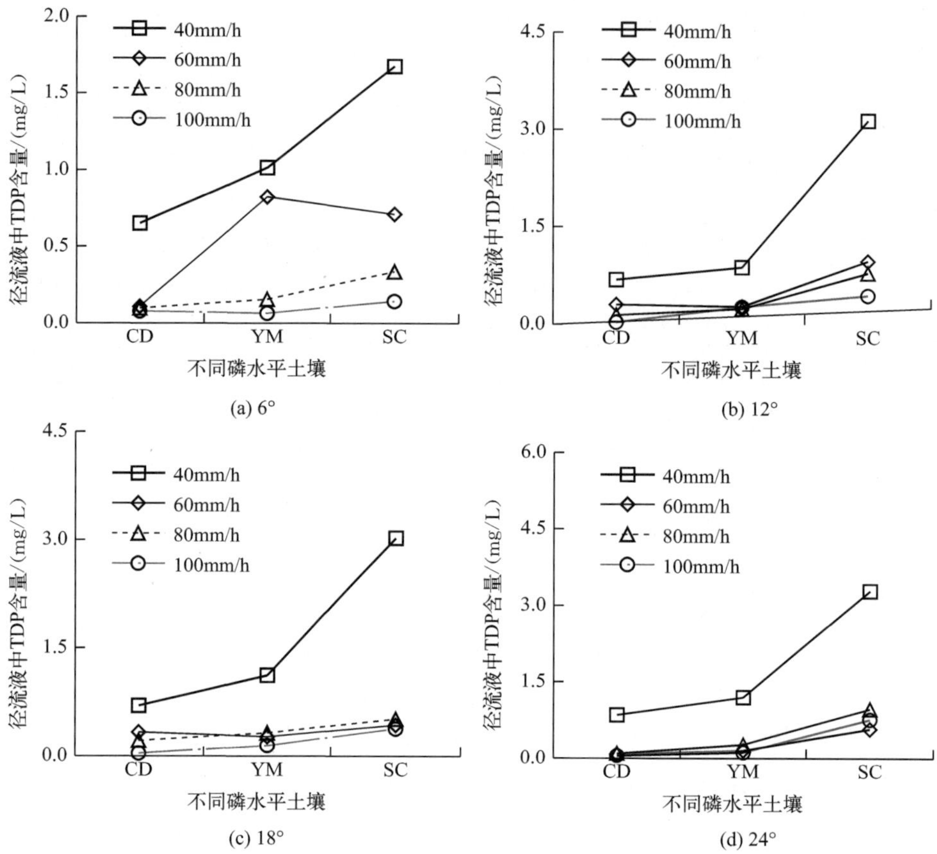

图 3-23 相同坡度不同磷素水平径流液中 TDP 含量

含量随着土壤磷含量的增加无显著变化的趋势，均小于 0.18mg/L。在坡度为 12°时，雨强为 40mm/h 时，径流液中 MRP 含量随着土壤磷含量的增加呈逐渐增加的趋势，在草地利用土壤径流液中取最小值 0.15mg/L，在蔬菜地径流液中取最大值 1.03mg/L；雨强为 60mm/h 时，径流液中 MRP 含量随着土壤磷含量的增加呈先减后增的趋势，在玉米地土壤径流液中取最小值 0.08mg/L，在蔬菜地土壤径流液中取最大值 0.67mg/L；雨强为 80mm/h 和 100mm/h 时，径流液中 TDP 含量随着土壤磷含量的增加而减少，无显著变化的趋势，均小于 0.20mg/L。在坡度为 18°时，雨强为 40mm/h 时，径流液中 MRP 含量随着土壤磷含量的增加呈逐渐增加的趋势，在草地利用土壤径流液中取最小值 0.24mg/L，在蔬菜地径流液中取最大值 0.85mg/L；雨强为 60mm/h 时，径流液中 MRP 含量随着土壤磷含量的增加呈减少的趋势，在蔬菜地土壤径流液中取最小值 0.08mg/L，在草地利用土壤径流液中取最大值 0.25mg/L；雨强为 80mm/h 和 100mm/h 时，径流液中 TDP 含量随着土壤磷含量的增加呈先增后减的趋势。在坡度为 24°时，雨强为 40mm/h 时，径流液中 MRP 含量随着土壤磷含量的增加呈逐渐增加的趋势，在草地利用土壤径流液中取最小值 0.15mg/L，在蔬菜地径流液中取最大值 0.93mg/L；雨强为 60mm/h 时，径流液中 MRP 含量随着土壤磷含量的增加呈先增后减的趋势，在草地利用土壤径流液中取最小值 0.04mg/L，在玉米地土壤径流液中取最大值 0.85mg/L；雨强为 80mm/h 和 100mm/h 时，径流液中 TDP 含量随着土壤磷含量的增加而减少，无显著变化的趋势，均小于 0.40mg/L。

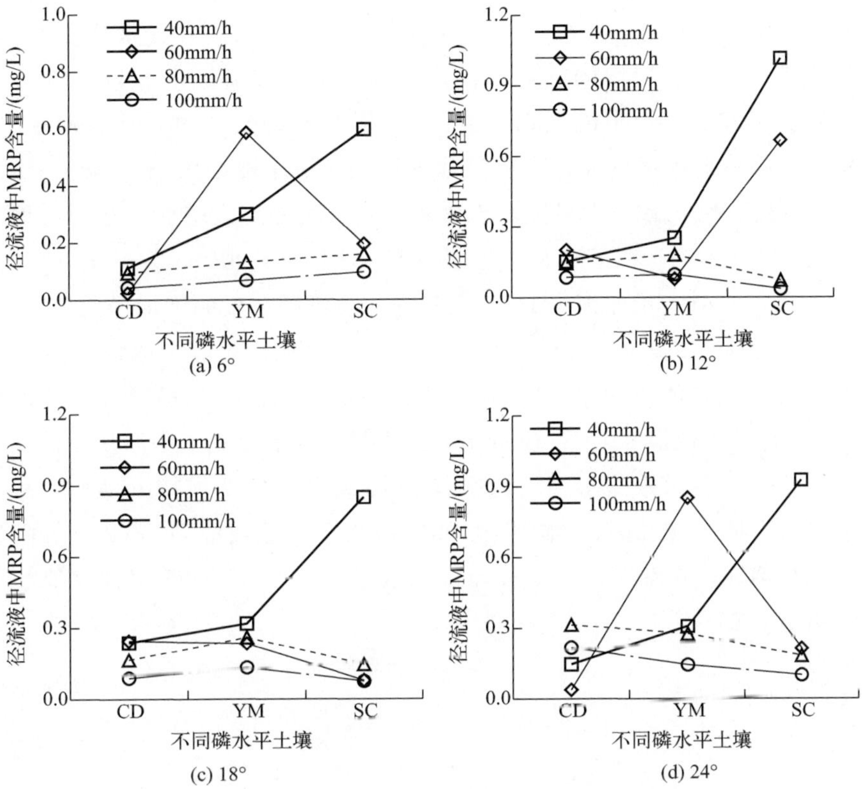

图 3-24　相同坡度不同磷素水平径流液中 MRP 含量

(4) 相同坡度不同磷素水平条件下的土壤径流液中 BAP 含量

如图 3-25 所示。在坡度为 6°时，雨强为 40mm/h 时，径流液中 BAP 含量随着土壤磷含量的增加呈逐渐减少的趋势，在草地利用土壤径流液中取最大值 0.28mg/L，在蔬菜地径流液中取最小值 0.03mg/L；雨强为 60mm/h 时，径流液中 BAP 含量随着土壤磷含量的增加呈持续增加的趋势，在草地利用土壤径流液中取最小值 0.17mg/L，在蔬菜地土壤径流液中取最大值 0.28mg/L；雨强为 80mm/h 时，径流液中 BAP 含量随着土壤磷含量的增加持续增加，在蔬菜地土壤径流液中取最大值 0.23mg/L；雨强为 100mm/h 时，径流液中 BAP 含量随着土壤磷含量的增加持续增加，在蔬菜地土壤径流液中取最大值 0.08mg/L，在草地利用土壤径流液中取最小值 0.00mg/L。在坡度为 12°时，雨强为 40mm/h 时，径流液中 BAP 含量随着土壤磷含量的增加呈逐渐减少的趋势，在草地利用土壤径流液中取最大值 0.98mg/L，在蔬菜地径流液中取最小值 0.07mg/L；雨强为 60mm/h 时，径流液中 BAP 含量随着土壤磷含量的增加呈持续增加的趋势，在草地利用土壤径流液中取最小值 0.42mg/L，在蔬菜地土壤径流液中取最大值 1.06mg/L；雨强为 80mm/h 时，径流液中 BAP 含量随着土壤磷含量的增加持续增加，在蔬菜地土壤径流液中取最大值 0.63mg/L；雨强为 100mm/h 时，径流液中 BAP 含量随着土壤磷含量的增加持续增加，在蔬菜地土壤径流液中取最大值 0.29mg/L，在草地利用土壤径流液中取最小值 0.00mg/L。在坡度为 18°时，雨强为 40mm/h 时，径流液中 BAP 含量随着土壤磷含量的增加呈先减后增的趋势，在草地利用土壤径流液中取最大值 0.96mg/L，在玉米地径流液中取最小值 0.07mg/L；雨强为 60mm/h 时，径流液中 BAP 含量随着土壤磷含量的增加呈先减后增的趋势，在草地利用土壤径流液中取最大值 0.56mg/L，在玉米地土壤径流液中取最小值 0.32mg/L；雨强为 80mm/h 时，径流液中 BAP 含量随着土壤磷含量的增加持续增加，在蔬菜地土壤径流液中取最大值 0.38mg/L；雨强为 100mm/h 时，径流液中 BAP 含量随着土壤磷含量的增加持续增加，在蔬菜地土壤径流液中取最大值 0.32mg/L，在草地利用土壤径流液中取最小值 0.02mg/L。在坡度为 24°时，雨强为 40mm/h 时，径流液中 BAP 含量随着土壤磷含量的增加呈逐渐减少的趋势，在草地利用土壤径流液中取最大值 2.17mg/L，在蔬菜地径流液中取最小值 0.17mg/L；雨强为 60mm/h 时，径流液中 BAP 含量随着土壤磷含量的增加呈持续减少的趋势，在草地利用土壤径流液中取最大值 2.99mg/L，在蔬菜地土壤径流液中取最小值 0.56mg/L；雨强为 80mm/h 时，径流液中 BAP 含量随着土壤磷含量的增加持续增加，在蔬菜地土壤径流液中取最大值 0.90mg/L；雨强为 100mm/h 时，径流液中 BAP 含量随着土壤磷含量的增加持续增加，在蔬菜地土壤径流液中取最大值 0.56mg/L，在草地利用土壤径流液中取最小值 0.01mg/L。

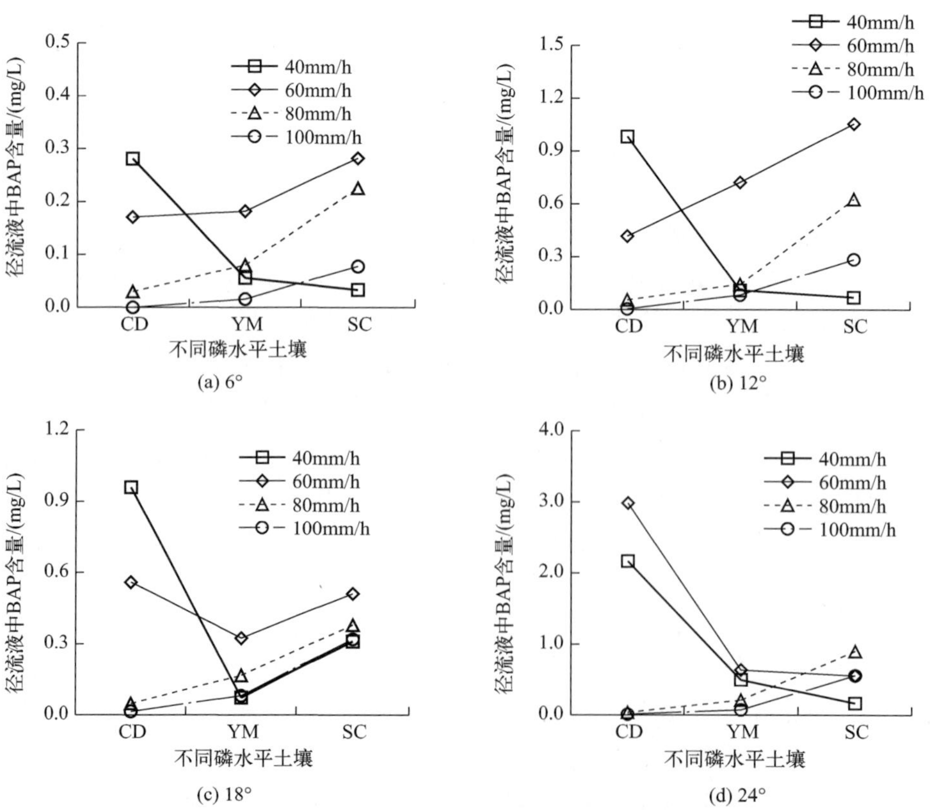

图 3-25 相同坡度不同磷素水平径流液中 BAP 含量

3.4.2.5 相同磷素水平不同坡度条件下土壤径流液分析

(1) 相同磷素水平不同坡度条件下草地利用土壤径流液中各形态磷含量

如图 3-26 所示。径流液中 TP 含量在同一降雨条件下，随着坡度的增加没有显著变化。在雨强为 40mm/h 时，TP 大致含量为 3.00mg/L。在雨强为 60mm/h 时，TP 大致含量为 1.60mg/L。在雨强为 80mm/h 时，TP 大致含量为 0.35mg/L。在雨强为 100mm/h 时，TP 大致含量为 0.60mg/L。径流液中 TDP 含量在同一降雨条件下，随着坡度的增加没有显著变化。在雨强为 40mm/h 时，TDP 大致含量为 0.70mg/L。在雨强为 60mm/h 时，TDP 大致含量为 0.30mg/L。在雨强为 80mm/h 时，TDP 大致含量为 0.15mg/L。在雨强为 100mm/h 时，TDP 大致含量为 0.05mg/L。径流液中 MRP 在雨强为 40mm/h 的条件下，随着坡度的增加呈先增后减的趋势，在坡度为 18°时取最大值 0.24mg/L。在雨强为 60mm/h 的条件下，随着坡度的增加呈先增后减的趋势，在坡度为 18°时取最大值 0.25mg/L。在雨强为 80mm/h 的条件下，随着坡度的增加呈持续增加的趋势，在坡度为 24°时取最大值 0.31mg/L。在雨强为 100mm/h 的条件下，随着坡度的增加呈持续增加的趋势，在坡度为 24°时取最大值 0.22mg/L。径流液中 BAP 在雨强为 40mm/h 的条件下，随着坡度的增加呈增加的趋势，在坡度为 24°时取最大值

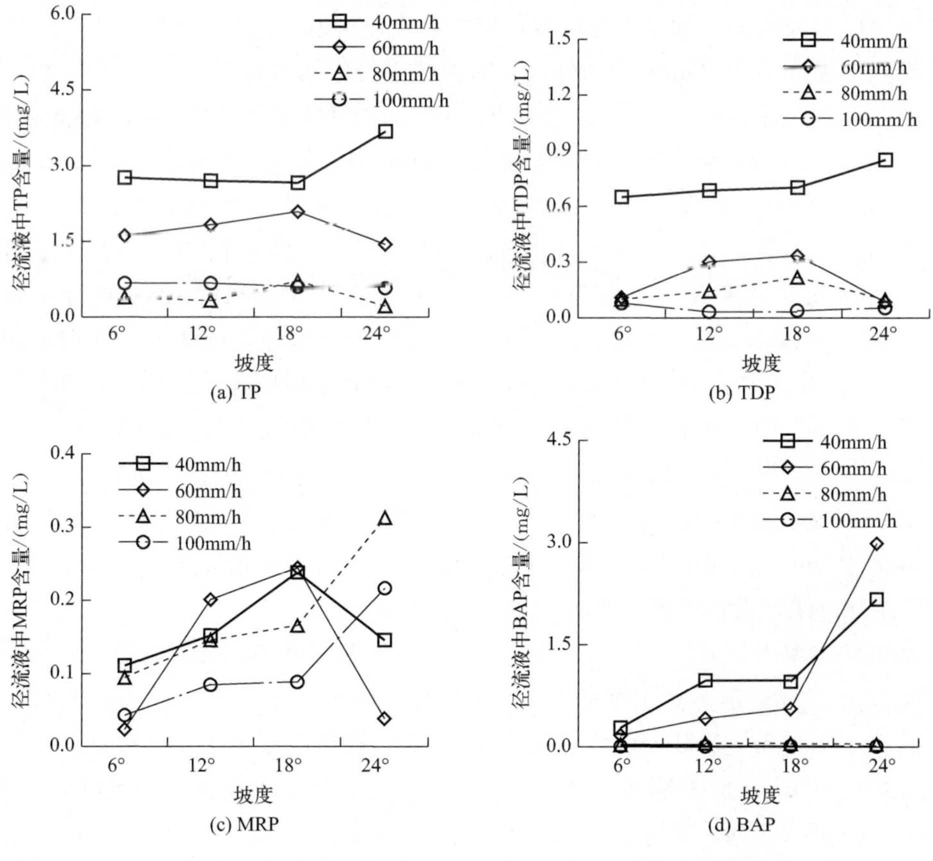

图 3-26 草地相同磷素水平不同坡度径流液中 P 含量

2.17mg/L。在雨强为60mm/h的条件下，随着坡度的增加呈增加的趋势，在坡度为24°时取最大值2.99mg/L。在雨强为80mm/h的条件下，随着坡度的增加无显著变化，均小于0.07mg/L。在雨强为100mm/h的条件下，随着坡度的增加无显著变化，均值为0.01mg/L。

（2）相同磷素水平不同坡度条件下蔬菜地土壤径流液中各形态磷含量

如图3-27所示。蔬菜地土壤径流液中TP的含量在降雨强度为40mm/h的条件下，随着坡度的增加呈先增后减的趋势，在坡度为6°时取最小值1.59mg/L，在坡度为12°时取最大值5.49mg/L。在降雨强度为60mm/h的条件下，随着坡度的增加呈减小的趋势，在坡度为6°时取最大值1.48mg/L，在坡度为24°时取最小值0.90mg/L。在降雨强度为80mm/h的条件下，随着坡度的增加呈先增后减再增的趋势，在坡度为6°时取最小值1.17mg/L，在坡度为24°时取最大值3.95mg/L。在降雨强度为100mm/h的条件下，随着坡度的增加呈先增后减再增的趋势，在坡度为6°时取最小值1.49mg/L，在坡度为12°时取最大值6.64mg/L。径流液中TDP的含量在降雨强度为40mm/h的条件下，随着坡度的增加大致呈增加趋势，在坡度为6°时取最小值1.98mg/L，在坡度为24°时取最大值3.28mg/L。在降雨强度为60mm/h的条件下，随着坡度的增加呈先增后减再增的趋势，但变化不大，均值为0.60mg/L。在降雨强度为80mm/h的条件下，随着坡度的增加呈先增后减再增的趋势，均值为0.50mg/L。在降雨强度为100mm/h的条件下，随着坡度的增加呈先增后减再增的趋势，均值为0.30mg/L。径流液中MRP的含量在降雨强度为40mm/h的条件下，随着坡度的增加大致呈先增后减再增的趋势，在坡度为6°时取最小值0.60mg/L，在坡度为12°时取最大值1.02mg/L。在降雨强度为60mm/h的条件下，随着坡度的增加呈先增后减再增的趋势，在坡度为18°时取最小值0.08mg/L，在坡度为12°时取最大值0.67mg/L。在降雨强度为80mm/h的条件下，随着坡度的增加无明显变化，大致为0.15mg/L。在降雨强度为100mm/h的条件下，随着坡度的增加无明显变化，大致为0.10mg/L。径流液中BAP的含量在降雨强度为40mm/h的条件下，随着坡度的增加大致呈先增后减的趋势，在坡度为6°时取最小值0.03mg/L，在坡度为18°时取最大值0.31mg/L。在降雨强度为60mm/h的条件下，随着坡度的增加呈先增后减的趋势，在坡度为6°时取最小值0.28mg/L，在坡度为12°时取最大值1.06mg/L。在降雨强度为80mm/h的条件下，随着坡度的增加呈先增后减再增的趋势，在坡度为6°时取最小值0.23mg/L，在坡度为24°时取最大值0.90mg/L。在降雨强度为100mm/h的条件下，随着坡度的增加呈持续增加的趋势，在坡度为6°时取最小值0.08mg/L，而在坡度为24°时取最大值0.56mg/L。

（3）相同磷素水平不同坡度条件下玉米地土壤径流液中各形态磷含量

如图3-28所示。玉米地土壤径流液中TP的含量在降雨强度为40mm/h的条件下，随着坡度的增加呈先增后减的趋势，在坡度为18°时取最小值1.51mg/L，在坡度为12°时取最大值5.04mg/L。在降雨强度为60mm/h的条件下，随着坡度的增加呈先减后增的趋势，在坡度为6°时取最大值1.75mg/L，在坡度为12°时取最小值0.54mg/L。在降雨强度为80mm/h的条件下，随着坡度的增加呈先增后减的趋势，在坡度为6°时取最

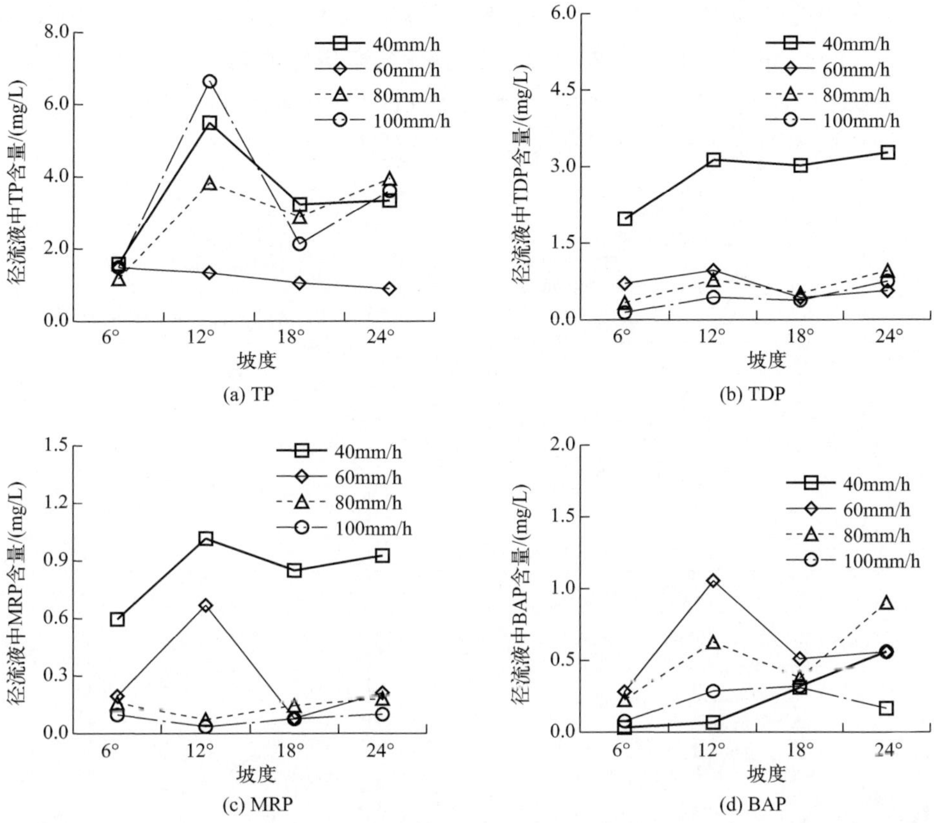

图 3-27　蔬菜地相同磷素水平不同坡度径流液中 P 含量

小值 0.39mg/L，在坡度为 18°时取最大值 1.29mg/L。在降雨强度为 100mm/h 的条件下，随着坡度的增加无显著变化，均值为 1.00mg/L。玉米地土壤径流液中 TDP 的含量在降雨强度为 40mm/h 的条件下，随着坡度的增加呈先减后增的趋势，在坡度为 12°时取最小值 0.87mg/L，在坡度为 24°时取最大值 1.19mg/L。在降雨强度为 60mm/h 的条件下，随着坡度的增加呈减小的趋势，在坡度为 6°时取最大值 0.82mg/L，在坡度为 24°时取最小值 0.15mg/L。在降雨强度为 80mm/h 的条件下，随着坡度的增加呈先增后减的趋势，在坡度为 6°时取最小值 0.16mg/L，在坡度为 18°时取最大值 0.33mg/L。在降雨强度为 100mm/h 的条件下，随着坡度的增加呈先增后减的趋势，在坡度为 6°时取最小值 0.07mg/L，在坡度为 12°时取最大值 0.27mg/L。玉米地土壤径流液中 MRP 的含量在降雨强度为 40mm/h 的条件下，随着坡度的增加无显著变化的趋势，均值为 0.30mg/L。在降雨强度为 60mm/h 的条件下，随着坡度的增加呈先减后增的趋势，在坡度为 12°时取最小值 0.08mg/L，在坡度为 24°时取最大值 0.85mg/L。在降雨强度为 80mm/h 的条件下，随着坡度的增加呈持续增加的趋势，在坡度为 6°时取最小值 0.07mg/L，在坡度为 24°时取最大值 0.27mg/L。在降雨强度为 100mm/h 的条件下，随着坡度的增加无显著变化，均值为 0.12mg/L。玉米地土壤径流液中 BAP 的含量在降雨强度为 40mm/h 的条件下，随着坡度的增加大致呈增加的趋势，在坡度为 24°时取最大值 0.50mg/L。在降雨强度为 60mm/h 的条件下，随着坡度的增加呈先增后减再增的趋势，在坡度为 6°时取最小值 0.18mg/L，在坡度为 12°时取最大值 0.72mg/L。在降雨强度为 80mm/h 的条件下，随着坡度的增加呈持续增加的趋势，在坡度为 6°时取最小值 0.08mg/L，在坡度为 24°时取最大值 0.21mg/L。在降雨强度为 100mm/h 的条件下，随着坡度的增加无显著变化，均值为 0.07mg/L。

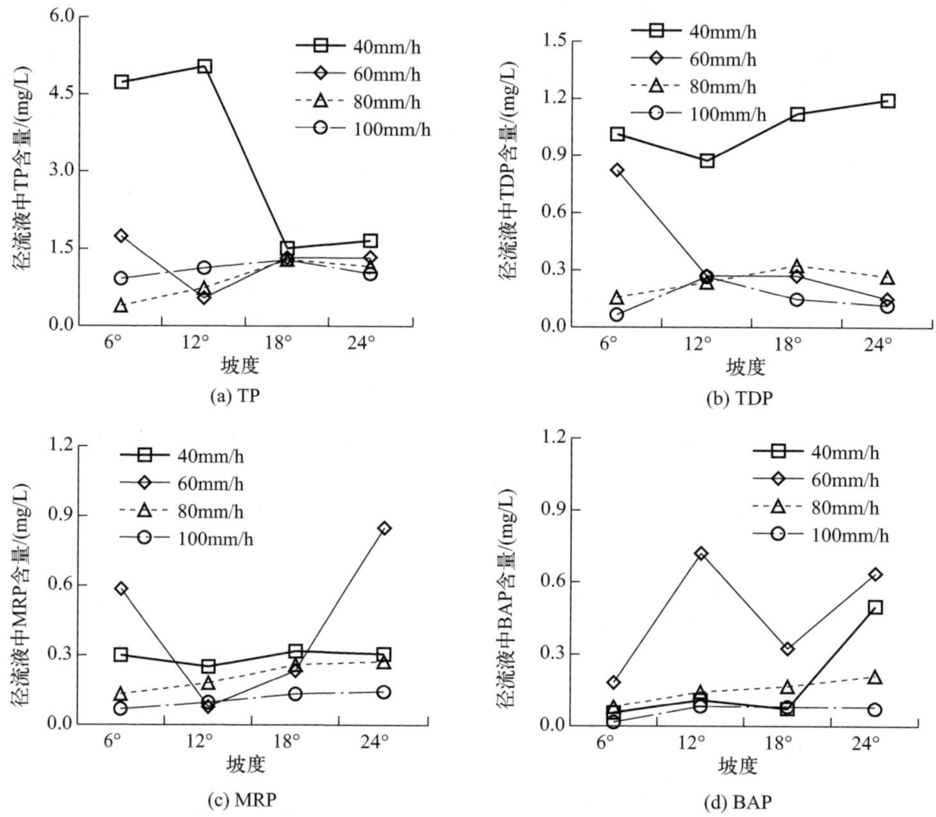

图 3-28 玉米地相同磷素水平不同坡度径流液中 P 含量

3.4.2.6 相同磷素水平不同雨强条件下土壤径流液分析

（1）相同坡度不同雨强条件下草地利用土壤径流液中各形态磷含量

如图 3-29 所示。TP 含量随着降雨强度的增加呈先减后增的趋势，所有坡度都在雨强为 40mm/h 时取最大值，在雨强为 80mm/h 时取最小值，大致存在 CD-18°＞CD-12°＞CD-6°＞CD-24°的规律，但 TP 的最大值在降雨为 40mm/h、坡度为 24°时取得。TDP 含量随着降雨强度的增加而减小，均在雨强为 40mm/h 时取最大值，在雨强为 100mm/h 时取最小值，坡度间存在 CD-18°＞CD-12°＞CD-24°＞CD-6°的规律，最大值也在降雨为 40mm/h、坡度为 24°时取得。MRP 含量随着降雨强度的增加，在坡度为 6°和 24°时呈先减后增再减的趋势，均在雨强为 60mm/h 时取最小值，在雨强为 80mm/h 时取最大值；在坡度为 12°和 18°时，草地径流液中 MRP 含量随降雨强度的增加有先增后减的趋势，均在雨强为 80mm/h 时取最大值，在降雨强度为 100mm/h 时取最小值，大致存在

CD-18°>CD-12°>CD-6°的规律。坡度为 24°时的模拟值，在前两次降雨强度下都很低，但是在 80mm/h 后出现突变。草地径流液在坡度为 6°、12°和 18°时，BAP 含量随降雨强度的增加呈持续减小的趋势，均在降雨强度为 40mm/h 时取最大值，在 100mm/h 时趋于 0；在坡度为 24°时，径流液中 BAP 随降雨强度的增加呈先增后减的趋势，在降雨强度为 60mm/h 时取最大值，但是在降雨强度为 80mm/h 时却突变趋于 0，各坡度存在着 CD-24°>CD-18°>CD-12°>CD-6°的规律。

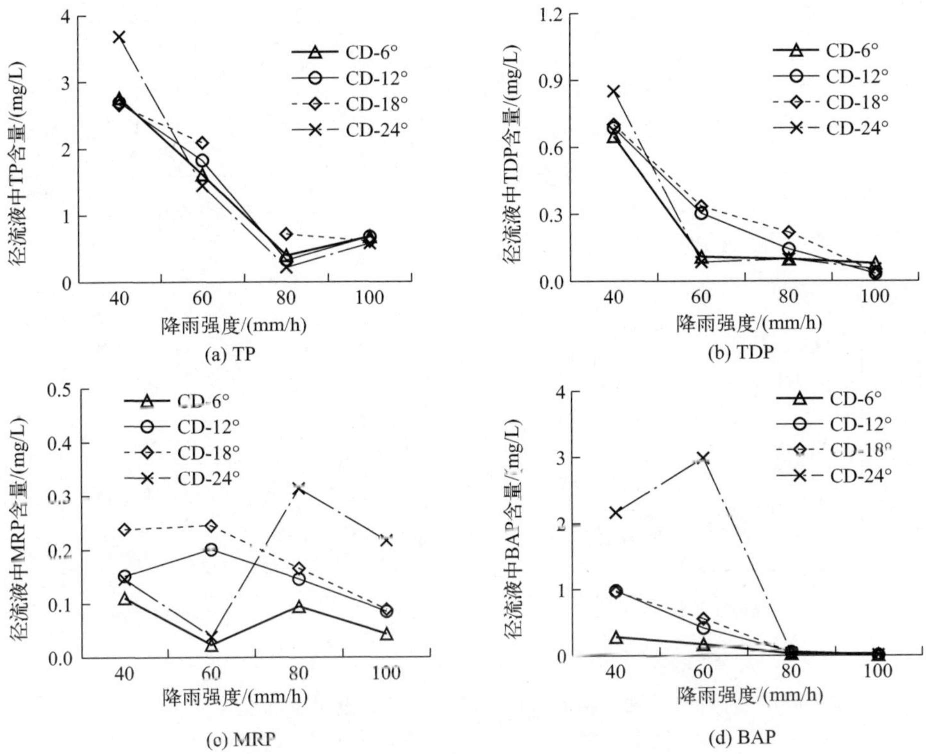

图 3-29　相同坡度下草地径流液中 P 含量

（2）相同坡度不同雨强条件下蔬菜地土壤径流液中各形态磷含量

如图 3-30 所示。径流液中 TP 含量在坡度为 6°时，随着降雨强度的增加呈平缓趋势，在坡度为 12°时呈先减后增的趋势，在降雨强度为 60mm/h 时取最小值，在坡度为 18°和 24°时随着降雨强度的增加呈先减后增最后趋于平稳状态，均在降雨强度为 60mm/h 时取最小值，在降雨强度为 80mm/h 时取最大值，坡度间存在 SC-12°>SC-24°>SC-18°>SC-6°的规律。所有坡度径流液中 TDP 含量随着降雨强度的增加呈持续减小的趋势，均在降雨强度为 40mm/h 时取得最大值，其中坡度为 6°时在 100mm/h 的降雨强度下趋于 0，坡度间存在着 SC-24°>SC-12°>SC-18°>SC-6°的规律。所有坡度径流液中的 MRP 含量随着降雨强度的增加均表现为减小的趋势，在降雨强度为 80mm/h 和 100mm/h 时其含量均小于 0.20mg/L，坡度间存在着 SC-24°>SC-6°>SC-18°的规律。SC-12°在低强度降雨条件下均为最高，在降雨强度大的条件下急剧下降。所有坡度径流液中 BAP 含量随着降雨强度的增加呈先增后减的趋势，SC-6°、SC-12°和 SC-18°均在降雨强度为 60mm/h 时取得最大值，SC-24°则在降雨强度为 80mm/h 时取最大值。蔬菜地土壤径流液中各形态磷的含量大致都呈 SC-12°＞SC-24°＞SC-18°＞SC-6°的规律，证明在坡度为 12°时蔬菜地土壤中磷较其他坡度处理最易流失。

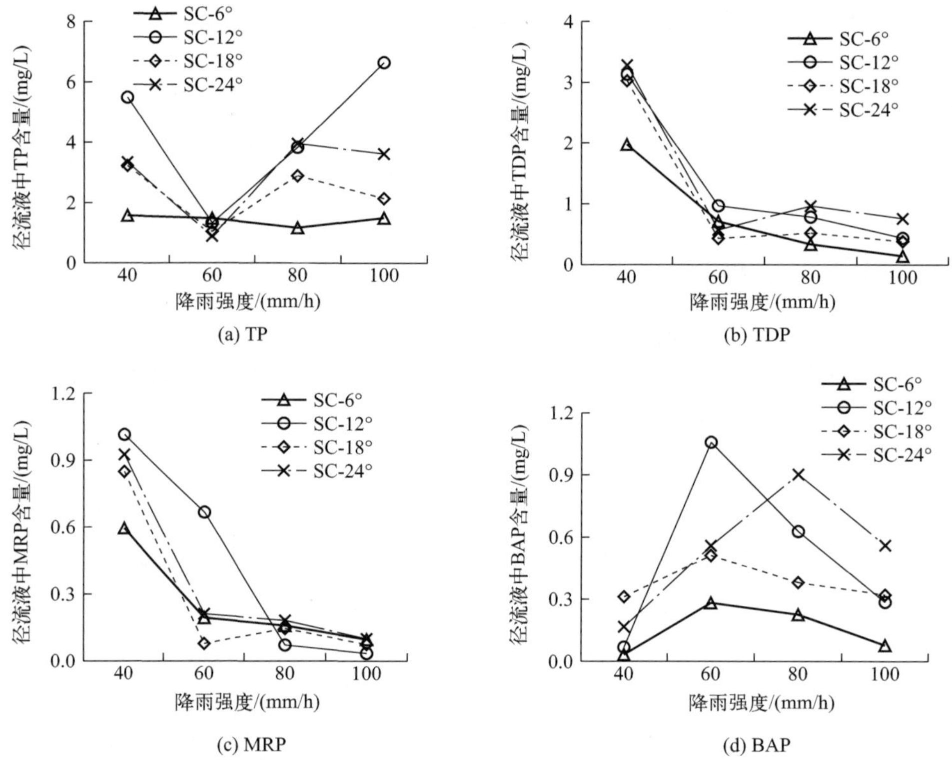

图 3-30 相同坡度下蔬菜地径流液中 P 含量

（3）相同坡度不同雨强条件下玉米地土壤径流液中各形态磷含量

如图 3-31 所示。径流液中 TP 含量在坡度为 18°和 24°时处于稳定水平，均在 1.5mg/L 水平，坡度为 6°和 12°时 TP 含量随降雨强度的增加呈先减后缓慢升高的趋势，均在降雨强度为 40mm/h 时取最大值，坡度为 12°时在降雨强度为 60mm/h 时取最小值，坡度为 6°时在降雨强度为 80mm/h 时取最小值。径流液中 TDP 含量随着降雨强度的增加呈先减后逐渐处于稳定水平的趋势，均在降雨强度为 100mm/h 时取最小值，在降雨强度为 40mm/h 时取最大值。坡度为 6°和 24°时 MRP 含量呈先增后减的趋势，均在降雨为 60mm/h 时取最大值，在降雨为 100mm/h 时取最小值，坡度为 12°和 18°时 MRP 含量随着降雨强度的增加有小波动，但是变化不大，均在 0.3mg/L 水平。对不同的坡度而言，径流液中 MRP 含量大致呈 YM-24°＞YM-6°＞YM-18°＞YM-12°的规律。随着降雨强度的增加玉米地土壤径流液中 BAP 含量呈先增后减的趋势，均在降雨强度为 60mm/h 时取最大值，在降雨强度为 100mm/h 时取最小值，且不同坡度间存在 YM-12°＞YM-24°＞YM-18°＞YM-6°的规律。

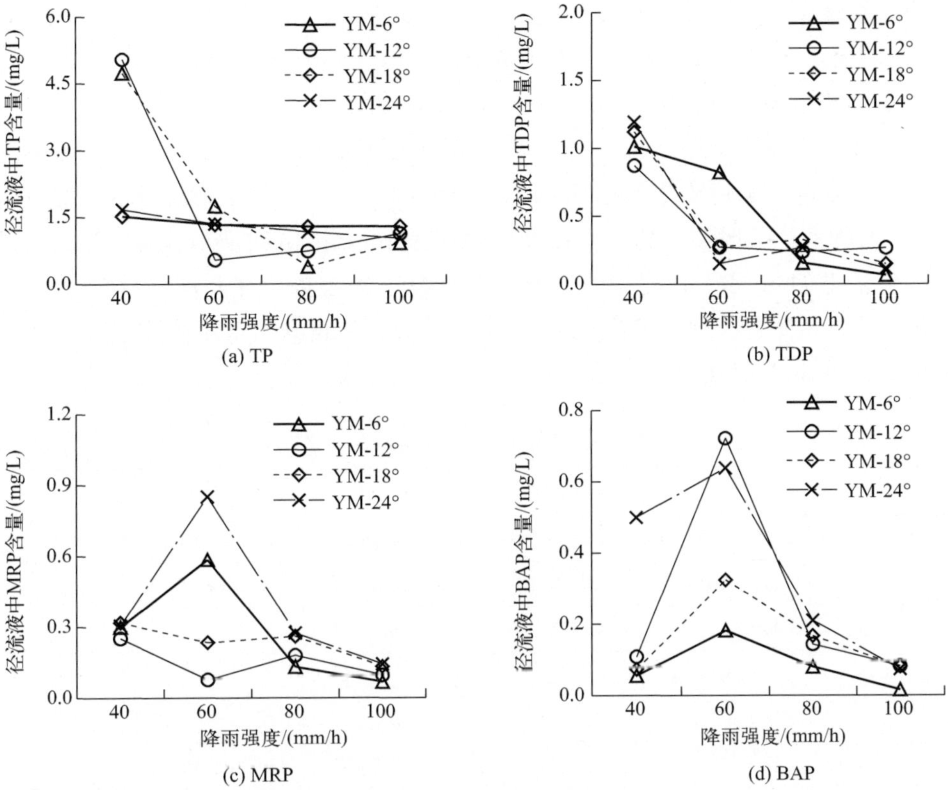

图 3-31　相同坡度下玉米地径流液中 P 含量

3.5　流域横向径流对农田排水的影响与评价

3.5.1　径流液中各形态磷占 TP 比重

通过对渗滤液中 TDP、MRP、PP、DOP 和 BAP 占渗滤液中 TP 比重的分析，能清楚地说明土壤磷素淋失的主要形态。如表 3-9 所列，不同坡度下，草地径流液中 TDP 占 TP 比重的均值呈先减后增再减的趋势，在降雨强度为 80mm/h 时取最大值 29.77%。草地利用土壤径流液中 MRP 占 TP 比重的均值呈先减后增再减的趋势，在降雨强度为 80mm/h 时取最大值 28.04%。草地利用土壤径流液中 PP 占 TP 比重的均值呈先减后增再减的趋势，在降雨强度为 60mm/h 时取最大值 83.50%。草地利用土壤径流液中 DOP 占 TP 比重的均值呈先减后增再减的趋势，在降雨强度为 80mm/h 时取最大值 19.00%。草地利用土壤径流液中 BAP 占 TP 比重的均值呈先增后减的趋势，在降雨强度为 60mm/h 时取最大值 32.10%。不同坡度下，玉米地土壤径流液中 TDP 占 TP 比重的均值呈持续减小的趋势，在降雨强度为 40mm/h 时取最大值 55.42%。玉米地土壤径流液中 MRP 占 TP 比重的均值呈先增后减的趋势，在降雨强度为 80mm/h 时取最大值 23.32%。玉米地土壤径流液中 PP 占 TP 比重的均值呈持续增加的趋势，在降雨强度为 100mm/h 时取最大值 85.82%。玉米地土壤径流液中 DOP 占 TP 比重的均值呈持续减小的趋势，在降雨强度为 40mm/h 时取最大值 39.98%。玉米地土壤径流液中 BAP 占 TP 比重的均值呈先增后减的趋势，在降雨强度为 60mm/h 时取最大值 26.20%。不同坡度下，蔬菜地土壤径流液中 TDP 占 TP 比重的均值呈持续减小的趋势，在降雨强度为 40mm/h 时取最大值 82.25%。蔬菜地土壤径流液中 MRP 占 TP 比重的均值呈持续减小的趋势，在降雨强度为 40mm/h 时取最大值 25.64%。蔬菜地土壤径流液中 PP 占 TP 比重的均值呈持续增加的趋势，在降雨强度为 100mm/h 时取最大值 86.22%。蔬菜地土壤径流液中 DOP 占 TP 比重的均值呈持续减小的趋势，在降雨强度为 40mm/h 时取最大值 56.61%。蔬菜地土壤径流液中 BAP 占 TP 比重的均值呈先增后减的趋势，在降雨强度为 60mm/h 时取最大值 52.22%。

表 3-9 径流液中各形态磷的比重 单位：%

项目		TDP/TP	MRP/TP	PP/TP	DOP/TP	BAP/TP
40mm/h	CD	23.08～26.39	4.01～8.96	73.61～76.46	17.43～19.80	10.18～36.36
	YM	17.34～74.10	4.99～27.71	25.90～82.66	12.35～53.28	2.16～30.00
	SC	57.04～98.21	18.48～30.09	1.79～42.96	38.56～70.51	1.25～9.63
60mm/h	CD	6.71～26.64	1.44～11.72	73.36～93.29	4.31～23.99	10.60～68.20
	YM	11.28～50.15	11.22～33.52	49.85～88.72	0.06～35.85	19.03～78.95
	SC	41.27～72.35	7.46～49.88	27.65～58.73	22.48～40.26	10.44～47.45
80mm/h	CD	24.69～29.77	13.87～51.52	10.23～75.31	0.98～38.26	6.73～16.75
	YM	23.00～39.79	14.95～33.76	60.21～77.00	5.11～8.05	12.94～20.43
	SC	17.96～28.62	1.89～13.54	71.38～82.04	12.91～19.83	13.16～22.85
100mm/h	CD	11.58～37.58	6.35～12.52	62.42～88.42	5.22～28.34	1.48～2.47
	YM	7.41～23.70	7.17～11.29	76.30～92.59	3.13～18.23	1.73～7.33
	SC	6.61～21.00	0.53～6.47	79.00～93.39	0.24～15.11	4.30～15.53

3.5.2 径流液中含磷水平评价

将同种利用方式径流液中 TP 含量取平均值可以得到表 3-10。

由表 3-10 可知：草地、玉米地和蔬菜地渗滤液中 TP 的含量分别为 1.44mg/L、1.43mg/L 和 2.78mg/L，与土壤 Olsen-P 含量相一致，大致呈现增加的趋势。草地在整个径流试验过程中 TP 与其总平均值相比增加比例依次为 105%、20.8%、−70.8% 和 56.3%；蔬菜地土壤每周模拟试验径流液 TP 与其总平均值相比增加比例依次为 26.3%、−57.2%、6.5%和 24.8%；玉米地土壤在每周模拟试验中径流液 TP 与其总平均值相比增加比例依次为 74.1%、−13.3%、−37.1%和−23.8%。将同种利用方式径流液中 TP 平均值含量与我国地表水（湖库）Ⅴ类标准比较，草地、玉米地和蔬菜地分别高出 1.24mg/L、1.23mg/L 和 2.58mg/L，与以往径流农田排水 TP 平均值比较发现草地、玉米地和蔬菜地分别高出平均值 1.23mg/L、1.22mg/L 和 2.57mg/L，说明滇池流域土壤以径流方式向水环境排放入磷素的含量占很大比重。在集约化农业发展的模式下，由于坚持绿色循环农业，滇池流域渗滤液中磷素低于最低农田灌溉水质标准。

表 3-10　不同利用方式径流液中 TP 含量与各标准比较

土地利用方式	TP/(mg/L)	滇池流域径流农田水 TP/(mg/L)	地表水Ⅴ类/(mg/L)	农田灌溉水质标准/(mg/L)
草地	1.44	0.21	0.20	≤5.0
玉米地	1.43	0.21	0.20	≤5.0
蔬菜地	2.78	0.21	0.20	≤5.0

3.5.3　径流液中各形态磷与土壤 Olsen-P 相关性分析

用 SPSS 分析处理得出红壤中 Olsen-P 与径流液中各形态磷之间的双侧相关性，可以知道土壤中 Olesn-P 与径流槽径流液的 TP、TDP、MRP 的 4 次平均值具有极显著相关性。因此在图 3-32 中列出 Olsen-P 与它们的相关性。

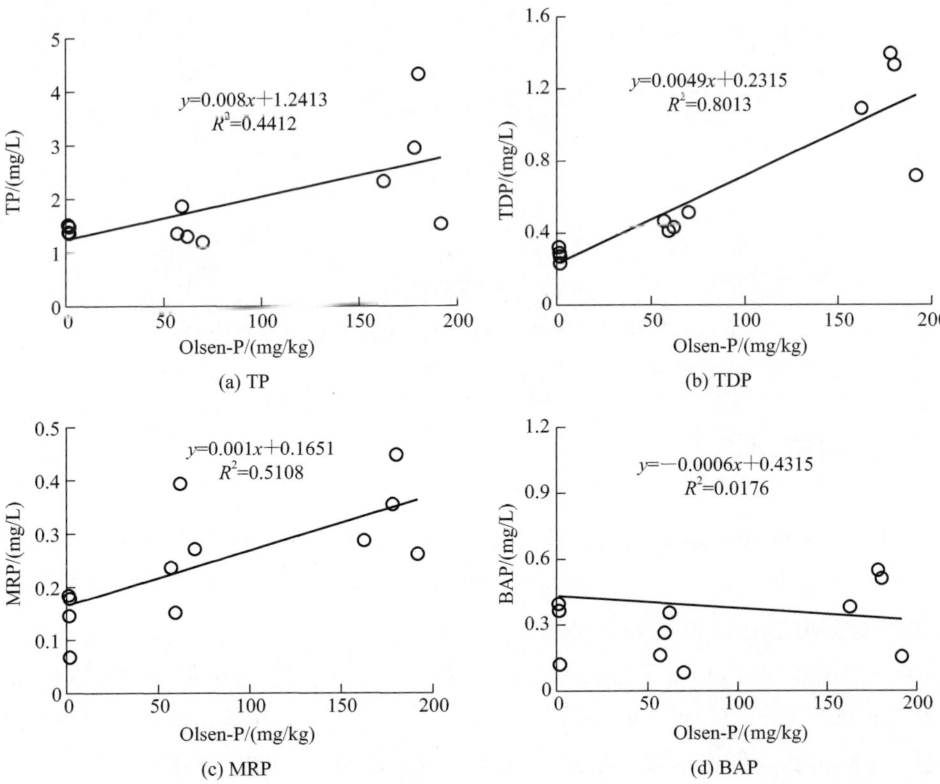

图 3-32　径流液中各形态磷浓度与土壤耕层 Olsen-P 含量的相关性（在 0.01 上显著相关）

由图 3-32 可以得出，TP＝0.008Olsen-P＋1.2413（R^2＝0.4412）；TDP＝0.0049

Olsen-P＋0.2315（R^2＝0.8013）；MRP＝0.001Olsen-P＋0.1651（R^2＝0.5108）；BAP＝－0.0006 Olsen-P＋0.4315（R^2＝0.0176）。

3.5.4 滇池流域土壤 Olsen-P 与径流液中 TDP 的“突变点”分析

因在相关性分析中径流中 TDP 含量与土壤 Olsen-P 含量相关性最好，为更明确红壤 Olsen-P 与径流液中 TDP 的“突变点”，将 TDP 含量样品数据进行处理得到各种不同利用方式下红壤 Olsen-P 与渗滤液 TDP 的均值，作出 Olsen-P 与渗滤液 TDP 相关性曲线（图 3-33），可得到两个相关性公式，若利用两公式的径流液中 TDP 含量相同，将得到一个土壤 Olsen-P 的值，此值为 54.85mg/kg。当 Olsen-P＞54.85mg/kg 时经表面径流作用进入环境水体中的 TDP 急剧增加，故将土壤 Olsen-P 含量为 54.85mg/kg 作为突变点，因此在需磷不多的作物种植过程中最好控制 Olsen-P＜54.85mg/kg，由此可以确定滇池流域红壤磷素的环境阈值为 55mg/kg。

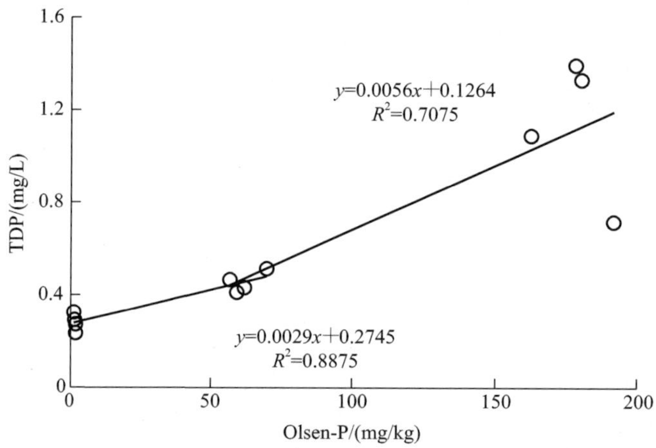

图 3-33 各处理径流液中 TDP 与 Olsen-P 的突变点分析

3.6 本章研究小结

本章基于滇池流域土壤磷素经下渗作用和径流作用流失的现象，取滇池流域原状土进行了模拟试验，从土壤和水体方面入手，探讨了流域内土壤磷素流失形态变化特征和环境阈值的相关内容，获得了如下结论。

① 滇池流域红壤的 Olsen-P 含量因土地利用方式的不同大致分为低磷（草地）9mg/kg、中磷（露天菜地）30mg/kg 和高磷（大棚）90mg/kg 3 种水平；土壤中的 NaOH-P 和 $CaCl_2$-P 的含量与 Olsen-P 含量相一致，呈现大棚＞露地＞草地的趋势，PSI 值有草地＞大棚＞露地的趋势。

② 土柱模拟试验中渗滤液中各形态 P 在同一种土地利用方式下存在 TP＞TDP＞PP＞MRP＞DOP 的趋势；不同利用方式红壤渗滤液的 TP、TDP 和 PP 存在大棚＞露地＞草地

的规律，与土壤 Olsen-P 含量规律相一致；MRP 和 DOP 存在大棚＞露地＝草地的规律。在整个渗滤试验中，TDP 占的比重最大，存在大棚＞露地＞草地的趋势；不同利用方式红壤渗滤液中 TDP 比重增加，则 PP 比重降低；DOP 比重与土壤 Olsen-P 含量无相关性。

③ 土壤中 Olsen-P 与渗滤液中 TP、TDP、PP 和 DOP 具有显著相关性，并由聚类分析及湖泊可承接的全磷可以推断：在滇池流域红壤中 Olsen-P＜40mg/kg、PSI＞50 时对环境中的水体富营养化没有显著的影响；当土壤 40mg/kg＜Olsen-P＜70.90mg/kg、PSI＞40 时对环境有一定的影响；当土壤 Olsen-P＞70.90mg/kg、PSI＜30 时对滇池流域水体环境富营养化具有显著影响。由土壤 Olsen-P 与 TP 的相关曲线，可以知道在 Olsen-P＞26.09mg/kg 时，渗漏液中的 TP 含量会急剧增加，因此种植过程中需要控制 Olsen-P 在 26.09mg/kg 以下的水平。

④ 在径流试验中，草地利用土壤径流液中 TP、TDP、BAP 和 DOP 含量随着雨强的增加大致呈减少的趋势，PP 含量呈先减后增的趋势，MRP 无明显变化；玉米地土壤径流液中 TP 和 PP 含量呈先减后增的趋势，TP、TDP、PP 和 DOP 呈减少趋势，MRP、BAP 呈先增后减的趋势；蔬菜地土壤径流液中 TP 和 PP 呈先减后增的趋势，TDP、MRP、BAP 和 DOP 均大致呈减少趋势。

⑤ 草地、蔬菜和玉米地土壤径流液中各形态磷占径流液中 TP 比重由大到小依次为 PP、TDP、BAP、DOP、MRP。随雨强的增加 PP 占 TP 的比重增加，而其他形态磷含量占 TP 的比重减小。

⑥ 径流液中 TP、TDP 和 MRP 与土壤 Olsen-P 具有极显著相关性，其中 TDP 与 Olsen-P 相关性最高，据 TDP 与土壤 Olsen-P 相关性可得出磷素径流的“突变点”，当土壤 Olsen-P＞54.85mg/kg 时经径流作用进入滇池水环境的磷素急剧增加，会加重滇池流域水土富营养化。

⑦ 滇池流域土壤以渗滤方式和径流方式向水环境排放入 TP 平均值含量高于地表水（湖库）Ⅴ类标准，也分别高于以往径流液农田排放水总量平均值，但均符合农业灌溉水质标准，可以循环灌溉于农田中，做到绿色环保农业。

参考文献

刘永，阳平坚，盛虎，等，2012. 滇池流域水污染防治规划与富营养化控制战略研究 [J]. 环境科学学报，32 (8)：1962-1972.

曹志洪，林先贵，杨林章，等，2005. 论“稻田圈”在保护城乡生态环境中的功能 1. 稻田土壤磷素径流迁移流失的特征 [J]. 土壤学报，42 (5)：179-804.

张焕朝，张红爱，曹志洪，2004. 太湖地区水稻土磷素径流流失及其 Olsen 磷的“突变点”[J]. 南京林业大学学报（自然科学版），28 (5)：6-10.

张乃明，余扬，洪波，等，2003. 滇池流域农田土壤径流磷污染负荷影响因素 [J]. 环境科学，24 (3)：155－157.

张乃明，李成学，李阳红，2007. 滇池流域土壤磷累积特征与释放风险研究 [J]. 土壤，39 (4)：665-667.

第4章 滇池流域农业非点源磷负荷解析

滇池的污染来源包括点源、面源和内源。面源污染包括农业面源、农村面源、建成区城市面源以及坡地水土流失，农业面源通常包括大量施肥导致土壤中氮、磷流失和农田固废产生的负荷，一般来自化肥施用流失的氮磷负荷远大于农田固体废物产生的负荷量。虽然针对滇池流域某个子流域有不少研究，如严长安等（2021）、黄维恒等（2018）、张德刚等（2009），但过去 20 年间滇池流域土地利用结构和农业种植结构发生了较大的变化，主要表现为耕地面积由于城市化而减少，种植结构中鲜切花和蔬菜的比例呈下降趋势，再加上水肥一体化技术和冲施肥技术的推广和普及，种植业节水节肥、减肥增效技术措施的应用，滇池流域来自种植业的农业面源污染负荷总量和占比下降趋势明显。

4.1　农田排水中的磷负荷

农田排水属于地表水，所以分析农田排水的水质状况和污染特征采用《地表水环境质量标准》（GB 3838—2002），见表 4-1。采用单项评价法，选取对水体富营养化贡献最大的 TP 作为评价指标，用各参数的采样浓度值与水质标准值做对比，以确定单项参数的水质类别，将单项评价中的最高水质类别确定为评价农田排水的水质类别。

表 4-1　地表水环境质量标准 TP 标准限值　　单位：mg/L

项目	Ⅰ类	Ⅱ类	Ⅲ类	Ⅳ类	Ⅴ类
TP（≤）	0.02	0.1	0.2	0.3	0.4

滇池流域气候雨季旱季分明，笔者选择 6 月份作为丰水期、11 月份作为枯水期进行了监测。由表 4-2 来看，6 月份研究区域农田排水 TP 含量较高，TP 含量最高的是安乐村以小白菜为主要大棚作物的采样点，达到 9.63mg/L，属于劣Ⅴ类水质，最低的仅有 0.352mg/L，属于Ⅴ类水质。采样点之间 TP 含量差异性较大，说明 TP 含量受外部因素影响较大。

表 4-2　6 月份研究区周围村落农田排水 TP 含量

项目		数值
TP 含量/(mg/L)	安乐村（大白菜）	0.945
	安乐村（油麦菜）	0.352
	安乐村（生菜）	0.67
	安乐村（玫瑰）	7.34
	安乐村（小白菜）	9.63
	竹园村（大白菜）	1.182
	柳坝湾村（生菜）	0.467
	宝兴村（芹菜）	0.887
平均值/(mg/L)		2.684
水质类别		劣Ⅴ类
标准差		3.642

续表

项目	数值
变异系数	1.357
最大值/(mg/L)	9.63
最小值/(mg/L)	0.352

将采样结果进行分析对比，由图 4-1 可以直观地发现，研究区各个采样点的 TP 含量差异很大，没有明显的相关性和规律性。同一村落周围的农田排水因为主要种植大棚作物不同、施肥状况不同，磷含量各不相同。不同村落之间由于地理环境的差异、种植作物的差异等，磷含量差异性也很大。总体来看，安乐村农田区域排水的磷浓度大于其他 3 个村落，说明安乐村的作物种植量、施肥强度大于附近 3 个村落。安乐村本区域内由于大棚作物类型的不同、施肥的强度和种类不同，导致磷含量差异性也很大。

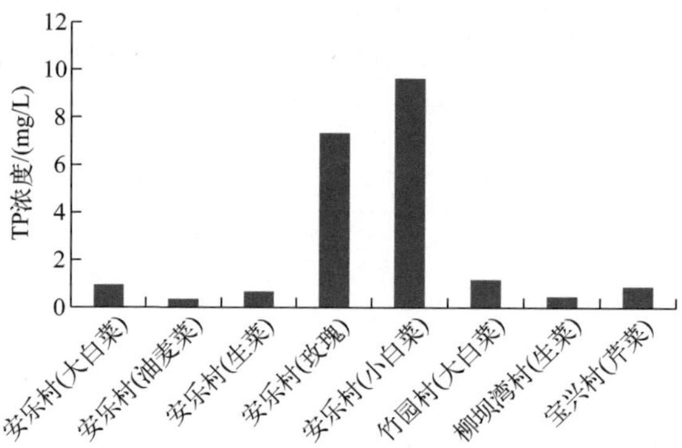

图 4-1　6 月份研究区周围村落农田排水 TP 含量对比

第 2 批于 11 月份枯水期时采集的水样结果如表 4-3 所列，通过数据可以看出，11 月份进入枯水期后，研究区域农田排水 TP 含量较高，TP 含量最高的是安乐村以油麦菜为主要大棚作物的采样点，达到 1.626mg/L，属于劣Ⅴ类水质；最低的是竹园村采样点，仅有 0.044mg/L，属于Ⅱ类水质。TP 含量远低于 6 月份的采样数值，平均含量只有 0.572mg/L，可能是因为此时的作物对磷元素的需求较少，磷肥的施用量大大降低。TP 的平均浓度都达到了劣Ⅴ类水质标准。TP 的变异系数为 1.282，可以看出，各个采样点之间 TP 含量差异性较大，说明 TP 含量受外部因素影响较大，这和丰水期时采集的数据结果相同。

表 4-3　11 月份研究区周围村落农田排水 TP 含量

项目		TP
TP 含量/(mg/L)	安乐村（油麦菜）	1.626
	安乐村（生菜）	0.0665
	竹园村（大白菜）	0.044
	柳坝村（生菜）	0.0605
	宝兴村（芹菜）	1.065

续表

项目	TP
平均值/(mg/L)	0.572
水质类别	劣Ⅴ类
标准差	0.733
变异系数	1.282
最大值/(mg/L)	1.626
最小值/(mg/L)	0.044

将第 2 次采样结果进行分析对比，由图 4-2 可以直观地看出，11 月份研究区周围的农田排水污染特征是 TP 含量较低，其中安乐村以油麦菜为主要作物的采样点和宝兴村以芹菜为主要作物的采样点磷含量都较高，远大于其余采样点。其余采样点的 TP 浓度都很低，TP 浓度都能达到Ⅱ类水质标准。

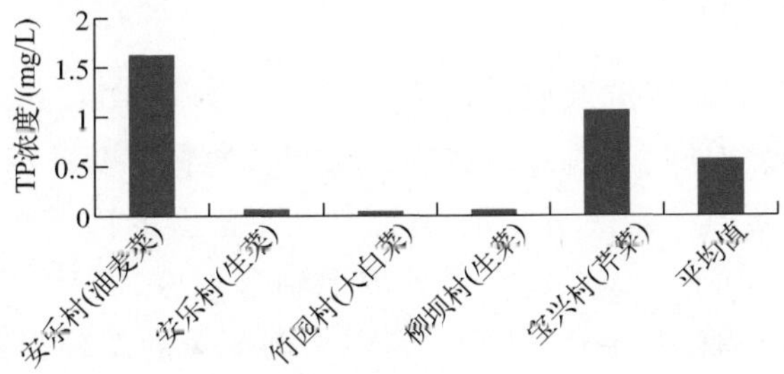

图 4-2　11 月份研究区周围村落农田排水 TP 含量对比

4.2　农田固废磷污染负荷

在对全流域农户家庭、农产品交易市场、粪便交易市场、田地、道路、沟渠、湿地进行抽样调查和统计分析的基础上，按照产生来源不同，可将流域内农业固体废物分为以下 3 类。

（1）生活垃圾

生活垃圾主要有两种类型：

① 农民日常生活所产生的垃圾，主要来自农户家庭；

② 集体性垃圾，主要来自学校、乡村办公场所和企业（非工业固体废物）等单位。

（2）种植业固体废物

种植业固体废物主要包括 3 个部分：

① 蔬菜废弃物，即在蔬菜种植、收割、交易、加工利用和食用等过程中所产生的废物，主要来自蔬菜的固体废物。

② 花卉秸秆，即花卉种植、收割、交易、加工利用等过程所产生的来自花卉的固体废物。

③ 其他种植业固体废物，如粮食作物秸秆、水果废弃物等。

（3）养殖业固体废物

养殖牲畜等所产生的废弃物主要有以下两类：

① 集中养殖固体废物，包括粪便、垃圾和其他废弃物等；

② 分散养殖牲畜产生的固体废物。

4.2.1 流域农业固废产生量现状及评价

滇池流域均在昆明市辖区内，其中包括昆明市五华、盘龙两城区和西山区、官渡区、呈贡县、晋宁县、嵩明县共 7 个区县的 30 个街道办事处、25 个乡镇（2008 年数据）。由于流域范围内城镇化水平的不断提高，农村生活垃圾基本上做到了定点收集和集中处理，已经杜绝了随意堆放的情况。因此，着重针对种植业固体废物和养殖业固体废物两个类型来进行现状分析与评价。

4.2.1.1 种植业固体废物

从表 4-4 中可以得出滇池流域农作物种植总面积为 66159.5hm^2，主要种植作物包括水稻和豆类等传统粮食作物，蔬菜、花卉、烤烟、油料以及青饲料等农作物。其中晋宁县（现晋宁区）、呈贡县（现呈贡区）、官渡区 3 个区县的种植面积最大，主要以种植大棚蔬菜、花卉为主。由于这 3 个区县地处滇池湖盆地区，大棚等设施农业迅速普及，蔬菜和花卉大棚种植面积已达 90%以上。其中大棚蔬菜的复种指数很高，可达到 7～8 茬/年，菜农年经济收入可达 3 万元/亩；大棚花卉种植的复种指数也达到 3～4 茬/年，年经济收入达到 4 万元/亩。设施农业很高的复种指数给农户带来可观的经济收入，同时也产生大量的农业固体废物。从表 4-4 中可以看出，呈贡县和晋宁县农业固体废物年产生量最大，分别达到 148.77 万吨/年和 190.03 万吨/年，其中以蔬菜和花卉秸秆最为突出。通过流域内多次实地调查，呈贡地区少数农户将蔬菜秸秆经过简单晒干处理后直接还田，但大多数仍是随意堆放田头自然腐烂。对于花卉秸秆，绝大多数农户为了省时省力，仍是采取田头直接焚烧的处理方式。

表 4-4 滇池流域各区、县农作物播种面积 单位：公顷

项目		五华区	盘龙区	官渡区	西山区	呈贡县	晋宁县	嵩明县
粮食及豆类		2695.1	2128.7	4391.5	2054.2	949.6	12368.7	891.6
其中	烤烟	700	463.5	685.1	237	0	1978.5	534.2
	油料	35.3	9.3	35.6	105.3	2	843.1	9.3
蔬菜		1226.5	1287.9	4609.3	1484.6	10576.5	10186	372.7
花卉		17	43.5	754.5	45.2	1838.3	2284.7	34
其他（青饲料等）		38.3	38	45	30	3.4	23	103.5
合计		4712.2	3970.9	10521	3956.3	13369.8	27684	1945.3

注：数据来自 2008 年昆明统计年鉴。

具体各区县种植业固体废物产生情况详见表 4-5、表 4-6。

表 4-5　滇池流域各区、县农作物产废情况　　单位：10^4 t/a

项目		产废量/[kg/(km^2·a)]	五华区	盘龙区	官渡区	西山区	呈贡县	晋宁县	嵩明县
粮食及豆类		3060	8.25	6.51	13.44	6.29	2.91	37.85	2.73
其中	烤烟	390	0.27	0.18	0.27	0.09	0	0.77	0.21
	油料	3120	0.11	0.03	0.11	0.33	0.01	2.63	0.03
蔬菜		10980	13.47	14.14	50.61	16.30	116.13	111.84	4.09
花卉		16164	0.27	0.70	12.20	0.73	29.71	36.93	0.55
其他（青饲料等）		1000	0.04	0.04	0.05	0.03	0.01	0.02	0.10
合计		—	22.39	21.59	76.64	23.75	148.77	190.03	7.66

表 4-6　滇池流域农田固废污染物排放量估算

项目	产生量/(10^4 t/a)	TP/(t/a)
五华区	22.39	4.48
盘龙区	21.59	4.32
官渡区	76.64	15.33
西山区	23.75	4.75
呈贡县	148.77	29.75
晋宁县	190.03	38.01
嵩明县	7.66	1.53
合计	300.83	98.17

注：污染物流失量按其产生量的 5%计算。

根据云南省污染源普查办公室提供的资料，全流域内村庄以种植水稻、玉米、烤烟、蔬菜、花卉为主，并结合《滇池流域农村面源污染现状调查与评价报告书》得出农田废弃物的综合利用率为 95%，其中 5%流失量中 TN 的污染排放系数为 2.5%，TP 的污染排放系数为 0.5%。经计算得知，滇池流域污染物的潜在最大负荷贡献 TN 为 245.42t/a，TP 为 98.17t/a。其中呈贡县和晋宁县由于蔬菜和花卉的设施农业相对发达，固体废物年产生量最大，因此污染物的潜在最大负荷贡献也最大，TN 和 TP 分别达到 74.39t/a、95.02t/a 和 29.75t/a、38.01t/a。具体情况见表 4-5。

4.2.1.2　养殖业固体废物

昆明“一湖两江”流域保护区范围内全面实行禁止畜禽养殖，主要包括昆明城区规划控制区共 780km^2 范围内，滇池水体及滇池环湖公路面湖一侧区域，36 条出入滇池河流及河道两侧各 200m 范围内，昆明非城区的河流及河道两侧各 200m 范围内，城镇集中式饮用水水源地，等等。通过滇池流域范围内2008年来全面“禁养”政策的实施，绝大数农户放弃了传统的分散养殖方式，以在非禁养区内发展规模化养殖为主。

根据云南省污染源普查办公室提供的资料和《滇池流域农村面源污染现状调查与评价报告书》得出表4-7中滇池流域内畜禽粪便排放当量，并结合昆明统计年鉴得出，滇池流域畜禽粪便年产生总量为1.1467×10^7t/a，污染物潜在最大负荷贡献中TP总量为134.93t/a。其中官渡区和晋宁县规模化养殖生猪和肉牛数量较大，因此畜禽年粪便产生量在各区县所占比重较大，分别为2.6199×10^6t/a和2.4769×10^6t/a。官渡区污染物潜在最大负荷贡献中TP为31.28t/a；晋宁县污染物潜在最大负荷贡献中TP为29.13t/a。

表4-7 滇池流域各区、县畜禽养殖情况 单位：头（只、匹）

项目	五华区	盘龙区	官渡区	西山区	呈贡县	晋宁县	嵩明县
牛	6026	5313	11879	4357	9805	13472	7898
猪	65135	39601	113500	32687	22634	86390	22836
羊	16852	11202	11885	17583	10839	17098	8663
马	1134	1138	2418	552	445	1205	1301
驴、骡	892	430	170	386	175	338	226
鸡	185639	256348	207324	286953	124913	242491	131598
鸭、鹅	1056	1152	1238	1689	1137	1874	142

具体各区县养殖业固体废物产生情况及畜禽粪便污染物估算详见表4-8～表4-10。

表4-8 滇池流域各区、县畜禽粪便产生量估算 单位：10^4t/a

项目	粪便排放当量/(t/a)	五华区	盘龙区	官渡区	西山区	呈贡县	晋宁县	嵩明县
牛	8.9	53.63	47.29	105.72	38.78	87.26	119.90	70.29
猪	1.0547	68.70	41.77	119.71	34.47	23.87	91.12	24.09
羊	0.87	14.66	9.75	10.34	15.30	9.43	14.88	7.54
马	5.9	6.69	6.71	14.27	3.26	2.63	7.11	7.68
驴、骡	5	4.46	2.15	0.85	1.93	0.88	1.69	1.13
鸡	0.0533	9.89	13.66	11.05	15.29	6.66	12.92	7.01
鸭、鹅	0.039	0.04	0.04	0.05	0.07	0.04	0.07	0.01
总计	—	158.08	121.37	261.99	109.10	130.77	247.69	117.74

表4-9 畜禽粪便产生当量

类型	污染物	牛	猪	羊	马、骡	鸡（鸭、鹅）
排污平均值（折纯）/[g/(p·d)]	TP	15.5	2.0	1.1	12.0	0.1

注：排放量按其产生量的18%计算。

表 4-10　滇池流域畜禽粪便污染物排放量估算

项目	产生量/(10^4t/a)	TP/(t/a)
五华区	158.08	18.74
盘龙区	121.37	14.35
官渡区	261.99	31.28
西山区	109.1	12.64
呈贡县	130.77	15.06
晋宁县	247.69	29.13
嵩明县	117.74	13.74
合计	1146.74	134.93

4.2.2　花卉蔬菜秸秆对滇池水质的影响

4.2.2.1　对滇池水体 TP 的影响

设计了 3 个水平（0.5%、1%、2%）的秸秆投加量对水体的影响试验（表 4-11），现选取同一水平（1%）比较分析 6 种秸秆对滇池水体 TN 含量的影响。

表 4-11　秸秆不同水平的投加量对滇池水体中 TP 影响的平均负荷量

单位：mg/L

秸秆种类	玫瑰花	康乃馨	满天星	油麦菜	辣椒	青花菜
CK	0.66	0.66	0.66	0.66	0.66	0.66
水平 1	4.89	5.36	4.83	1.80	4.01	2.49
水平 2	6.10	7.51	7.26	2.66	5.70	3.84
水平 3	8.88	9.23	9.12	3.53	8.02	4.50

由图 4-3 可以看出蔬菜秸秆投入滇池水中约 15d 时磷负荷量达到最大值，花卉秸秆在浸泡 30d 时达到最大值，而对照中的磷负荷量变幅不大。不同作物秸秆投入滇池水的磷负荷量总变化趋势相比较，花卉秸秆在水体中 TP 释放量明显高于蔬菜秸秆。秸秆的 TP 负荷量增长趋势剧烈，而下降趋势平缓，由此说明含磷物质在水体中转化比较缓慢，而分解相对较快。由于每 15d 补水一次，一方面增强了水体的自净能力，另一方面秸秆分解量有所下降，所以在 30d 左右达到峰值后明显下降。

在研究秸秆不同水平的投加量对滇池水体 TP 的影响时，仍采用 4 个不同时期测量值的加权平均值作为同一水平下秸秆 TP 在水体中的释放量。对滇池水的不同秸秆投加量作线性回归分析（图 4-4），从方差分析表中得知 F 统计量为 8.286，F 值的显著性概率 $P<0.01$，因此认为回归方程线性关系显著。从线性回归分析中可知，滇池水 TP 含量与秸秆投加量呈显著正相关，它们之间的相关性可以用回归方程 $y=3.046+2.138x$（$R^2=0.341$，$P<0.01$）表示。

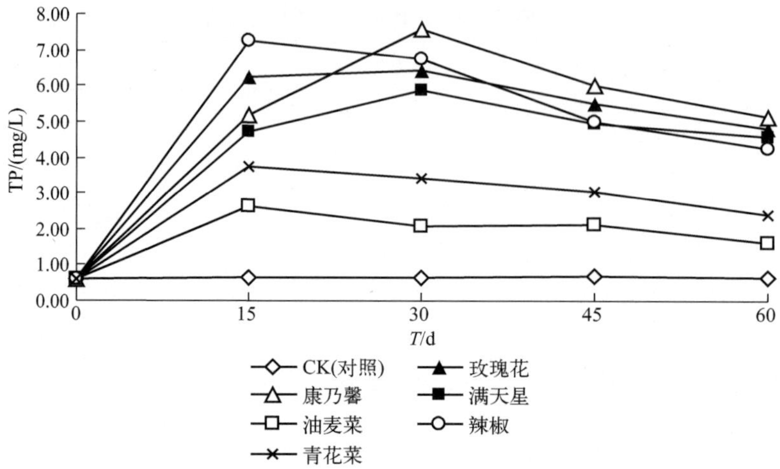

图 4-3 秸秆在不同时间内对滇池水质 TP 的影响趋势

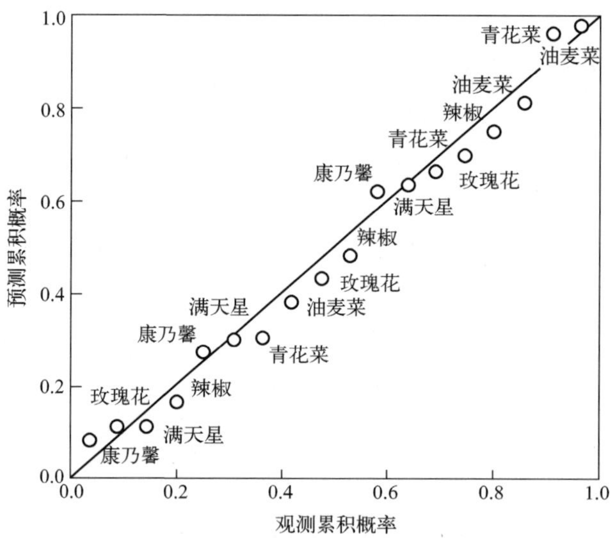

图 4-4 不同水平秸秆投加量对滇池水体 TP 影响的标准化残差的正态 *P-P* 图

4.2.2.2 对滇池水体 TP 的潜在污染负荷量估算

根据上述调查结果得到的滇池流域花卉蔬菜秸秆产废总量，并结合试验所得到的秸秆投入滇池水后 TP 的污染负荷实测值，便可以对滇池流域花卉蔬菜秸秆可能产生的面源 TP 负荷总量进行估算（表 4-12）。

表 4-12 滇池流域花卉蔬菜废弃物可能形成的 TP 极大值估算

项目	秸秆产量/10^4 t	秸秆 TP 负荷量/(g/kg)	TP 总量极大值/10^4 t
花卉	326.58	23.19	7.5734
蔬菜	81.09	13.56	1.0996
小计			8.6730

实际滇池流域花卉蔬菜秸秆以多种方式被利用或处置，在秸秆利用中肥料、燃料和饲料量分别占秸秆资源的 36.6%、23.7%和 22.6%，其他如原料、焚烧和弃置乱堆共占 17%，其中弃置乱堆占 6.1%。滇池流域随意弃置堆放的花卉蔬菜秸秆大约占 6.1%。这些弃置乱堆的秸秆在自然条件下腐解后产生的腐殖质可能被植物、土壤中微生物利用，可能在土壤中残留，也可能进入到水体中，其中进入水体的腐殖质会对水体贡献数量与比例变化不一的 TP 污染负荷，随着地表径流最终流入滇池，造成水体污染，是滇池水环境污染（特别是面源污染）的重要原因之一。对于花卉蔬菜秸秆腐解后的各种去向占比目前尚缺乏确切的数据，从表 4-13 中可以知道，假设随意弃置堆放的花卉蔬菜秸秆腐解 100%进入水体，对滇池水体可能形成的面源 TP 污染负荷量为 5290.51t。假设弃置秸秆腐解后 50%进入水体，对滇池水体的面源 TP 污染负荷贡献达到 2645.26t。假设弃置秸秆腐解后只有 5%进入水体，对滇池水体的面源 TP 污染负荷贡献也达到了 264.53t。因此流域内花卉蔬菜秸秆的随意弃置堆放，对滇池水环境存在着很大的潜在面源污染贡献负荷量。各有关方面应对农作物秸秆随意弃置可能形成的面源 TP 总量及其所伴随的水环境问题的预防与管理给予足够的重视。

表 4-13　滇池流域花卉蔬菜秸秆自然弃置方式可能形成的面源 TN、TP 负荷估算

弃置秸秆 TP 总量/t	进入水体的比例/%	进入水体的 TP 总量/t
5290.51	100	5290.51
	75	3967.88
	50	2645.26
	25	1322.63
	10	529.05
	5	264.53

4.3　农村生活污水磷污染负荷

滇池污染按来源可分为内源污染、点源污染和面源污染。随着滇池污染治理工作的迅速开展，内源污染和点源污染治理取得了一定成效，面源污染成为滇池富营养化的重要原因。滇池流域的主要污染问题是水体的严重富营养化，导致水体富营养化的主要污染源是工业污水、城市点源和面源以及农村面源污染。近年来，随着工业污染的有效控制和城市污水处理厂的建设，滇池流域的农村面源污染已经上升为主要污染来源。滇池流域农业农村面源污染主要来源为农村生活、农业种植和畜禽养殖污染，2014 年农业农村污染面源污染物产生量为 COD_{Cr} 6404t、NH_3-N 879t、TN 1717t、TP 377t，见表 4-14。

表 4-14　滇池流域各县区农业农村面源污染负荷产生量

项目	COD_{Cr}/(t/a)	NH_3-N/(t/a)	TN/(t/a)	TP/(t/a)
五华区	0	1	2	0

续表

项目	COD_{Cr}/(t/a)	NH_3-N/(t/a)	TN/(t/a)	TP/(t/a)
盘龙区	898	107	208	42
官渡区	98	59	116	25
西山区	303	23	44	10
呈贡区	858	162	319	58
晋宁县	4246	528	1028	243
合计	6404	879	1717	377

从表 4-13 可以看出，2014 年滇池流域农村农业面源污染主要集中在晋宁县，占农村生活污染物总量的 59%，其次为盘龙区和呈贡区，占 26.56%。五华区农村生活污染物排放量最低。

农村生活污水排放是由当地城郊村镇建设特点所致。这些地区缺少统一的城市规划，居民房屋建设各自为主，居民生活杂排水、尿液和粪便通过自家管道直接进入房屋旁的明排水渠，生活垃圾随意丢放，腐臭液流入明排水渠，所以污染物浓度极高。生活污水排放管控方法如下。

① 在滇池流域及补水区 80%的村庄已完成生活污水收集处理设施建设的基础上，对已有设施进行升级改造，并建立长效运行机制，落实运行和管护人员经费，提升处理设施运行效率。

② 大力推进农业清洁生产和标准化生产，滇池流域及补水区每年推广测土配方及水肥一体化技术 30 万亩，推广农作物秸秆还田技术，示范区农业废弃物资源化利用率达到 90%，减少和控制化肥施用量。

③ 每年推广太阳能热水器 1000 台，开展农村病旧沼气池改造和补水区养殖小区沼气工程建设，减少薪柴消耗，保护植被。

④ 建立畜禽养殖长效监管机制，巩固规模化畜禽禁养成果。

4.4 农田土壤磷流失负荷

在滇池流域，不同土地利用类型之间全磷的含量表现为湿地＞花卉大棚＞蔬菜大棚＞耕地＞坡耕地＞林地，湿地与花卉大棚之间差异性显著，花卉大棚与蔬菜大棚之间差异性显著，蔬菜大棚与耕地之间差异性显著，耕地与坡耕地之间差异性不显著，坡耕地与林地之间差异性显著（图 4-5)。上游的林地植被茂密，根系发达，具有固定土壤的作用，中游的坡耕地、耕地属传统农区，肥料施用量较少，相应的全磷含量相对较少；滇池下游为蔬菜花卉产地，全部都建成大棚农业，土壤利用强度大，肥料农药大量投入，化肥用量达 10000～15000kg/(hm^2 · a)，全磷含量较高，磷流失风险相对较大；河口湿地沉积了大量的物质，因此对磷也有良好的沉积作用，磷流失风险最大。

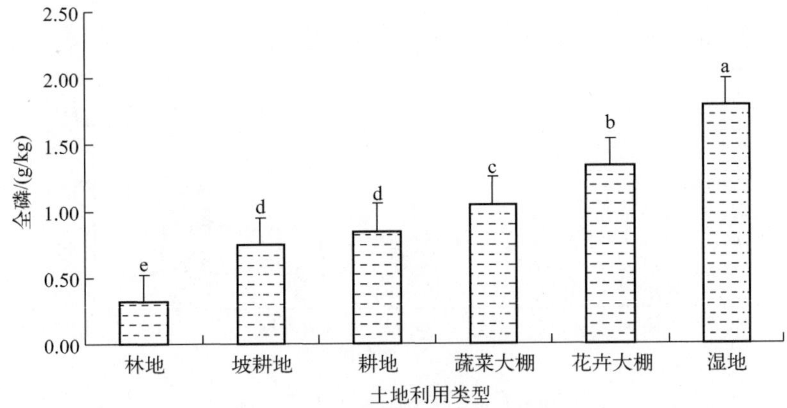

图 4-5　滇池土壤全磷变化

在滇池流域，不同土地利用类型之间有效磷的含量变化趋势与全磷一致。湿地＞花卉大棚＞蔬菜大棚＞耕地＞坡耕地＞林地，湿地与花卉大棚之间差异性显著，花卉大棚与蔬菜大棚之间差异性显著，蔬菜大棚与耕地之间差异性显著，耕地与坡耕地之间差异性不显著，坡耕地与林地之间差异性显著（图 4-6）。其中河口湿地的有效磷含量高于60mg/kg，其输入量已经足以引起水体富营养化，磷污染风险极大。

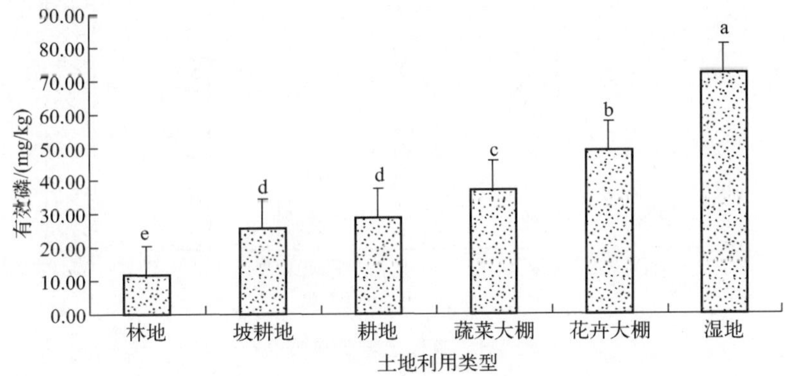

图 4-6　滇池土壤有效磷变化

在滇池流域，不同土地利用类型之间水溶性磷的含量表现为湿地＞花卉大棚＞蔬菜大棚＞耕地＞坡耕地＞林地，与全磷的趋势一致。但是，湿地与花卉大棚之间差异性显著，花卉大棚与蔬菜大棚、耕地、坡耕地之间差异性不显著，坡耕地与林地之间差异不显著（图 4-7）。由此可知，在滇池流域，从上游的林地到下游的设施农区，水溶性磷的变化程度不大，只有在河口湿地有大量的沉积，说明磷在各类土地利用类型下的水溶性都较差，水溶性磷的污染负荷相对较小。

土壤无机磷对于一般土壤来说，占其总量的 70%～90%，是土壤磷供应的主要来源。目前国内外的研究将土壤无机磷分成 Al-P（磷酸铝盐）、Fe-P（磷酸铁盐）、Ca-P（磷酸钙盐）和 0-P（闭蓄态磷）几种形态，均为难溶性磷酸盐，不易被植被吸收。

在滇池流域，土壤中钙磷在全流域的含量中等，为 0.17～0.44mg/kg，变化范围很

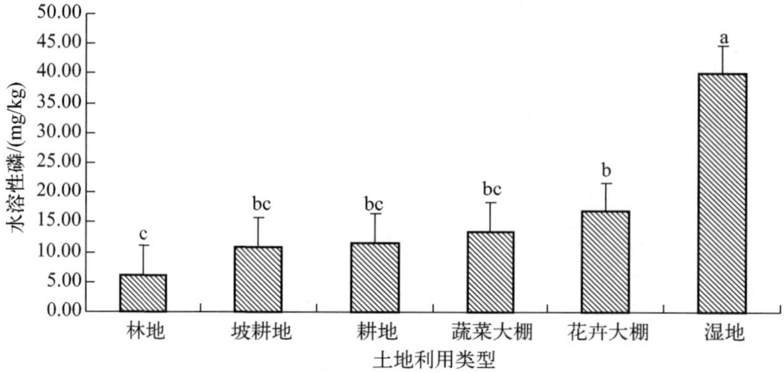

图 4-7 滇池土壤水溶性磷变化

小。其中林地含量最低，坡耕地、蔬菜大棚、花卉大棚含量一般，耕地和湿地的含量稍高。其原因主要是林地本身磷含量低，而在大棚里常常发生盐渍化，Ca^{2+}在表面析出，降低了大棚内钙磷的含量（图 4-8）。

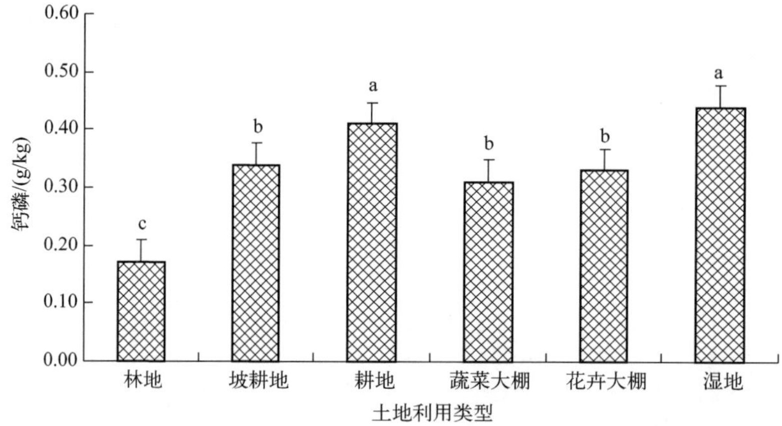

图 4-8 滇池土壤钙磷变化

在滇池流域，土壤中铁磷的含量较低，变化范围非常小，为 0.04～0.20mg/kg。其中花卉大棚含量最高，湿地次之，林地、耕地、蔬菜大棚的含量较少，坡耕地含量最少。各种土地利用类型上的铁磷存在差异性，但是由于总量都很低，对土壤的性质基本没有影响（图 4-9）。

在滇池流域，土壤中闭蓄态磷的含量中等，变化范围为 0.21～0.51mg/kg。其中坡耕地、耕地、蔬菜大棚含量较高，花卉大棚次之，湿地再次，林地含量最低。这是因为在河流中上游农作措施较少，闭蓄态磷保持较好，到了下游土壤受人为扰动较大，闭蓄态磷发生转化，含量反而降低（图 4-10）。

从各形态磷的空间分布迁移状况来看，土壤中的铝磷受土地利用类型的影响很大，变化范围也很广，在 0.08～0.70g/kg 范围内分布。变化趋势为湿地＞花卉大棚＞蔬菜大棚＞耕地＞坡耕地＞林地，各土地利用类型之间差异都很显著，在酸性的

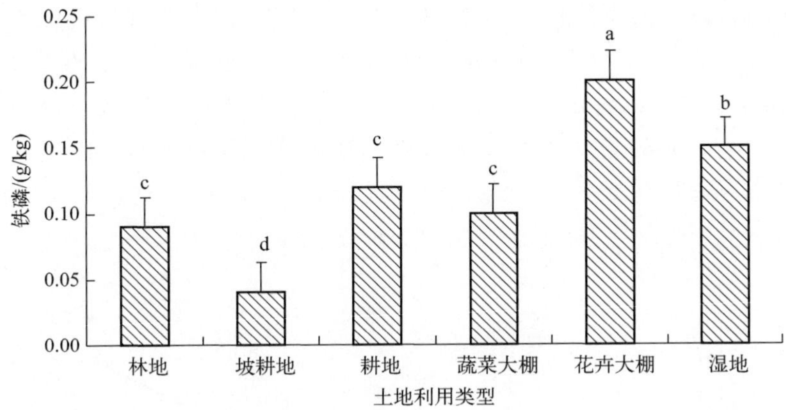

图 4-9　滇池土壤铁磷变化

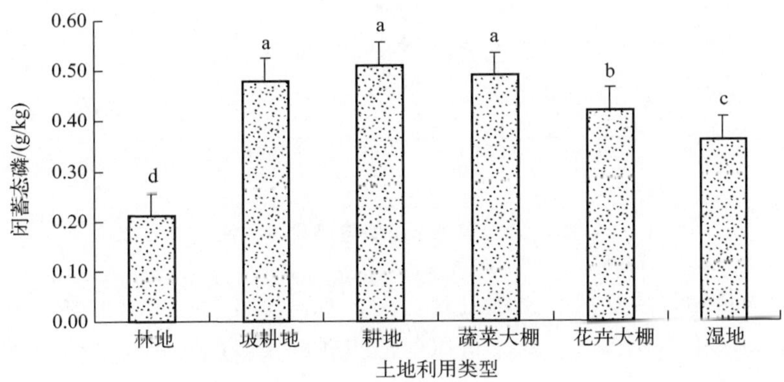

图 4-10　滇池土壤闭蓄态磷变化

林地土壤上铝磷累积很少，但是到了下游的大棚土壤和湿地中铝磷累积量显著增加（图 4-11）。

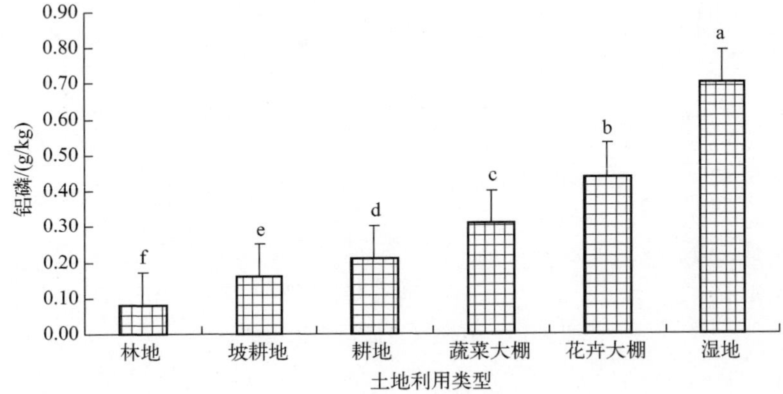

图 4-11　滇池土壤铝磷变化

pH 值是衡量土壤酸碱度的一个重要标准，土壤 pH 值过低，则可溶性的矿质态磷易与土壤中的铁、锰、铝等形成磷酸铁、磷酸铝沉淀或难溶的闭蓄态磷，植物难以利用。土壤 pH 值过高，则可溶性矿质态磷会形成溶解度较小的磷酸钙，植物亦难以吸收。一般土壤 pH 值为 5.5～7.5 时植物吸收磷最容易，植物能吸收的磷多为可溶性的矿质态磷。由图 4-12 可以看出整个流域土壤 pH 值基本都在 6.5～7.5 之间，土壤磷素基本可以转化为有效磷被植物吸收，土壤中铝磷的变化也随土壤 pH 值的变化而变化（$R^2=0.9153$，$n=6$）。

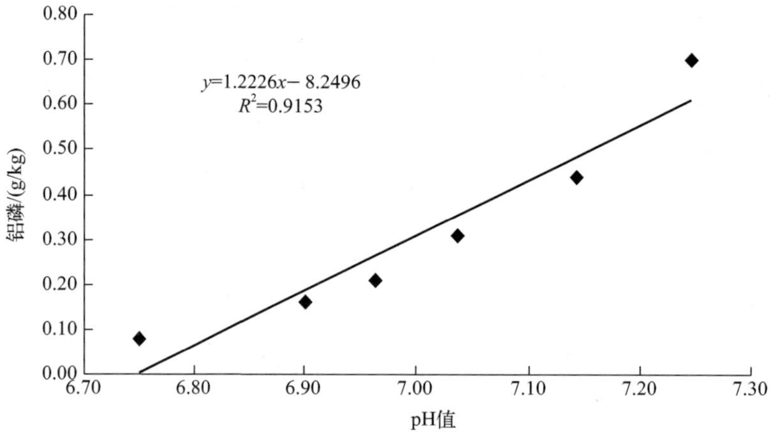

图 4-12　滇池 pH 值与铝磷相关性

土壤磷的含量和母质性质、土壤发育程度、有机质含量、土壤的熟化程度有关。一般有机质含量高的土壤磷含量也高。可以看出铝磷的多少随有机质的多少而变化，呈正相关（$R^2=0.9887$，$n=6$）（图 4-13）。

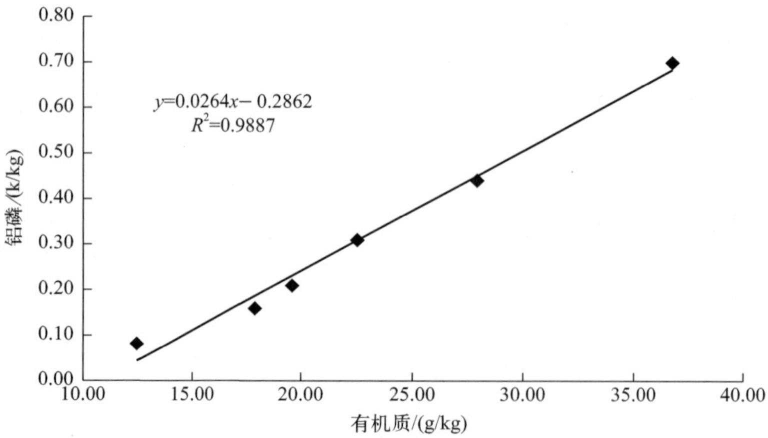

图 4-13　滇池有机质与铝磷相关性

无机磷在土壤的转化中首先会变成缓效态磷存于土壤中，植物吸收慢。然而，土壤流失所携带的无机磷会在水体中通过水解和微生物降解转化为有效磷，对水体富营养化有相当大的危害。

4.5 土壤径流磷污染负荷的影响因素

（1）坡度

磷素非点源污染来源主要通过水土流失和地表径流进入水体，在云南 80%的耕地为山坡地，其中坡度就成为土壤径流磷污染负荷的一个主要影响因素，从表 4-15 所设计的 4 个不同坡度条件下径流中 TP 浓度和 P 的输出量来看，随着坡度的增大，径流中 TP 浓度和磷元素的输出量呈增大的趋势，但最大值出现在 18°而不是 24°。这是由于径流中的磷素形态可分为溶解态磷和颗粒态磷，坡度小时（6°），雨水在土表停留时间较长，径流中的磷素以溶解态为主，而颗粒态较少，坡度大时（24°）则相反，坡度适中（18°）时径流中颗粒态磷和溶解态磷都相对较高。

表 4-15 不同坡度下土壤径流中磷及其输出量浓度

坡度/(°)	6	12	18	24
径流 TP/(mg/L)	0.131	0.135	0.138	0.133
径流输磷量/(kg/hm^2)	3.06	5.95	6.14	3.36

（2）表土质地

农田土壤表土质地粗细不同，导致表土的入渗系数也不同，最终影响地表径流的产流速度和径流量，从表 4-16 不同质地土壤在自然与人工降雨条件下的模拟试验结果来看，无论是人工降雨还是自然降雨条件，径流中 TP 的浓度变化趋势相同，都表现为随着土壤质地变粗，径流中 TP 浓度逐渐降低，总体看径流中磷浓度是人工降雨条件下大于自然降雨，这与人工模拟条件下降雨强度相对较大有关，不同质地土壤径流中总磷浓度顺序为重壤土＞轻壤土＞砂壤土。对于表土质地比较黏重的坡耕地土壤采取加砂或增施有机肥的措施可降低土壤径流中磷污染负荷。

表 4-16 不同表土质地对磷素径流中磷素浓度的影响 单位：mg/L

表土质地	重壤土	轻壤土	砂壤土
自然降雨	0.035	0.027	0.021
人工降雨	0.084	0.056	0.039

（3）种植作物

农田是湖泊流域最主要的土地利用类型之一，农田地表状况也是影响磷地表径流污染的主要因素，特别是对于有一定坡度的耕地，种植作物与裸地条件土壤径流中 TP 浓度和污染输出负荷是不一样的，从表 4-17 的试验结果可清楚地看出，不同坡度条件下农田种植小麦的苗期比裸地时径流中磷的污染负荷明显减少，拔节期土壤径流中 TP 浓度和污染输出负荷比苗期更小，t 检验表明不同坡度条件下差异都达到极显著水平。这主要有两方面的原因，一方面是由于作物覆盖使地表径流总量减少，另一方面是小麦生长发育过程中能从土壤中吸收一定量的磷素营养。小麦拔节后期对磷素吸收量逐步增加从而显著降低了表层土壤中有效磷的含量。

表 4-17 农田地表状况对径流磷浓度及流失量的影响

作物覆盖状况	坡度/(°)							
	6		12		18		24	
	TP /(mg/L)	流失量 /(kg/hm²)	TP /(mg/L)	流失量 /(kg/hm²)	TP /(mg/L)	流失量 /(kg/hm²)	TP /(mg/L)	流失量 /(kg/hm²)
裸地（播前）	0.012	1.13	1.16	5.95	2.35	6.14	4.64	3.36
小麦（苗期）	0.007	0.16	0.127	4.56	0.26	3.35	0.16	1.07
小麦（拔节）	0.004	0.12	0.084	1.35	0.13	0.98	0.10	0.69

参考文献

严长安，杜展鹏，姚波，等，2020. 滇池宝象河流域氨磷流失空间格局解析［J］. 环境科学研究，33（16）：2695-2704.

黄维恒，熊荟菁，邓洪，等，2018. 滇池南岸典型区域不同土地利用方式下土壤无机态磷的分布［J］. 环境污染与防治，40（6）：689-692.

张德刚，汤利，陈永川，等，2009. 滇池流域典型城郊氮磷污染负荷定量研究［J］. 水土保持学报，（5）：167-170.

第5章 间作与菌根对作物磷素吸收的影响

本章介绍了间作、菌根各自的相关概念和作用及其分别对作物磷素吸收影响的相关研究方法，并对其促进蔬菜作物、果树作物和农作物磷素吸收方面的相关研究进展以及影响作物磷素吸收的关键因素及作用机制进行了综述。

5.1 间作与作物磷素吸收

5.1.1 间作相关概念、原理和作用

5.1.1.1 间作相关概念和原理

（1）间作的概念

间作的定义为两种或多种植物同时生长在同一田块上（Trenbath，1986；Willey，1979），作物之间种植时间和收获时间可以不同，但是两作物必须在生长关键时期在同一时间和空间上存在并能相互作用（Ofori and Stern，1987）。间作是运用群落的空间结构原理，以充分利用空间和资源为目的而发展起来的一种农业生产模式，也可称为立体农业（马璐 等，2015）。

间作主要根据不同科、属特性的作物在地上株型、地下根构型和植株的生长速度、所需养分特征等方面的差异，以及对光、温、水、热等自然环境资源需求的不同，构成互促互补的多熟种植复合系统。相对于单一种植模式，间作模式具备较高的水分、养分及光能等资源利用效率，最大限度地提高了单位土地的系统生产力和资源利用率，表现出明显的生态效应和经济效应（宫香伟，2021）。

（2）间作的原理

1）生态位原理

不同的生态因子都有明显的变化梯度，不同梯度可以为各种生物占据、适应和利用。每一生物种群都有其适宜的生存空间，即生态位。在间作的生态系统中，利用了生态位这一原理。在这一系统中，合理搭配不同的生物种群，使之占据各自适宜的生态位，使物流和能流朝着有利于“二个效益”合理搭配的方向发展。间作通过合理的水平镶嵌和立体组合，使生物种群互惠互利，并利用边际效应、时空效应和补偿效应，降低竞争作用，使促进作用表现出来。间作中养分资源优势主要表现为：

① 间作中作物对资源的利用存在时间差，吸收养分的峰值在时间上分开，保证某一养分的需求在某时刻不过多地超出养分供应速率，那么竞争作用就会降低（Willey，1979）；

② 如果作物对资源的利用存在空间差，不同作物根系扎根深度不同，不同的作物利用不同层次的养分（Vanderneer，1989），那么竞争作用也会降低；

③ 如果限制因子为不同资源但满足同一需要，如间作中不同作物利用不同磷源（Ca-P、Fe-P 和 Al-P）的能力不同，即作物生长过程中对磷利用产生了生态位的分化，降低了种间养分的竞争作用而使促进作用表现出来，这是间作优势存在的生态学基础。

2）种间竞争和种间促进作用

间作体系中作物之间同时存在地上部和地下部的相互作用，这种作用包括种间竞争

和种间促进作用，两者共同作用的结果决定了间作有无优势（余常兵 等，2009）。基础生物学原理认为，当两个作物生长在一起时种间竞争作用和促进作用总是相伴存在的（Vanderneer，1989），当竞争作用小于促进作用时，表现为间作优势；当竞争作用大于促进作用时，则表现为间作无优势或劣势。由于生态位的相对分散，种间竞争应小于种内竞争，这也有利于间作提高复合群体的综合产量（吴开贤 等，2012）。间作作物播期的调节加剧或减弱了作物间的竞争作用，播期的合理搭配可优化“时空效应”和“补偿效应”（杨燕竹 等，2017）。

间作特别是豆科/禾本科间作可以有效地改善作物磷营养，具有显著的种间补偿和种间促进作用，其可能的途径有：

① 时间生态位补偿，间作作物具有不同的播种、收获时间或者不同生长发育进程。如拥有不同养分吸收高峰期的小麦和玉米间作可以实现养分生态位的时间分化，从而提高资源利用率。

② 资源生态位补偿，如高粱和木豆间作分别可以通过根际活化利用难溶性的 Ca-P 和 Fe-P，从而实现间作体系磷素的高效利用。

③ 空间生态位补偿，如在挪威云杉和山毛榉间作体系中，云杉根系主要分布在表层，山毛榉根系则主要向深层发展，不同深度的根系分布可以促进间作作物利用不同土层的磷源，从而优化了养分利用。

④ 根系分泌物引起的直接种间促进作用，如蚕豆根际有机酸和酸性磷酸酶的分泌改善了根际有效磷含量，同时促进了与其间作的玉米的根系生长和磷素吸收。

⑤ 微生物活动引起的间接种间促进作用，如间作作物可以通过菌丝桥的形成实现种间磷素的传递（孙宝茹，2017）。

5.1.1.2　间作的作用

（1）促进作物光热资源利用

间作是一种在空间和时间上可实现种植集约化的栽培方式，同时可以发挥作物的共生和互补特性（艾鹏睿 等，2018），并且可有效利用光能和土壤养分等自然资源，促进植物的生长，具有明显的间作优势（冯晓敏 等，2015），已成为农业生产中应用最多的多元种植技术之一。间作可以提高光能利用率，改变植物群体的光合特性及生理生态特性，不同空间生态位的植物相互组合能充分利用光能，提高群体的光能利用能力。间作中的不同作物具有不同的生育期、株型及生理生态等特性，可以形成一个立体的群落结构，为资源需求特性不同的作物提供了时间和空间的生态位基础，促成了种间互补对光能资源的高效利用（任媛媛 等，2015）。

张东升（2018）和柏文恋等（2018）的研究表明，与单作相比，间作形成的作物复合群体不但可以增强对光能的截取与吸收，同时也提高了光能利用率。车永和（2000）在测定玉米和小麦间作带状田时发现，带状田的光能利用率为 1.28%，比单作增加 0.67%，从而使带状田获得高产。Marshall 和 Willey（1983）通过对花生/谷子间作系统进行研究表明，间作上层谷子的光能利用率与单作相比无显著差异；相比单作花生，间作花生的光能利用率显著增加。Harris 等（1987）对花生/高粱间作发现，间作使高粱的光能利用率下降了 20%，但间作花生的光能利用率增加了 20%。Tsubo 和 Walker（2002）研究发现，玉米的光能利用率在单作和间作中无显著差异，而间作显著提高了大豆的光能利用率。对于花生/玉米间作，Awal 等（2007）发现间作下花生的光能利用率是单作花生的 2 倍以上，但间作玉米略低于单作玉米。因此，合理的间作可以显著改善作物的光能利用率。

（2）作物生长及病虫害防治

植物间作、轮作是改善植物土传病害发生的有效方法之一。长期栽培实践中发现，间作有利于减少病害发生，提高产量，改善品质。吴凤芝等（2009）研究表明，黄瓜与小麦、毛苕子和三叶草间作降低了黄瓜枯萎病的病情指数和尖孢镰刀菌的数量；任丽轩（2012）证实了西瓜与旱作水稻间作抑制了西瓜枯萎病的发生；李鑫等（2012）发现在盐碱土上进行桑树、大豆间作与 2 种作物单作相比，可提升土壤微生物群落多样性；张向前等（2012）发现，与玉米单作相比，玉米、花生间作和玉米、大豆间作均可提升土壤中细菌、真菌、放线菌及固氮菌的数量，并对玉米籽粒品质有积极影响。在间作系统中一种作物可以通过分泌特定的化感物质来抑制病原菌的生长和繁殖，从而达到抑制病害的作用（曹云 等，2015）。

（3）磷素的吸收累积与利用效率

磷是植物生长发育过程中必需的大量营养元素之一，参与植物体内核酸、磷脂和植素等重要物质的合成。在植物生长发育的多个关键时期，磷都具有不可替代的作用。大量研究表明，不同类型植物对磷利用效率的表现差异很大。

Ae 等（1990）对多种作物耐低磷特性的研究发现，木豆通常比高粱、大豆、玉米耐低磷胁迫。对近 20 种作物利用磷能力的研究表明，羽扇豆、荞麦为高效基因型，苜蓿、甘蓝为中效基因型，而水稻、棉花、大麦等 9 种作物为低效基因型（刘建中 等，1994）。鹰嘴豆和白羽扇豆对磷反应不敏感，随施磷量的增加，作物的产量未明显增加，而小麦和油菜随施磷量的增加，产量明显增加（Bolland et al.，1999）。在甘肃蚕豆两年的试验中得出，随施磷量的增加未明显增加单作蚕豆的籽粒产量和生物学产量（李隆等，1999）。磷的吸收不仅取决于土壤中有效磷的含量而且也受植物自身对磷吸收利用特性的影响。Gablaman 和 Gerloff（1983）报道，蚕豆品种间磷的吸收运转效率也存在明显的差异，如缺磷的条件下，不同蚕豆品种的干物质产量差异达 72%，磷利用效率差异达 77%，磷高效蚕豆品系单位磷素光合强度高于磷低效品系，50 个蚕豆品种间磷素利用效率为 380～617g/g。

除此之外，相同种类的不同品种对磷的利用能力也存在很大差异。李继运等（2000）用 500 个小麦品种在大田进行耐低磷特性试验发现，不同基因型耐低磷特性存在很大差异，耐低磷品种比对照减产 4%，而不耐低磷的却较对照减产 39%。Subbarao 等（1997a，1997b）研究表明，不同基因型木豆对 Fe-P 和 Al-P 的利用能力不同，品种间差异达显著水平，说明不同品种木豆根系分泌物对 Fe-P 的溶解受基因型的控制。花生能够生长在大豆、高粱和玉米因缺磷而无法生长的土壤上，原因是花生相比其他作物能从以 Fe-P 为主的低磷土壤中吸收更多的磷（Ae et al.，1996），其原因是花生根系的细胞壁成分能够溶解 Fe-P 和 Al-P（Ae et al.，1997），并通过 HPLC（高效液相色谱）方法分离了该物质（Shen et al.，2001）。相关研究表明，磷高效作物可促进低效作物对磷的吸收（Gardner et al.，1983）。

Crews 等（2005）报道，增强养分的供需吻合度，即作物对养分的需求与土壤对养分的供应在时间和量上的吻合度，是提高作物养分利用效率的有效途径。与单作相比，间套作中不同作物对养分的需求特征各异，不同作物对养分的竞争和互补作用，也使得复合群体与单作的养分利用特征差异较大（Li et al.，2001）。合理间套作有利于促进土壤难溶性无机磷及有机磷的活化，增强作物对土壤磷素的吸收利用（Li et al.，2003；Zhou et al.，2009）。

间作有以下作用。

1）土壤结构改良

与单一农业生产相比，间作能够显著提升农业生产率与土地利用率，同时具有提高生物多样性、改良小气候、促进土壤养分循环、减少土壤侵蚀等生态功能（刘超 等，2022）。通过开展整地、施肥、除草、浇灌等人为措施，可降低抚育成本，增大土壤团聚体粒径和孔隙度，增强土壤渗透性和稳定性，增加土壤水分和养分，改善土壤质量，同时对农田的水分循环产生良好的影响（万福绪 等，2003）。王升等（2014）为了探求盐碱地的改良效果，在膜下滴灌棉田膜间空地上间作盐生植物，发现生育期内间作碱蓬和盐角草小区的平均含水量比对照小区高 61.0% 和 34.1%，显著提高土壤脱盐率，脱盐率分别为 43.1%（碱蓬）、30.6%（盐角草）和 17.2%（对照），且间作提高了 K^+/Na^+，降低了对作物有毒害作用的 Cl^- 含量，并使土壤容重下降，孔隙度增加，最终棉花产量也得到提高。

2）污染土壤修复

随着工农业生产的发展，土壤-植物-水系统中重金属污染问题日趋严重（陈怀满，1996）。据不完全调查，目前中国受污染的耕地约有 0.1 亿公顷；全国每年被重金属污染的粮食达 1200 万吨，造成的直接经济损失超过 200 亿元。选择适当的植物形成间套作复合体系，实现对污染土壤的边修复边生产，是土壤修复的一条新途径（卫泽斌 等，2010）。重金属富集植物与非富集植物种植在一起，能为与之间套作的植物提供一定保护作用。锌超富集植物和同属的非超富集植物互作在添加 ZnO 或 ZnS 的土壤中，与之互作的非超富集植物吸锌量明显降低。由于锌的吸收减少，非超富集植物的生物量显著增加。其原因是锌超富集植物有很强的吸锌能力，能优先吸收土壤中的锌，从而减少了锌对非超富集植物的毒害（Whiting et al.，2001）。不同作物种植在一起也会提高植物对重金属的吸收。豌豆和大麦混作，豌豆地上部的铜、铅、锌、镉和铁浓度是分别是单作的 1.5 倍、1.8 倍、1.4 倍、1.4 倍和 1.3 倍，混作中大麦的根系分泌物能活化土壤中金属并有利于豌豆吸收（Luo et al.，2008）。

3）生态功能

间作可以通过不同作物间养分需求、残落物矿化和根系分泌物的差异（Li et al.，

1999)，改变土壤的微生态环境，改善养分平衡，增加作物对营养的吸收效率，增强作物的抗性（董艳 等，2013)。间作不同物种能通过互补和互利作用，在时间、空间上合理分配资源，直接或间接影响种间生物或非生物的环境（马琨 等，2016)。在建立稳定的生态系统方面，就需要建立起多样化的作物间套作体系，以利用同等条件的技术和资源，提高经济效益。土壤微生物多样性与土壤生态系统稳定性和养分转化密切相关。研究表明，作物间作不仅能增加地上部生物多样性，还能对地下土壤微生物多样性和组成起到调节作用（王香生 等，2023)。

生境管理是生态调控的重要方式之一。生境管理指通过对生境中各种资源进行合理配置，构建复杂生态系统，提高天敌控害能力的保护性防治策略（赵紫华 等，2013)。构建健康合理的农田生态系统，需要同时改善生态环境和生物类群。间套作功能植物作为生境管理的重要途径，通过将病虫草害的生态调控与提质增效技术相结合，减缓因生态系统脆弱对生物多样性构成的威胁，达到维持生态系统平衡和稳定的目的（Grab et al.，2019)。史凡等（2022）研究发现，合理间套作有利于提高茶园光、水、热、空间等资源的利用率，促进茶树植株健壮生长，驱避害虫或诱集天敌，为有益生物类群提供蜜粉资源、栖境、避难所、替代猎物等生态系统服务功能，从而提高茶园生物防治效果。

5.1.2 间作与作物磷素吸收的研究方法

5.1.2.1 根系分隔模拟研究方法

间作的不同物种在空间分布和养分需求等方面具有优势互补作用，它利用不同作物生长空间及时间差，有效地利用光照、水分和养分资源，从而提高土地利用效率和收获指数。关于间作的研究主要集中在田间试验中间作及单作的对比（蔺芳 等，2019)，此方法可以直接反映种间互作对间作的影响，但无法区分地上互作和根系互作的相对贡献。因此，为了避免地上互作的影响，明确根系互作在间作中的作用，有研究者提出了可模拟间作中根系互作方式和强度的根系分隔法，此方法最早由 Willey 等（1981）提出，即将间作的 2 种作物根系进行不分隔、尼龙网分隔及塑料分隔处理。此方法可减小或忽略地上互作对植株的影响，可更好地阐释根系互作在间作中的作用（Meng et al.，2015)。目前应用此方法已在豌豆/玉米、蚕豆/玉米、蚕豆/小麦等间作的作物生长特性、养分竞争及氮素运移等方面开展了大量研究，并且认为根系分隔法为目前研究根系互作最有效的方法（Liu et al.，2018)。

王瑞雪等（2021）为了明确不同根系分隔方式对间作玉米大豆根际红壤 Hedley 磷组分与作物磷吸收的影响，以玉米大豆间作为研究对象开展盆栽模拟试验，设置根系塑料分隔、尼龙网分隔和不分隔 3 种方式（见图 5-1)，研究在不同磷（P_2O_5）水平下（0mg/kg 土、50mg/kg 土、100mg/kg 土、150mg/kg 土、200mg/kg 土）玉米和大豆的生物量、磷吸收量及根际土壤活性、中活性和稳定性磷组分的变化。

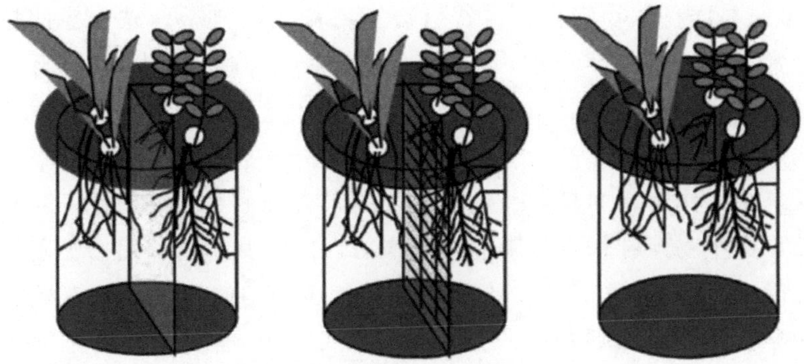

图 5-1　间作作物不同根系分隔示意

5.1.2.2　根系分隔田间试验研究方法

根系空间分布和形态的差异对作物养分和水分吸收起着决定作用（Craine，2006），在大田条件下，已有学者对小麦/大豆、玉米/甘蓝、小麦/蚕豆、小麦/玉米、蚕豆/玉米、玉米/大豆、大麦/豌豆等间作体系的作物根系空间分布进行了研究，发现施肥会改变间作作物根系的空间分布（李玉英 等，2010）。邓小燕等（2013）采用根系分隔盆栽试验和田间小区试验相结合的方法，通过研究玉米/大豆和玉米/甘薯套作模式下不同分隔方式及不同供磷水平，即 0kg P_2O_5/hm^2、35kg P_2O_5/hm^2、70kg P_2O_5/hm^2、105kg P_2O_5/hm^2、140 kg P_2O_5/hm^2 对玉米磷素吸收利用的影响，阐明两种套作模式下种间相互作用及玉米磷素吸收的特性。该研究结果表明，两种套作体系中无论施磷与否，玉米均表现出套作优势［Acs（种间相对竞争能力）>0，NCRcs（磷营养竞争比率）>1］，且玉米在玉米/大豆套作模式中的竞争能力强于玉米/甘薯模式，大豆和甘薯处于套作劣势，两种轮作模式均促进了玉米磷素的累积和产量的提高。施磷 70kg/hm^2 时，与根系分隔相比，不分隔时玉米磷素累积和产量在玉米/大豆、玉米/甘薯中分别提高了 17.05%、5.62%和 16.84%、7.17%，磷素的当季利用率平均提高了 7.81%。种植模式和施磷水平互作效应显著，两种的模式均以 105 kg/hm^2 处理，玉米茎、叶和穗磷素累积和产量较高，且玉米/大豆套作大于玉米/甘薯套作，说明玉米/大豆模式更有利于玉米磷素的累积及产量的提高。

5.1.3　间作促进蔬菜作物磷素吸收研究

间作是人们在长期生产实践过程中逐步认识和掌握的一项增产措施，它可以利用不同作物的株型、叶型、根系、营养特性及生态方面的差异，充分利用光、热、水、气和肥等条件，以获得比单作更高的产量和经济收益。磷是植物生长发育所必需的元素，但它们在土壤中的有效性往往受到限制。研究发现，间作有助于增加磷吸收。当前间作模式多为利用两种及以上不同科、属的蔬菜进行间作，具有多产、高产、高效益的优势，但也存在着后期选择轮作作物时的科、属限制，减少了可栽培作物的选择。刘雯婷

(2022) 通过番茄与同科作物间作，在符合高矮搭配的基础上，减少后期轮作选择时的限制，选择最常见的茄科蔬菜辣椒、茄子、马铃薯作为副作，以单作为对照，通过密度、播期等处理进行试验，并对作物的生长指标、产量指标及品质指标进行测定，明确几种栽培模式对作物的影响。

在间作系统中，作物之间具有一定的共生期，合理的共生期促进了对自然资源的充分利用，从而形成生物互补作用，影响其生产力，同时共生期长短会显著影响作物间的互相作用（王敏，2015）。先期采收的作物在共生阶段与晚收作物争夺养分，而晚熟作物却能够借用早收作物收获后的生长空间，从而在一定程度上晚熟作物生长得以恢复 (Bar-Tal et al.，1996)。吴瑕等（2022）设计田间和盆栽两个试验，田间试验设番茄单作、分蘖洋葱（农安）与番茄间作、分蘖洋葱（五常）与番茄间作共 3 个处理，测定番茄的生长指标、氮吸收量及产量，阐明间作对番茄养分吸收、分配及产量的影响。分蘖洋葱伴生后番茄根际土壤中碱解氮、有效磷、速效钾和有效锰显著降低。由于间作增加了另一种作物，形成伴生植物与主作植物竞争吸收矿质元素的现象，故间作植株根际土壤的速效养分含量均低于单作处理。伴生后番茄株内全磷显著增加，番茄根干重显著增加，根系的形态参数如根长、侧根的数量、根表面积等已经被证明与磷素的高效吸收密切相关。

5.1.4 间作促进果树作物磷素吸收研究

果树与作物间作系统是主要的农林复合经营模式之一，在果树冠层郁闭之前，作物常种植于果树树行之间，有效缓解了林业、农业用地矛盾，大力促进了林业发展方式的转变，实现了生态保护和农民利益保证的“双赢”效果（王晶晶 等，2019）。植物对磷的吸收和利用特性是其生物量、根系形态、根系活力和遗传特性等多种因素共同作用的结果（Ramaekers et al.，2010）。不同果树品种或者砧木，其磷吸收利用效率有很大差异，嫁接苗比自根苗的根系发达，磷吸收能力较高（张莉 等，2012）。间作下，果树能更好地通过扩大根系吸收面积向根系转运，分配更多的碳水化合物，提高磷亲和力来增强根系对磷的吸收（樊卫国 等，2015）。

国内外多学者对果农间作系统进行了研究，内容集中在土壤养分竞争方面。Dou 等 (2022) 以苹果-玉米间作为例，研究其中的土壤养分特征，发现此间作系统的土壤养分含量在水平方向上，随树行距离的增加而增加。廖文超等（2014）的研究则表明，苹果-大豆间作系统的养分分布在水平方向上呈现“W”形分布（4 年和 6 年间作）和“M”形分布（8 年间作）。对于核桃-谷子间作系统而言，间作对土壤养分的影响域为距果树行 2.25m 范围内（王丹 等，2016）。王克林等（2016）研究了杨树-玉米间作系统，间作提高了土壤无机氮含量，与此同时，在 0～30cm 与 30～100cm 的土层分布中，土壤有机碳和全磷含量产生差异，降低了土壤水分、养分元素之间的相关性。果农间作系统由于植物地上部分对光资源的利用和根系对养分和水分的利用，在空间、时间上存在互补效果（柴强 等，2017）。但果农间作系统存在自身的局限性，半干旱地区果树与农作物之间在光、水、肥等资源的利用中表现出了竞争性（李慧 等，2021）。其中，对果农间作系统土壤养分特征的深入研究能够探索其结构与功能的稳定性，在阐明养分资源的竞争与互补关系的基础上，可实现合理高效的利用（田阳，2013）。

张加良等（2024）为掌握辽西北沙地果农间作系统的土壤养分分布特征，选取了苹果-花生、苹果-红薯、苹果-大豆、苹果-谷子 4 种间作系统作为研究对象，对不同间作系统 0～60cm 土层、0～300cm 水平距离范围内的土壤碳氮磷空间分布特征和经济收益进行测定和计算，并与苹果单作、作物单作进行对比。对土壤全磷含量而言，不同间作类型表土层均显著高于深土层，而深土层内无显著性差异。苹果-花生间作土壤全磷含量最高，均值为 0.483g/kg；苹果-红薯与苹果-大豆间作的土壤全磷含量次之，均值分别为 0.216g/kg、0.240g/kg；苹果-谷子间作的土壤全磷含量最低，均值为 0.136g/kg。对土壤有效磷含量而言，苹果-花生间作土壤有效磷含量在表土层与 40～60cm 土层间具有显著差异，而 20～40cm 土层与上述两土层间均无显著差异。苹果-红薯与苹果-大豆间作均为表土层显著高于深土层，而在深土层内无显著差异。苹果-谷子间作各土层间均具有显著差异。对各间作土壤有效磷含量均值进行比较，苹果-红薯最高，均值为 15.65mg/kg；苹果-花生、苹果-谷子间作次之，分别为 10.75mg/kg、11.14mg/kg；苹果-大豆间作最低。植物根系的生产和生长受空间资源的限制，间作可使不同作物的根系交互对资源产生竞争，进而影响根系的生长。研究表明，浅根作物和深根植物结合种植，可将有效土壤资源开发到更深的深度，同时根系的生长也会因土壤养分含量增加而增加。

5.1.5　豆科与禾本科间作促进农作物磷素吸收研究

禾本科与豆科间作体系主要通过根系分泌更多有机酸及质子、根系形态改变以及根际磷酸酶活性增强等方式来提高土壤磷素的有效性，从而促进两作物的磷营养（Zhang et al.，2016；Li et al.，2011）。在玉米与蚕豆间作体系中，间作种植通过蚕豆分泌的质子和有机酸活化了土壤中的难溶性磷，促进了低磷土壤上玉米的磷养分吸收（Li et al.，2007）。在小麦与大豆间作体系中，间作提高了作物根系酸性磷酸酶活性，促进了土壤中有机磷的转化，有利于低磷土壤上作物磷的吸收与利用（Adnane et al.，2017）。小麦与蚕豆间作主要通过增加小麦的根系长度、显著降低小麦根系平均直径来促进低磷条件下小麦对磷营养的吸收（王宇蕴 等，2020）。可见，根系分泌物、质子的释放及根系形态的差异互补是禾本科与豆科间作群体磷养分高效吸收的主要机制（覃潇敏 等，2022）。

玉米和大豆间作是我国云南省乃至西南地区的一种典型的种植方式，具有养分高效、控病增产等优势（王雪蓉 等，2019）。在玉米与大豆间作体系中，根系的交互作用能够促进玉米根系分泌有机酸，并促进玉米对磷的吸收。由表 5-1 可以看出，玉米与大豆间作种植对玉米植株生物量具有显著的促进作用。在 P0、P50、P100 和 P150 水平下，间作玉米地上部干物质重比单作玉米分别显著提高了 43.20%、56.85%、36.59% 和 46.05%，在 P50 水平下间作增幅最大。其中间作玉米叶片干物质重分别显著增加了 40.07%、64.12%、27.73% 和 50.64%，间作玉米茎部干物质重分别显著增加了 47.43%、48.12%、47.86% 和 41.08%，同样，间作玉米根系干物质重分别显著提高了 48.03%、38.23%、30.33% 和 37.67%，在 P0 水平间作效应较明显。玉米与大豆间作种植显著促进了玉米的生长有利于玉米的干物质累积。

表 5-1 不同磷水平对间作玉米干物质量的影响 单位：g/株

磷肥水平	种植模式	叶	茎	根	地上部
P0	MM	5.34±0.31e	4.28±0.32d	2.29±0.12e	9.63±0.32e
	IM	7.48±0.88d	6.31±0.69e	3.39±0.16d	13.79±1.42d
P50	MM	8.39±0.39d	7.17±0.18e	3.95±0.22e	15.55±0.54d
	IM	13.77±0.57b	10.62±0.54b	5.46±0.33b	24.39±0.58b
P100	MM	12.80±0.96bc	10.05±0.56b	5.11±0.25b	22.85±1.28bc
	IM	16.35±0.86a	14.86±0.70a	6.66±0.63a	31.21±1.48a
P150	MM	7.86±0.14d	7.06±0.29e	3.69±0.12cd	14.92±0.27d
	IM	11.84±0.65c	9.96±0.60b	5.08±0.17b	21.79±1.02c

注：MM 表示单作；IM 表示间作。

大量研究表明，作物合理间作可以充分利用种间根系生态位的差异，降低物种间的竞争作用，提高群体获取土壤养分资源的能力，促进间作群体磷养分的高效利用（Xia et al.，2013）。

5.1.6 间作影响作物磷素吸收的关键因素及作用机制

间作对磷的吸收和利用有些是促进作用，有些是抑制作用。Morris 等（1993）对 16 种间套种植进行分析发现，间作总吸磷量与以作物在单作中所占比例为权重对单作吸磷量进行加权平均相比较，前者比后者高 11%～83%，只有高粱/绿豆例外，为 −4%。如图 5-2 所示，其促进可能机制是：

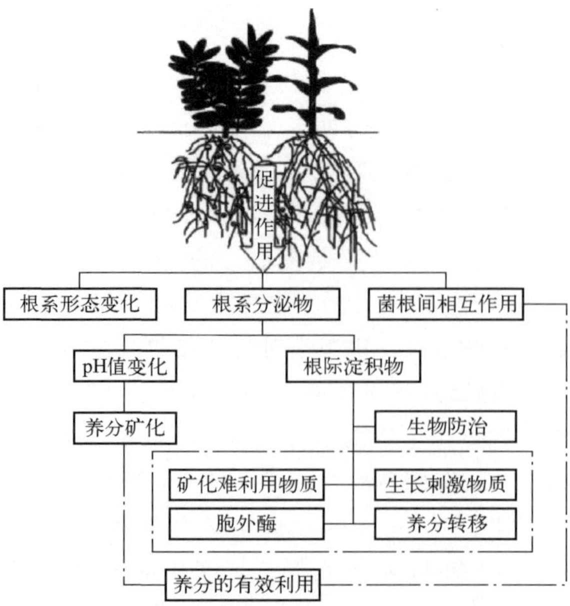

图 5-2 间作种间磷吸收促进作用示意

① 根分泌物的作用：一种抗磷胁迫能力强的作物根系分泌物活化土壤中的难溶性磷，供给另一作物利用。例如白羽扇豆分泌的柠檬酸，使难溶性 Ca-P 释放，使小麦吸磷量比单作时增加 2 倍。

② VA（泡囊-丛枝）菌根的作用：磷在间作作物中通过菌丝桥的形式进行传递。

③ 竞争磷营养的能力不同：由于间作中不同作物根系形态特征不同，某些作物可以从另一作物根区获得磷。富磷土壤中，木薯/花生间作，施于花生根区的磷，可被木薯吸收 48%～88%。

④ 不同作物可以利用不同的磷源而降低竞争。高粱/木豆间作中，木豆利用 Fe-P 释放的磷，而高粱吸收利用 Ca-P 释放的磷（Ae et al.，1990）。

5.2　菌根与作物磷素吸收

5.2.1　菌根相关概念和作用

5.2.1.1　菌根相关概念

菌根（mycorrhiza）是土壤中的真菌菌丝与植物根系形成的一种共生现象，是植物根系与真菌根际共生形成的一种特殊结构。在这种共生关系中，植物的根系与特定的菌丝网络相互交织，形成了一种互利共生的状态。植物通过提供有机物质和能量来供给菌丝，而菌丝则通过扩大植物根系的吸收表面积，提供更多的水分和营养物质给植物（Lyons et al.，1990；Smith and Read，2008）。

自然界中物种繁多，植物种类有 50 万种以上，其中种子植物约 25 万种。并且菌根普遍存在，大约有 97%的植物体内存在菌根，因此植物作为宿主，其物种的多样性在某种程度上决定了菌根真菌的多样性及群落的组成，而且不同种植物与其根系土壤环境中的真菌共生形成的菌根形态及其对宿主植物的功能各有差异。菌根分为外生菌根、内生菌根及内外生菌根；根据菌根在解剖结构、进化史、功能等方面的差异，菌根类型主要可以分为 4 种，具体为丛枝菌根（Arbuscular mycorrhiza，AM）、外生菌根（Ectomycorrhiza，ECM）、欧石楠类菌根（Ericoid mycorrhiza，ErM）和兰科菌根（Orchid mycorrhiza，OM）（苏颖佳 等，2024）。

① 外生菌根是自然界中形态特征特别明显的一类菌根，在陆生植物中普遍存在，其中大约有 90%的种子植物都存在外生菌根（唐哲，2015）。菌丝不伸入根部细胞，在根表生长并交织缠绕形成菌套（mantie）紧紧地包裹宿主的须根，菌套向根际土壤伸出的菌丝扩大了植物根系的吸收面积，相当于宿主植物自身的根毛，帮助宿主吸收和利用土壤中的水分、养分、无机物和简单有机物，菌丝蔓延于根的皮层细胞间隙，形成类似网状结构的哈蒂氏网（Haltingnet）。

② 内生菌根又包括泡囊-丛枝菌根、杜鹃花类菌根和兰科菌根。栽培作物根系中普遍存在着内生菌根（赵兴宇，2015），菌丝主要存在于根的皮层薄壁细胞之间，并且进入细胞内部，进入薄壁细胞内的菌丝一般会形成有一定结构特征的菌丝圈或菌丝网，不

形成菌套。内生菌根可以在细胞间隙或者根部皮层组织延伸，但不会形成哈蒂氏网。内生菌根侵入植物根后向细胞中伸出球形或分枝状的吸器，从根外表看不出有菌丝存在。根据内生菌根菌丝体是否有隔膜及胞内吸器结构的差异，又可将内生菌根分为无隔膜内生菌根和有隔膜内生菌根。

③ 内外生菌根是兼具外生菌根和内生菌根两者特征的一类特殊菌根，内外生菌根主要侵染松树类植物。它既能像外生菌根那样形成哈蒂氏网和菌套，又可像内生菌根那样伸入根系细胞中，形成不同形态的菌丝圈和隔膜，但没有丛枝和泡囊结构。

④ 丛枝菌根真菌（AMF）作为常见的植物共生真菌，能与陆地上 90%以上的开花植物根系建立共生关系，形成丛枝菌根结构，该结构可以提高宿主植物对土壤水分和营养元素的吸收能力。AMF 有益于植物生长发育和生物量累积，且对土壤质量也有促进作用。在间作系统中，AMF 侵染不同植物之后在植物根系产生大量菌丝，不同宿主之间的菌丝体通过交叉形成共生菌丝网络，调节植物间的养分等进行资源转移，改善植物种间竞争关系（段海霞 等，2024）。

⑤ 欧石楠类菌根（ErM）也就是杜鹃花类菌根仅限于杜鹃花科成员，不包括一些亚科（如水晶兰亚科、熊果亚科和吊钟花亚科），但包括岩梅科。ErM 真菌单独侵入根表面的每个表皮细胞，形成密集交织的螺旋结构，形成线圈，并通过该线圈发生营养交换（Brundrett and Tedersoo，2018）。

⑥ 兰科植物是典型的菌根植物，约占全部菌根植物的 10%。菌根真菌侵入兰科植物的营养根后，在皮层细胞内形成螺旋状或弹簧状的菌丝圈，即菌丝团（pelotons），为兰科菌根的典型特征。皮层细胞内的菌丝团存在时间并不长，一般几天之内就会消解，消解的菌丝残体会被皮层细胞逐渐吸收，最后消失（高越 等，2019）。

5.2.1.2 菌根的作用

（1）促进作物生长

泡囊-丛枝菌根（vesicular-arbuscular mycorrhiza，VA 菌根），是球囊霉目（Glomales）真菌与植物形成的共生体，可以有效增加寄主植物对土壤矿物质的吸收，促进植物生长调节剂合成，提高植物抗逆性（蔡长福，2018）。接种 VA 菌根最直观的效应就是促进作物生长，增加产量。大量研究表明，VA 菌根能促进禾本科作物、豆科作物、蔷薇科的果树和花卉、棉花、柑橘、洋葱、西瓜、葡萄等生长。提高小麦、棉花、洋葱、西瓜和三叶草等作物的产量，并能提高棉花纤维的质量和西瓜的含糖量。在土壤养分尤其是有效磷含量低的条件下，VA 菌根的效应更大（补娟，2009）。

在播种时接种菌根真菌实行苗木菌根化能促进植株生长，在西瓜（*Citrulluis vulgaris*）、黄瓜（*Cucumissativus*）、菜豆、芋头（*Colocasia esculenta*）上进行的一系列大田试验发现，在西瓜上的效果最好（李敏 等，2004）。用地表球囊霉（*Glomus versiforme*，GV）、摩西球囊霉（*Glomus mosseae*，GM）和根内球囊霉（*Glomus intraradices*，GI）3 种 AM 真菌及其混合菌种接种黄瓜幼苗，进行菌根化育苗，研究菌根化育苗对黄瓜的生长发育、产量和品质的影响，结果表明，接种的 3 种 AM 真菌均能与黄瓜幼苗根系形成菌根，地表球囊霉＋根内球囊霉处理可显著提高黄瓜果实中维生素 C 和可溶性糖含量，增加产量，提高黄瓜的品质（吕桂云 等，2006）。

大田土壤不消毒条件下接种 AM 真菌仍能促进作物生长、增加产量，并获得一定的经济效益（Douds et al.，2005；Hamel et al.，2006）。接种摩西球囊霉显著提高了甜瓜单瓜产量和维生素 C 含量，促进甜瓜的生长和产量，并能改善甜瓜的品质（贺超兴 等，2010）。在玉米（*Zea mays* L.）、小麦（*Triticum aestivum*）接种 AM 真菌的大田试验中，接种处理增加茎干物质量和谷粒产量的效应显著（Miransari et al.，2008）。同样在大田环境条件下接种 AMF 不仅可以减少传统苹果生产模式中过度施肥对苹果果园土壤的不利影响，还可以促进苹果树对土壤中矿质元素和水分的吸收，从而促进苹果树体生长，提高苹果果实品质（陈天龙 等，2024）。

（2）磷素活化与有效性

菌根的作用同植物的营养有关，特别是同磷素的吸收关系更为密切，菌根是土壤中非常重要的一类功能微生物，而微生物具有促进磷有效化的作用（Wang et al.，2006）。外生菌根真菌（EMF）能够与宿主植物根系形成菌根共生体，促进宿主对土壤中营养元素的吸收，尤其是在根际磷循环过程中发挥重要作用。在低磷条件下，通过菌根吸收磷资源是植物吸收磷的主要方式之一，菌根吸收多聚磷酸盐是植物获得磷的最主要方式。外生菌根真菌通过多种途径促进土壤有机磷和无机磷的活化，调节胞外酶活性是其中一个关键策略。已有研究报道了不同磷供应水平下外生菌根真菌对 β-葡萄糖苷酶（BG）、N-乙酰-β-葡萄糖苷酶（NAG）、亮氨酸氨基肽酶（LAP）和碱性磷酸酶（ALP）活性的影响。其中 β-葡萄糖苷酶是土壤碳循环的关键酶，N-乙酰-β-葡萄糖苷酶和亮氨酸氨基肽酶是土壤氮循环的关键酶，碱性磷酸酶是土壤磷循环的关键酶，这 4 种酶对土壤磷循环有直接或间接的影响（陈婷 等，2024）。

（3）磷素吸收

磷作为植物生长的必需营养元素，在植物生长、发育、代谢过程中发挥重要作用。自然界中的磷存在形式分为有机磷和无机磷两种，只有一小部分可直接被植物吸收利用，且磷极易被土壤吸附和固定，导致土壤中磷有效性较低，土壤缺磷制约了大多数作物的生长（孙金华 等，2016）。磷在土壤中移动的速度十分缓慢，缺磷的土壤因磷素供应不足，往往在植物根的四周出现缺磷圈。

土壤磷主要分为水溶性磷、难溶性无机磷和有机磷 3 种形态，菌根对不同形态磷的吸收机制也不同。菌根共生的植物有两种方式从土壤中吸收磷元素：一种是通过植物根部的表皮细胞以及菌根真菌延伸的菌丝来直接吸收土壤中的磷素，这种吸收方式速度较慢且消耗能量较大；另一种是菌根真菌的菌丝表面存在高效的磷酸盐转运系统，主动并广泛地吸收土壤磷素，是植物在磷胁迫环境下吸收磷素的重要方式（高明含 等，2023）。菌根通过真菌菌丝吸收土壤养分的过程与根系类似，可以通过接触交换直接吸收土壤固相磷，但大部分磷还是由菌丝从土壤溶液中吸收。

（4）修复污染与退化土壤、改善土壤质量与健康状况

菌根及其庞大的菌丝体网可在土壤中分泌大量的生物化学物质，改变植物根际环境

及重金属的存在状态以降低重金属毒性，还可以通过在植物体内的累积和菌根真菌菌丝体的螯合等机制实现对重金属的固定和提取，从而达到修复重金属的目的。1975 年菌根学家 Marx 应用彩色豆马勃菌根化松苗造林，使美国西部怀俄明州的露天矿区废地恢复了植被。1996 年 Noyd 曾成功地将菌根真菌接种到牧草上并辅以堆肥，在矿渣地上建立了良好的植被，形成了持久的草类群落，基本达到绿化的目的（魏翔莺 等，2011）。国内学者在该领域也进行了尝试，在煤矿石山大田的复垦应用上菌根取得了初步的生态效应，接种菌根真菌后，植株根系发育良好，菌丝总长度更长，扩大了根系吸收范围，植株成活率提高，在自然生态系统中接种菌根真菌具有抵抗不良环境的能力，有利于生态系统的恢复与稳定（毕银丽 等，2007）。菌根真菌可从土壤中吸收累积重金属，增强植物对重金属胁迫的抗性（Boulois et al.，2008）。如菌根对重金属的吸附作用；菌套或哈蒂氏网等菌丝组织对重金属有吸收过滤的作用；庞大的菌丝网络可以作为一个屏障，阻止金属向根部运输，从而减轻重金属毒害（Wu et al.，2016）。菌根真菌通过改变重金属地上地下部分之间的转运来减轻重金属毒害对植物的危害（徐丽娟 等，2012）。

菌根真菌通过分泌有机酸、水解酶等改善土壤理化性状，如提高土壤团聚体的稳定性、降低碱性土壤的 pH 值等。大多数情况下菌根真菌能够减轻有害盐类、有机污染物、重金属、放射性元素等对土壤和植物造成的不利影响，从而修复退化与污染土壤，改善土壤结构，提高寄主植物的抗逆性（Miransari，2010；Wang et al.，2006；Aarle et al.，2007）。ECM 真菌能产生一系列与降解有机污染物相关的酶类，这些酶能以不同的方式作用于有机污染物，将其转化为易于降解的物质加速降解，还可以降解不能被细菌单独降解的有机污染物，同时减轻污染物的毒性，增加其生物可利用性（礼晓 等，2008）。有机磷和有机氯农药是造成土壤农药污染的主要种类。菌根化植物对农药有很强的耐受性，并能把一些有机成分转化为菌根真菌和植株的养分源，降低农药对土壤的污染程度（许秀强 等，2009）。土壤盐渍化一直是国内外盐碱土园林绿化的主要限制因子，严重影响苗木的成活率。通过菌根生物诱导途径，使植物充分适应盐渍环境，提高植物在盐渍土壤环境中的耐盐性，成为盐渍土改良利用的新方向（魏翔莺 等，2011）。

（5）保持生态平衡、稳定生态系统及其可持续生产力

在森林、草原、农田或其他陆地生态系统中，菌根真菌根外菌丝于土壤中可形成类似因特网的庞大菌丝网络，不仅将各种植物连结在一起，进行物质交换、能量流动、信息传递，而且通过直接和间作生理与生态作用，改善土壤物理性状、化学性状，提高土壤质量，保持、稳定和提高土壤肥力。例如，通过网织、缠绕等物理作用将小土壤颗粒形成大团聚体；AM 真菌能分泌球囊霉素相关土壤蛋白（glomalin-related soil protein，GRSP），具有土壤结构工程师的作用（Miransari，2010）。可见，菌根真菌在有机质分解和营养循环中起重要作用，在土壤团聚体的形成及稳定过程中发挥重要作用（Wang et al.，2006）。

菌根真菌与植物的共生关系是维护森林生态系统稳定和发展的基础（宋福强 等，2006）。在退化生态系统的植被恢复过程中，AM 真菌群落以及植物群落随着演替的进

程而呈现动态变化，表现出一定的协同性。研究表明，菌根在煤矸石山土地复垦中具有较好的生态效果，接种菌根真菌 13 个月后植株成活率提高了 15%，并促进了植株的生长和发育，植被覆盖度较对照提高 9%，生物物种丰度增加，有利于维持该生态系统的稳定性（毕银丽 等，2007）。近年来，菌根真菌更是作为一种新型生物修复材料被广泛用于矿区生态修复领域，通过菌根真菌分别对区域内植被、微生物和土壤及其三者连续体产生互馈作用，进而对区域内生态服务功能产生影响，取得了显著的成效（李晓东 等，2024）。

5.2.2　菌根与作物磷素吸收的研究方法

5.2.2.1　菌根菌剂接种方法

菌根菌剂接种方法有苗田栽培法、球化接种法、穴施法、层施法、寄主过渡培育带菌根砧苗法等。

① 苗田栽培法。可分别接种土著丛枝菌根真菌、商品化丛枝菌根真菌和对照（加入等量经两次灭菌处理的根际土壤），接种剂量均为 20g/株，每处理 20 株重复。接种基质为草炭和蛭石（$V_{草炭}:V_{蛭石}=1:2$），充分混匀，经高温（121℃）高压灭菌 2h，隔 1～2d 灭菌第 2 次。所用容器为塑料杯，高 25cm，直径 15cm，可装培养基质 500g。接种幼苗为普通核桃种子，去青皮晾干后用 1% 的高锰酸钾浸泡 30min，再用流水浸泡 3d，然后进行沙藏催芽 60d，选择长势基本一致的核桃幼苗进行接种。接种后对苗木进行常规管理（每周浇水 2 次，温室平均温度为 28℃，相对湿度 70%，光照条件好）（卯吉华 等，2022）。

② 球化接种法。取菌剂剂量为 5×、10×、20×、40× 的菌剂和一定量的凹凸棒（一种黏附剂，以能将菌剂黏附于种子表面为度），加水，与种子拌和，使菌剂和种子滚成小球状，晾干后播种。

③ 穴施法。杯中装入河砂后，打 3 个孔（2cm×6cm），孔内加入剂量为 10×、20×、40×、80× 的菌剂，在菌剂上再覆一层河砂，然后播入种子。

④ 层施法。先将河砂装至杯高的 1/2，加入剂量为 10×、20×、40×、80× 的菌剂，然后加入河砂，播种。

⑤ 寄主过渡培育带菌根砧苗法。以柑橘-三叶草为例，用灭菌砂铺好温床，取保存的感染有菌剂的柑橘根系，剪碎，在寄主植物播种的时候，将带菌的碎根段分别撒入温床中，然后撒播三叶草种子，再盖上一层薄砂洒足水。

5.2.2.2　分室隔网模拟研究方法

分室隔网模拟研究方法是常用的区分菌根和菌丝吸收养分的方法。三室隔网分室（图 5-3）具体设计为：采用 5L 白色塑料花盆，盆高 19cm，底部外径 16cm，上部外径 26cm，装土前将与盆同大的塑料袋整个衬在内壁，作为根室。作为分室的两个塑料小瓶为底部封闭的白色圆柱形，普通塑料材质，小瓶高 8.5cm，瓶口直径约 3.5cm，底部直径约 5cm，瓶口用胶水粘有 400 目尼龙网（菌根菌丝可以穿过尼龙网到分室土壤中吸收养分，而根系不能穿过），两小瓶装满土后横向斜对着埋入塑料袋内靠近底层土壤中间的同一水平位置上（付先恒 等，2016）。

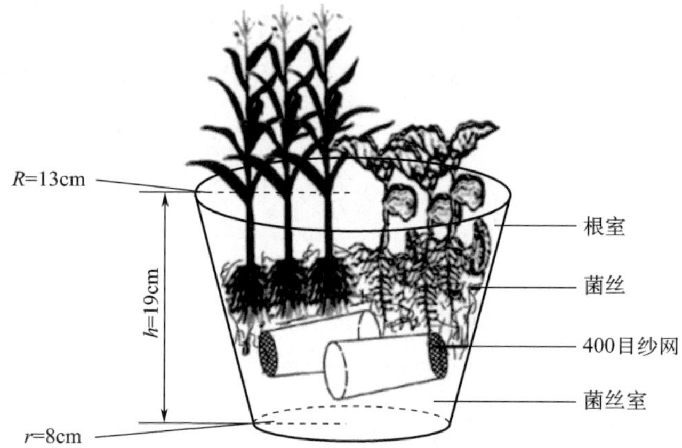

图 5-3 试验装置示意

参照 Hodge 等（2010）的做法，分室培养装置（图 5-4）由两个各为 12.5cm×12.5cm×16cm 的 PVC（聚氯乙烯）板制的生长室粘贴在一起制成，生长装置中间壁上开 9cm×11cm 的窗，夹一层 105μm 或 0.45μm 尼龙膜并粘贴固定在一起，生长装置分为植物室和菌丝室。植物室种植樟子松，樟子松菌根的菌丝可以通过 105μm 尼龙膜进入菌丝室，无法通过 0.45μm 尼龙膜进入菌丝室，植物根无法通过两种尼龙膜（刘昊言，2023）。

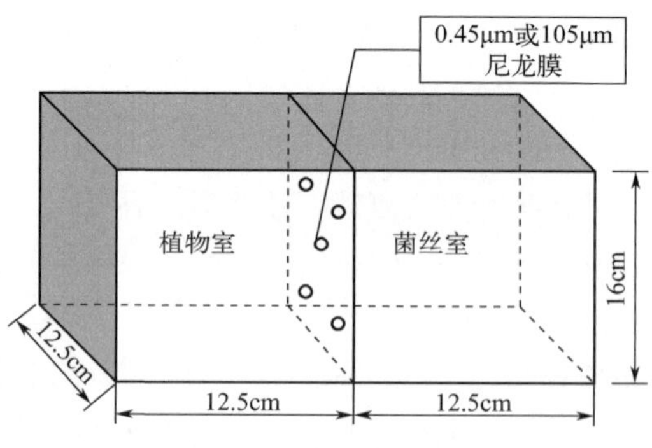

图 5-4 试验装置设置

5.2.2.3 ^{32}P 示踪技术

同位素示踪法即同位素标记法，包括稳定性同位素示踪法和放射性同位素示踪法。放射性同位素示踪法因其灵敏度高且容易测定，在实践中运用较广。同位素示踪技术（isotopic tracer technique）是利用放射性同位素或经富集的稀有稳定同位素作为示踪剂，研究各种物理、化学、生物、环境和材料等领域中科学问题的技术（张胜，2018）。

菌根植物可以通过根系表皮和根毛直接吸收磷元素，或者通过 AM 真菌的根外菌丝吸收。利用同位素示踪技术研究菌根共生体对磷的吸收机制，发现菌根植物吸收过程包括植物根系直接吸收途径和菌根途径。根系直接吸收途径主要是在根系表皮和根毛中高亲和力磷酸转运蛋白的作用下对磷酸盐进行吸收、转运。菌根途径主要位于根毛区，通过 AM 真菌根外菌丝体中高亲和力磷酸转运蛋白将土壤中的磷以磷酸盐颗粒形式吸收到根外菌丝体内，受电化学势梯度的制约，在根外菌丝体内将磷酸盐转化为带负电荷的多聚磷酸盐，再将其转移到根内菌丝体中。多聚磷酸盐在根内菌丝体中转化为磷酸盐，随后将其转运释放到根系细胞间，通过质外体途径进行转运，最后在 H^+-ATPases 酶和磷酸转运蛋白的共同作用下将磷酸盐转运入根系皮层细胞，进入生理生化代谢循环（图 5-5，书后另见彩图）（张亮 等，2016）。

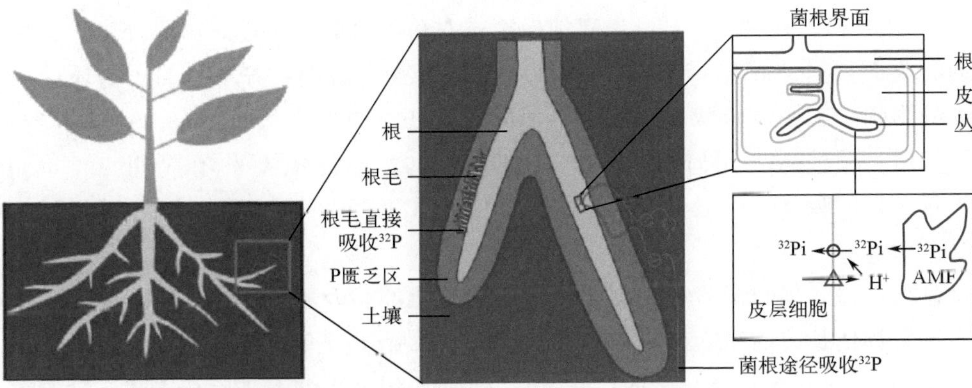

图 5-5　菌根营养植物根系直接或通过 AM 共生体吸收 ^{32}P 的过程示意

5.2.3　菌根与蔬菜作物磷素吸收研究

蔬菜作为一种高产作物，自身对磷素有比较高的需求。有些科、属的蔬菜如十字花科、藜科、莎草科，一般情况下不易受 VA 菌根真菌侵染。而大多数蔬菜可以形成 VA 菌根。在蔬菜与 VA 菌根研究进展中提到 VA 菌根最显著的作用是在低磷土壤中，提高植物吸磷能力。但不同蔬菜对 VA 菌根的依赖程度不同，而洋葱被认为是蔬菜中最易形成 VA 菌根的种类之一（高明含 等，2023）。

在 AM 真菌关于蔬菜的研究中，有人在生菜中观察到：在 NO_3^- 的渗透胁迫下，根系可溶解性糖的增加是菌根植株耐盐的重要机制，而磷营养状况的改善是其核心机理（郑义艳 等，2006）。接种菌根对马铃薯苗期植株氮、磷、钾的含量影响不大，但对花期的含量几乎全为正效应，相比较而言，透光球囊霉（*Glomus daphanum*，GD）效果不理想。但是接种菌根，土壤中速效氮、有效磷总的趋势增加，速效钾全部增加，但机理不清楚（王玉峰 等，2007）。各种丛枝菌根共生微生物接种后对番茄幼苗生长发育和矿质元素吸收有很好的改善和促进作用，特别是对磷、钾吸收作用显著；接种 AMF 后，番茄幼苗地上部鲜、干质量均显著增加，分别增加 18.1%、24.8%；根结线虫病病情指数降低 29.5%；植株中磷含量增加 80.5%；土壤有效磷含量增加 8.1%。可见，接种 AMF 具有促进番茄生长、抑制番茄根结线虫病的发生、增加植株养分及土壤速效养分含量的作用（周丽颜 等，2024）。大田生产条件下试验研究 4 个 AMF 高效菌种对西瓜、黄瓜、芋头和菜豆品质的影响，显示接种摩西球囊霉，可增加菜豆磷含量 63%（仲凯 等，2008）。菌根真菌的存在，显著提高了大豆根系侧根上的根瘤数量，增强了其固氮能力，而且提高了植株在生殖生长期的磷素吸收效率（丁效东 等，2012）。

AMF 的外生菌丝可延伸到根外数厘米至十多厘米，且与土壤接触表面积及在土壤中的存活时间远远超过根毛，显著提高了宿主植物对矿质元素的吸收，特别是对磷的吸收效果更为显著（王蕾 等，2021）。不同种类 AMF 可以不同程度增加番茄对磷、钾的吸收，其中对磷吸收的促进作用最为显著，对氮的吸收作用有明显差异（贺忠群 等，2006），且不同种类 AMF 对其寄主植物茎叶的全氮、全磷、全钾吸收的影响是不同的（贺忠群 等，2011）。接种 AMF 可提高辣椒植株对磷的吸收，可能是由于外生菌丝增加了对磷的吸收面积（Sharif and Claassen，2011）。蔬菜作物接种 AMF 的效果还受土壤矿质营养的影响。土壤缺磷状况下接种 AMF 可促进作物生长（Xia et al.，2007）。土壤缺磷、锌时，接种 AMF 可提高青椒（Ortas，2019）和番茄（Watts-Williams et al.，2014）对磷、锌的吸收。一般来说，土壤磷素含量增加抑制 AMF 的促生作用（Smith and Smith，2011）。

通过盆栽试验和田间试验利用不同磷含量的土壤类型及不同 AMF 控制方法，对典型豆科作物大豆生长与 AMF 对磷的吸收之间的关系展开研究。结果表明，在不同磷水平下，AMF 对大豆生长均有显著的促进作用，AMF 侵染下盆栽试验和田间试验的大豆地上部生物量均显著提高，而且在低土壤有效磷水平下 AMF 侵染的促进作用更强。表明 AMF 对作物生长的促进作用与土壤有效磷含量密切相关，且在中低产田条件下 AMF 的促进效应更强（刘云龙 等，2021）。

与菌根真菌形成共生是高效吸收磷素的方式之一，其可能的机制如下。

① 菌根真菌可增大与土壤的接触面积，这是由于菌丝半径较根系半径小得多，能够进入更小的土壤孔隙中，从而扩大磷素吸收范围。研究表明，被菌根真菌侵染的洋葱根系周围的磷亏缺区半径是未侵染洋葱的 2 倍。

② 菌根真菌可通过溶解无机磷或水解有机磷的方式提高根际的有效磷水平，从而增加植物根系对磷元素的吸收。对蚕豆和玉米分别接种菌根真菌，与对照相比，二者根际土壤的酸性磷酸酶分别增加 62%和 76%，且接种后的吸磷量分别为对照的 1.82 倍和 2.38 倍。

③ 菌根真菌可与大多数陆生植物形成共生关系，并且根外菌丝在侵染一植株后还可侵染另一植株，在两个植株间形成菌丝桥（李淑敏，2004）。

Chiariello 等（1982）研究表明，通过菌丝桥传递给花生的 ^{32}P 占供体玉米的 0.02%左右。其中丛枝菌根真菌是土壤中分布广泛的有益内生真菌，能够促进蔬菜对磷素的吸收。当然，菌根真菌与植物的关系不仅有共生这一种，受环境影响二者可能变成寄生关系，例如施入足量的化肥和有机肥后，植物就能够获得满足自身生长所需的磷素，不需要通过给菌根真菌提供碳源的方式来换取磷素，这时菌根真菌与植物之间就会变成完全寄生的关系（李慧敏 等，2022）。

5.2.4　菌根与果树作物磷素吸收研究

VA 菌根能增加果树矿质营养特别是磷素营养的吸收，提高果树抗旱、抗病等抗逆能力，促进果树生长。大量研究证明，丛枝菌根能显著促进果树对土壤中磷、氮、锌、铁、铜、钙等元素的吸收，其中研究最多的为促进果树对土壤磷的吸收。研究接种地表球囊霉（*Glomus versiforme*，GV）、摩西球囊霉（*Glomus mosseae*，GM）对枳实生苗吸收与利用 Al-P 时发现，菌根化枳苗植株的磷含量和吸磷量均显著增加，且随难溶性磷酸盐施用量的增加而增加（刘进法 等，2008）。接种 AMF 能够促进枳实的生长和磷的吸收（舒波，2013）。对美味猕猴桃接种 AMF 后发现，AMF 会显著提高猕猴桃对氮、磷、钾 3 种矿质元素的吸收和三大保护酶的活性（刘丽丽 等，2014）。接种 AMF 后，幼苗吸收矿质养分的能力增强，提高了猕猴桃幼苗植株体内的氮、磷、钾等矿质养分含量，提高了猕猴桃幼苗体内磷元素的含量，并显著诱导了根际磷吸收的主要转运蛋白基因的表达（杨春国，2023）。

5.2.5　菌根与农作物磷素吸收研究

在农业生产中磷肥的投入可以提高并维持作物产量，研究表明，全球磷肥使用量从 1961 年的 460 万吨增加到 2015 年的 2100 万吨，对绿色革命和粮食安全作出了卓越的贡献（Mogollón et al.，2018），我国磷肥使用量从 1980 年的 273.3 万吨增加到 2022 年的 563.2 万吨。现代农业生产中的磷肥主要来源于不可再生的磷矿资源，相关研究表明，全球磷产量将在 2030 年左右达到峰值，并且全球磷矿资源可能在未来的 50～100 年内耗竭（Cordell et al.，2009）。随着生活水平的提高，饮食结构相应发生改变，其中对于蔬菜的需求迅速提升，相关研究表明，2017 年我国蔬菜总种植面积有 2000 万公顷，较 1978 年以来提高了 5 倍以上，同时对我国消费数据进行估算显示，2017 年我国蔬菜人均年消费量约为 96kg，至 2022 年我国蔬菜人均年消费量约为 104.8kg，蔬菜种植面积已达 2243 万公顷。考虑到我国粮食和其他农产品需求，继 2007 年基于土壤磷素变化预测我国磷肥需求后，对我国未来农业磷肥需求进行再预测。结果表明，到 2030 年和 2050 年，我国化学磷肥的需求量分别为 1084 万吨和 742 万吨。因此，在各项措施持续优化的基础上，我国化肥磷的需求在短期（2030 年）有望下降 150 万吨左右，中长期（2050 年）可稳定回调至年消费量 750 万吨，较当前用量下调 30%以上（张伟 等，2023）。种植作为一种集约化生产系统，其特点是肥料投入高、产量高，蔬菜种植者通常为了增加利润而过量施肥，肥料使用上磷肥的施用量比收获田块的磷移出量高出数倍，分析表明，我国蔬菜系统的磷肥投入量每年达 541.4kg P/hm^2，是粮食作物的 4 倍以上（Wang et al.，2019）。我国设施和露地蔬菜系统中平均磷肥投入量分别为 $571kg/hm^2$ 和 $117kg/hm^2$，而作物带走的磷素只有 $44kg/hm^2$ 和 $25kg/hm^2$，导致了两种系统中磷素盈余分别达 527kg/hm² 和 92kg/hm²（张育文，2020）。

世界上许多国家都十分重视菌根技术的应用与推广，其被列为重要的造林措施之一。菌根生物技术即将高效菌根真菌接种到植物上，实行菌根化，以提高农林牧业生产的效率，同时兼顾经济效益、社会效益和生态效益，是一种环境友好型绿色产业生物技术。ECM 和 AM 的应用比较广泛，涉及林业和农业的很多领域（仲凯 等，2008）。丛枝菌根真菌最直接的作用是提高作物的产量和品质，其应用主要集中于蔬菜等园艺作物和玉米等大田作物，其次用于林木育苗，提高木苗的成活率（李晓林 等，2001）。接种 AMF 的冬小麦和大豆改善了植物的磷素营养，提高了耐寒性；接种 AMF 的玉米，提高了植株氮、磷的含量，提高了产量和种子质量（刘文科 等，2005）。间作玉米/大豆根系不同分隔方式对玉米生长及植株磷素累积的影响差异较大，其中尼龙网分隔处理明显改善了玉米生长状况。接种（*Glomus etunicatum*）与尼龙网分隔根系组合处理是促进间作玉米生长的最佳组合，若推广应用于滇池流域坡耕地，能有效截留土壤磷素，控制磷素的迁移（贾广军 等，2014）。接种摩西管柄囊霉（*Funneliformis mosseae*）较其他接种处理提高了玉米根系的侵染率，提高了土壤有效磷和潜在活性磷含量，从而提高了玉米对磷的吸收，综合来看摩西管柄囊霉是适合该矿区采煤塌陷复垦土壤的经济、高效菌种，今后可将其应用于大田试验（吕鉴于 等，2020）。

甜玉米，又称水果玉米，含糖量高，风味独特，富含人体所必需的多种营养成分，是重要的粮食和经济作物（张西涛 等，2024）。磷是植物体内核酸、蛋白质、酶的主要成分（Malhotra et al.，2018），而玉米对磷比较敏感（Ganie et al.，2015），因此磷肥供应量严重影响玉米产量。有研究表明，磷肥施入土壤中容易被土壤中的阳离子固定、沉淀，导致土壤有效磷含量较低，因此生产中往往投入过量的磷肥以获得作物的高产（李杰，2011）。过量施用磷肥不仅使土壤中的磷素累积、磷肥的利用率降低、环境风险加剧（赵靓，2014），还会导致土壤酶活性降低，以及氮、磷等养分失衡，最终影响作物增产效果（耿玉辉 等，2013）。AM 真菌能够促进玉米磷养分的吸收（Hao et al.，2021）。有研究表明，低磷会刺激 AM 侵染植物根系，进而促进植物生长（苏翰英，2019），高磷时会阻碍 AM 侵染根系，并且降低菌根效应（Abbott et al.，1984）。AM 真菌通过与植物根系形成共生体，可以促进植物磷养分吸收，提高磷肥的利用效率，从而改善植物的生长发育，增强植物的抗逆性（Xie et al.，2014）。石灰和磷肥共同施用能够促进氮磷养分的转化，促进作物生长（贺根和 等，2015）。研究发现 60kg/hm² 的磷肥与 750kg/hm² 的石灰配合施用不仅可以提高土壤 pH 值，同时还能降低磷肥施用量，达到较高磷素吸收利用率和 AM 侵染强度并维持土壤有效磷平衡和甜玉米高产，为该地区甜玉米高产高效栽培的磷肥管理措施提供理论依据。同时通过大田试验与盆栽试验相结合的方式，分析磷肥用量对甜玉米根系 AM 真菌侵染的影响，为提高磷肥利用率和甜玉米产量提供理论依据（吴晓君，2022）。

菌根对农作物磷素吸收的研究方向已向培肥种类和模式逐渐细化。如生物炭添加可提高土壤 pH 值和 EC 值，优化水稻根系与 AMF 的共生关系，显著提高菌根侵染率。生物炭和 AMF 联合应用能显著增加土壤中的酸性磷酸酶和碱性磷酸酶活性，有利于土壤有机磷的矿化，促进土壤活性有机磷向活性无机磷转化，并且效果优于单独接种 AMF 处理。添加生物炭和接种 AMF 能促进土壤难溶态磷向有效磷转化，提高了土壤中活性磷的比例。综上，生物炭和 AMF 联合应用对促进水稻的磷素吸收以及改善稻田土壤中磷素的赋存形态具有明显的协同作用（文中华 等，2024）。此外，多样化的培肥模式可调控丛枝菌根真菌促进玉米磷素的吸收，而生态间作结合优化的培肥措施通过改善玉米根内 AMF 群落的结构来增加 AMF 定殖，进一步促进宿主的磷素吸收，提升玉米生产力（何港辉 等，2024）。

5.2.6 作物种类对菌根与磷素吸收的响应差异

菌根响应度是指在某一磷水平下，植物接种菌根后生物量和磷吸收的变化量，是作物的一个重要功能性状。由于施用的 AM 真菌效果不一样，作物对 AM 真菌的响应表现为正效应、无效应或负效应。菌根响应度的影响因素包括宿主植物、土壤磷水平以及真菌种类。不同的作物对 AM 真菌的响应不同，同样，AMF 也影响着植物的磷吸收。菌根响应度是衡量 AMF 对植物影响的重要指标。菌根响应度的高低与作物的磷吸收紧密相关，凡是影响植物磷吸收的因素都有可能影响菌根响应度（张敏，2016）。

不同作物在低磷条件下的适应能力存在较大的差异。有研究发现，在马铃薯、洋葱、芸薹、小麦、黑燕麦、菠菜和菜豆这 7 种作物中小麦在低磷胁迫的条件下磷吸收效率和磷利用效率都最高。对红三叶草、苜蓿、大豆和红顶草进行耐低磷机理的研究，结果表明红三叶草、苜蓿和红顶草受到低磷胁迫时耐低磷能力相对较弱，而大豆耐低磷的能力较强。

作物磷效率的差异不仅表现在不同的植物种类之间，同种作物不同品种或基因型之间也存在差异。同种作物不同品种或基因型之间的差异主要表现在形态和生理方面，而形态特征主要体现在根重、根表面积、根长等根系参数上；生理特征表现在根系的分泌物（质子、有机酸、磷酸酶）等参数上。用根箱试验进行不同磷效率油菜根际土壤磷活化机理的研究，结果表明在施磷和不施磷条件下，磷高效品种的生物量和吸磷量都高于磷低效品种（王文华 等，2011）。同时对不同基因型的棉花进行营养液培养试验，研究表明低磷与适磷条件下，磷高效基因型的磷利用效率分别为 1129.2g/g 和 262.7g/g，而磷低效基因型分别为 1090.9g/g 和 123.0g/g；低磷条件下，磷高效基因型的总根长、根表面积和根体积均显著高于磷低效基因型（陈波浪 等，2014）。

AMF 显著促进棉花的生长和磷吸收，AMF 对棉花生长的影响受土壤供磷强度的影响。在低磷（6～9mg/kg）条件下，两个棉花品种受 AM 真菌的影响较小；在中度供磷（18mg/kg）条件下，AMF 对棉花的影响达到最大值；在高磷（48～73mg/kg）条件下，AMF 对棉花的影响减弱，甚至出现负效应。对根系性状和菌根性状进行主成分分析，结果表明低磷（6～18mg/kg）条件下第一主成分以菌根性状为主，第二主成分以根系性状为主；高磷（46～73mg/kg）条件下则相反，第一主成分以根系性状为主，第二主成分以菌根性状为主。相关性分析发现菌根侵染率与棉花生物量菌根响应度和磷吸收菌根响应度均呈显著正相关。说明菌根侵染率可以作为棉花菌根响应度的筛选指标

(张敏，2016)。

不同磷效率的作物在磷胁迫条件下，往往具有不同的根系特征。试验表明，磷胁迫条件下，高磷效率棉花品种细根比例明显高于低磷效率品种，并且高磷效率棉花总体根直径更小，在白羽扇豆和大豆等作物中有着同样的结论（罗佳，2016）。

以往的研究表明，在低磷情况下，多数植物会向根部分配更多的生物量，无机磷源（$FePO_4$）条件下，高磷效率小麦的根系生物量仅为低磷效率的84%，且根冠比明显小于低磷效率品种。研究6个小麦品种表明，与高磷吸收效率小麦品种相比，低磷吸收效率品种的根长更长、根体积更大，但高磷效率吸收品种拥有更大的比根长，这可能是由于比根长能够扩大作物根系的活动范围，从而有利于吸收土壤中移动性弱的磷素，且细根周围更易于聚集周围土壤溶液中的磷（Da Silva et al.，2015）。在低磷条件（0mg/kg）下，高磷效率小麦的地上部生物量、地上部磷含量、磷含量、相对生长速率和叶绿素含量均显著高于低磷效率品种。在低磷水平下，高磷效率的小麦比低磷效率小麦拥有更短的根长和更小的根冠比，但比它们具有更高的酸性磷酸活性、较高细根比例和较小的根系直径。无论是高磷效率小麦还是低磷效率小麦，在低磷水平下植株的地上部策略与地下部策略的相关性更强；而在高磷水平（200mg/kg）下，相关性较小，地上和地下部的性状变化相对独立。

接种AMF可明显增加小麦地上部干重和叶面积，在中磷（50mg/kg）水平下，地上部干重增加达极显著水平。菌根在低磷（0 kg/kg）条件下可明显促进根际土酸性磷酸酶活性。未接种AMF时，小麦根系分泌的酒石酸所占比例为30.2%，柠檬酸为38.2%，苹果酸为15.6%，琥珀酸为16.0%，并且接种后有机酸分泌量明显减少。AMF的存在降低了根系结构特征和形态特征的可塑性，但增加了根系生理特征的可塑性。接种AMF后的小麦在中磷水平下表现出最佳的侵染率和菌根响应度，并且高磷效率小麦表现出较高的菌根依赖性。

接种AMF可明显增加小麦地上部干重、株高和茎粗，但会显著降低叶片中含氮量，磷水平为50mg/kg时，所有品种小麦地上部特征菌根响应最大，并且不同小麦品种间有较大差异。土壤磷水平较高时（50～200mg/kg），小麦根系结构和形态特征对接种AMF的响应并不敏感，低磷水平（0～20mg/kg）下接种AMF后，根长、比根长、根冠比明显增大。磷水平为50mg/kg时，各个品种生物量菌根响应度和侵染率均达到最佳，小麦品种之间的菌根响应度差异较大，但侵染率差异较小，说明侵染率并不是菌根响应度的决定因素。根际土有效磷含量与植酸酶活性和侵染率也呈现二次函数关系（$R^2=0.818$，$R^2=0.790$），生物量菌根响应度随着根际土有效磷含量增加呈现先增加后降低最后趋于稳定的变化趋势（张佳崎，2020）。

5.2.7 菌根与作物磷素吸收的关键因素及作用机制

在农业生产中，磷的吸收效率和利用效率在维持作物优良品质和提高作物产量方面具有至关重要的作用。具体而言，植物的磷吸收效率是指其从土壤中获取磷的能力，而磷的利用效率则是指植株利用吸收的磷进行生物量生产的能力，以干物质累积量或籽粒产量来衡量作物磷效率的高低（胡昊驰，2023）。研究表明，植物已进化出一些策略来促进对土壤中磷素的吸收，除了调节植物自身根系的形态和生理特征外（Crombez et al.，2019），还能与 AMF 和 ECMF（外生菌根真菌）形成各种共生关系，增强对土壤磷素的活化和吸收（Zhou et al.，2023）。

ECMF 与宿主植物形成菌根时，ECMF 并非孤立存在，其内部和菌根际往往存在大量功能性细菌（Bonfante et al.，2009；Fontaine et al.，2016），即菌根辅助细菌，这些细菌能够增强外生菌根真菌对宿主植物的侵染，促进菌根菌的生长以及提高植物对矿物养分的吸收（徐漫 等，2018）。其中，某些菌根辅助细菌与 ECMF 相互作用对土壤中营养元素的生物化学循环和植物的养分吸收过程具有显著影响（Meeds et al.，2021）。

菌根共生的植物从土壤中吸收磷元素的方式有两种：一种是通过植物根部的表皮细胞以及菌根真菌延伸的菌丝来直接吸收土壤中的磷素，这种吸收方式速度较慢且消耗能量较大；另一种是菌根真菌的菌丝表面存在高效的磷酸盐转运系统主动并广泛地吸收土壤磷素，是植物在磷胁迫环境下吸收磷素的重要方式（高明含 等，2023）。

AMF 之所以具有水解无机磷的能力，是因为其根外菌丝会分泌有机酸，提高土壤磷酸酶活性，能够与土壤中的磷等离子发生配位作用，降低菌丝根际 pH 值，溶解矿物释放磷元素，继而供给宿主植物。不仅如此，AMF 矿化难溶的有机磷也伴随着根际解磷细菌的协同作用，解磷细菌产生有机酸，使土壤酸化，螯合 Fe^{3+}、Al^{3+}、Ca^{2+} 等金属离子从而将磷酸根释放出来，促进有机磷溶解，提高土壤有效磷含量（梅言 等，2022）。菌根真菌凭借高亲和力磷转运蛋白，增强土壤有效磷的摄取和再传输。目前，AMF 中已鉴定出的磷转运蛋白有 GvPT、GiPT 和 GmosPT，在低磷情况下促使根外菌丝增强对磷转运蛋白基因的表达，促进菌根对土壤中磷的吸收（Ranoarisoa et al.，2020）。

ECMF 对无机磷的摄取方式与 AMF 类似，但多数 ECMF 溶解无机磷的能力有限，如马勃和牛肝菌等对无机磷盐的溶解率为 0.5%（薛英龙 等，2019）。在矿化有机磷过程中，ECMF 自身能够释放有机酸（草酸、乙酸、苹果酸等）、质子和多种磷酸酶，加快有机磷降解为无机磷的过程（徐丽娇 等，2017）。此外，ECMF 根际的细菌群落在该过程中也起到关键作用，有研究表明，根际细菌能够产生植酸酶，将根系周围的植酸转化为无机磷。Ranoarisoa 等（2020）发现枯草芽孢杆菌（*Bacillus subti-Lis*）lllb 会分泌植酸酶将松树根际土壤中的植酸水解，再经 ECMF 等其他微生物吸收传递给植物。目前已在多个 ECMF 中发现了两个高亲和力无机磷酸盐转运蛋白［HcPT1（Aarle et al.，2007）和 HcPT2（Tatry et al.，2010）］，HcPTl 的表达在磷限制条件下增强，而环境中磷的浓度对 HcPT2 的表达影响不大。此外，从美味牛肝菌（*Boletus edulis Bull. ex* Fr）、浅黄根须腹菌（*Rhizopogon luteolus Fr. et* Nordg）、球根白丝膜菌［*Leucocortinarius bulbiger*（*Alb. et Schw.*）*Sing.*］中分别发现了 BePT（Wand，2014）、RIPT、LbPT（Zheng et al.，2016）高亲和力磷转运蛋白。

参考文献

艾鹏睿，马英杰，马亮，2018. 干旱区滴灌枣棉间作模式下枣树棵间蒸发的变化规律［J］. 生态学报，38（13）：4761-4769.

柏文恋，张梦瑶，任家兵，等，2018. 小麦和蚕豆作物生长曲线模拟及种间相互作用分析［J］. 应用生态学报，29（12）：4037-4046.

毕银丽，吴王燕，刘银平，2007. 丛枝菌根在煤矸石山土地复垦中的应用［W］. 生态学报，27（9）：3738-3743.

补娟，2009. 丛枝菌根真菌（AMF）对棉花黄萎病的防病效应及其机理研究［D］. 乌鲁木齐：新疆农业大学.

蔡长福，2018. 杨梅树混合接种 VA 菌根菌和弗兰克氏菌的生长效应［J］. 亚热带农业研究，14（03）：145-150.

曹云，马艳，2015. 间套作防治作物土传枯萎病的研究进展［J］. 土壤，47（03）：466-473.

柴强，殷文，2017. 间作系统的水分竞争互补机理［J］. 生态学杂志，36（1）：233-239.

车永和，2000. 青海省带田玉米引种与高产制种技术研究［D］. 咸阳：西北农林科技大学.

陈波浪，盛建东，蒋平安，等，2014. 不同基因型棉花磷效率特征及其根系形态的差异［J］. 棉花学报，26（6）：506-512.

陈怀满，1996. 土壤-植物系统中的重金属污染［M］. 北京：科学出版社：71-125.

陈天龙，李慧奇，宁瑞渊，等，2024. 丛枝菌根真菌对不同苹果树生长及果实品质的影响［J］. 西北农林科技大学学报（自然科学版），（02）：1-8.

陈婷，陈于，朱灿灿，等，2024. 不同施磷水平下外生菌根真菌对薄壳山核桃幼苗生长和磷吸收的影响［J］. 植物资源与环境学报，33（03）：27-35，49.

邓小燕，王小春，杨文钰，等，2013. 玉米/大豆和玉米/甘薯模式下玉米磷素吸收特征及种间相互作用［J］. 作物学报，39（10）：1891-1898.

丁效东，张林，李淑仪，等，2012. 丛枝菌根真菌与根瘤菌接种对大豆根瘤分布及磷素吸收的影响［J］. 植物营养与肥料学报，18（03）：662-669.

董艳，董坤，汤利，等，2013. 小麦蚕豆间作对蚕豆根际微生物群落功能多样性的影响及其与蚕豆枯萎病发生的关系［J］. 生态学报，33（23）：7445-7454.

段海霞，师茜，康生萍，等，2024. 丛枝菌根真菌和根瘤菌与植物共生研究进展［J］. 草业学报，33（05）：166-182.

樊卫国，罗燕，2015. 不同磷水平下 4 种柑橘砧木的生长状况、根系形态和生理特性［J］. 中国农业科学，48（03）：534-545.

冯晓敏，杨永，任长忠，等，2015. 豆科-燕麦间作对作物光合特性及籽粒产量的影响［J］. 作物学报，41（9）：1426-1434.

付先恒，岳献荣，夏运生，等，2016. 接种 AMF 对间作大豆生长及有机磷利用的影响［J］. 大豆科学，35（3）：442-447.

高明含，李丽丽，杨洪一，等，2023. 菌根真菌促进植物氮磷吸收的研究

进展 [J]. 黑龙江农业科学，(10)：126-131.

高越，邢晓科，程斌，等，2019. 兰花智慧：和真菌共生 [J]. 森林与人类，(11)：28-41.

耿玉辉，曹国军，叶青，等，2013. 磷肥不同施用方式对土壤速效磷及春玉米磷素吸收和产量的影响 [J]. 华南农业大学学报，34 (04)：470-474.

宫香伟，2021. 糜子/绿豆间作模式下糜子群体对光、水、肥资源的响应及减氮增效机制研究 [D]. 咸阳：西北农林科技大学.

贺超兴，王锐竹，张志斌，2010. 接种 AM 真菌对温室甜瓜产量及品质的影响 [J]. 北方园艺，(15)：168-170.

何港辉，沈一，王梓轩，等，2024. 多样化培肥模式调控丛枝菌根真菌促进玉米磷素吸收 [J]. 土壤学报，61 (02)：573-582.

贺根和，王小东，刘强，2015. 石灰和磷肥对酸性土壤中野生油茶幼苗生长及土壤酶活性的影响 [J]. 湖北农业科学，54 (21)：5258-5261.

贺忠群，贺超兴，闫妍，等，2011. 盐胁迫下丛枝菌根真菌对番茄吸水及水孔蛋白基因表达的调控 [J]. 园艺学报，38 (02)：273-280.

贺忠群，贺超兴，张志斌，等，2006. 不同丛枝菌根真菌对番茄生长及相关生理因素的影响 [J]. 沈阳农业大学学报，(03)：308-312.

胡昊驰，2023. 秸秆深翻还田及施磷水平对玉米磷吸收和利用效率的影响 [D]. 呼和浩特：内蒙古农业大学.

贾广军，张仕颖，谷林静，等，2014. 菌根对紫色土上间作玉米生长及磷素累积的影响 [J]. 中国生态农业学报，22 (05)：516-524.

李慧，何宜璇，斯日木极，等，2021. 根系生态位差异对生态系统的影响 [J]. 草业科学，38 (3)：501-513.

李慧敏，王瑞，仲月明，等，2022. 高投入蔬菜种植体系磷素高效利用的根际对话及效应研究进展 [J]. 土壤学报，59 (04)：924-934.

李继运，孙建华，刘全友，等，2000. 不同小麦品种的根系生理特性、磷的吸收及利用效率对产量影响的研究 [J]. 西北植物学报，20 (4)：503-510.

李杰，2011. 磷素活化剂对红壤磷活化效果研究 [D]. 四平：吉林师范大学.

李隆，杨思存，孙建好，等，1999. 小麦/大豆间作中作物种间的竞争作用和促进作用 [J]. 应用生态学报，(02)：70-73.

李敏，刘润进，李晓林，2004. 大田条件下丛枝菌根真菌对西瓜生长和枯萎病的影响 [J]. 植物病理学报，(05)：472-473.

李淑敏，2004. 间作作物吸收磷的种间促进作用机制研究 [D]. 北京：中国农业大学.

礼晓，黄艺，魏志成，2008. 两种纯培养外生菌根真菌对柴油的降解效率 [J]. 应用生态学报，(07)：1579-1584.

李晓东，郭海桥，马立博，等，2024. 菌根真菌对煤矿区生态修复作用的研究进展 [J]. 甘肃科技纵横，53 (01)：71-76.

李晓林，冯固，2001. 丛枝菌根生态生理 [J]. 北京：华文出版社.

李鑫，张会慧，岳冰冰，等，2012. 桑树-大豆间作对盐碱土碳代谢微生物多样性的影响 [J]. 应用生态学报，23 (07)：1825-1831.

李玉英，庞发虎，孙建好，等，2010. 根系分隔和施氮对蚕豆/玉米间作体系根系分布和形态的影响 [J]. 中国农业大学学报，15 (04)：13-19.

廖文超，毕华兴，高路博，等，2014. 晋西苹果与大豆间作系统土壤养分分布特征 [J]. 水土保持通报，34 (3) 252-256.

蔺芳，刘晓静，童长春，等，2019. 4 种间作模式下牧草根系特性及其碳、氮代谢特征研究 [J]. 草业学报，28 (09)：45-54.

刘超，潘嘉琛，董智，等，2022. 黄泛沙地林农间作土壤的物理性质改良及碳固持特征 [J]. 水土保持通报，42 (03)：318-323.

刘昊言，2023. 外生菌根菌丝生长空间对樟子松适应不同水、钙条件影响的研究 [D]. 沈阳：沈阳农业大学.

刘建中，李振声，李继云，1994. 利用植物自身潜力提高土壤中磷的生物有效性 [J]. 生态农业研究，(01)：18-25.

刘进法，夏仁学，王明元，等，2008. 接种丛枝菌根真菌对枳吸收利用磷酸铝的影响 [J]. 应用生态学报，(10)：2155-2160.

刘丽丽，刘仁道，黄仁华，2014. 丛枝菌根真菌（AMF）对红阳猕猴桃叶片富硒能力及光合特性的影响 [J]. 食品工业科技，35 (10)：234-237，242.

刘文科，冯固，李晓林，2005. 三种土壤上 AM 真菌接种对甘薯生长和磷营养的影响 [J]. 农业环境科学学报，(S1)：228-231.

刘雯婷，2022. 间套作模式对露地番茄生长及品质的影响 [D]. 哈尔滨：东北农业大学.

刘云龙，钱浩宇，张鑫，等，2021. 丛枝菌根真菌对豆科作物生长和生物固氮及磷素吸收的影响 [J]. 应用生态学报，32 (05)：1761-1767.

罗佳，2016. 不同基因型棉花根际过程对磷肥响应特征的研究 [D]. 乌鲁木齐：新疆农业大学.

吕桂云，陈贵林，齐国辉，等，2006. 菌根化育苗对大棚黄瓜生长发育和果实品质的影响 [J]. 应用生态学报，(12)：2352-2356.

吕鉴于，高文俊，牛群，等，2020. 丛枝菌根真菌对采煤塌陷复垦土壤磷形态和玉米吸磷量的影响 [J]. 应用与环境生物学报，26 (01)：81-87.

马琨，杨桂丽，马玲，等，2016. 间作栽培对连作马铃薯根际土壤微生物群落的影响 [J]. 生态学报，36 (10)：2987-2995.

马璐，林衍铨，应正河，等，2015. 竹荪间作套种研究进展 [J]. 中国食用菌，34 (06)：7-12.

梅言，戴传超，贾永，2022. 外生菌根真菌及其菌根辅助细菌协同解磷的研究进展 [J]. 生态学杂志，41 (08)：1619-1627.

卯吉华，李荣波，景跃波，等，2022. 核桃园土壤丛枝菌根真菌多样性及接种效应 [J]. 森林与环境学报，42 (01)：71-80.

覃潇敏，潘浩男，肖靖秀，等，2022. 玉米/大豆间作体系中供磷水平对玉米磷吸收及根系生长的影响 [J]. 中国土壤与肥料，(02)：116-122.

任丽轩，2012. 旱作水稻/西瓜间作抑制西瓜枯萎病的生理机制 [D]. 南京：南京农业大学.

任媛媛，王志梁，王小林，等，2015. 黄土塬区玉米大豆不同间作方式对产量和经济收益的影响及其机制 [J]. 生态学报，35 (12)：4168-4177.

史凡，黄泓晶，陈燕婷，等，2022. 间套作功能植物对茶园生态系统服务功能的影响 [J]. 茶叶科学，42 (02)：151-168.

舒波，2013. 丛枝菌根真菌促进枳（*Poncirus trifoliata L. Raf*）磷吸收效应及其机理研究［D］. 武汉：华中农业大学 .

宋福强，田兴军，杨昌林，等，2006. 川西亚高山带森林生态系统外生菌根的形成［J］. 生态学报，(12)：4171-4178.

苏翰英，2019. 丛枝菌根真菌与磷肥互作对连作草莓生长发育的影响［D］. 长春：吉林农业大学 .

苏颖佳，杨凯，张乾，等，2024. 不同菌根类型树种土壤氮、磷有效性特征及影响因素研究进展［J］. 生态学杂志，43 (07)：2208-2221.

孙宝茹，2017. 玉米/紫花苜蓿间作磷素高效吸收利用的根系-土壤互作机理［D］. 长春：东北师范大学 .

孙金华，毕银丽，裘浪，等，2016. 土壤中丛枝菌根真菌对宿主植物磷吸收作用机制综述［J］. 土壤通报，47 (02)：499-504.

唐哲，2015. 蓝莓菌根真菌解磷特性及定殖特点分析［D］. 哈尔滨：东北林业大学 .

田阳，云雷，毕华兴，等，2013. 晋西黄土区果农间作光竞争研究［J］. 水土保持研究，20 (4)：288-292.

万福绪，陈平，王严星，2003. 苏北林粮间作地土壤理化性质分析［J］. 南京林业大学学报（自然科学版），(06)：27-30.

王丹，毕华兴，许华森，等，2016. 晋西黄土区核桃-谷子间作系统水肥影响域［J］. 干旱地区农业研究，34 (6)：150-155.

王晶晶，毕华兴，郭孟霞，等，2019. 晋西黄土区常规果农间作模式下果树遮阴时空分布特征［J］. 干旱地区农业研究，37 (03)：185-191.

王克林，黄月，孙学凯，等，2016. 辽北地区杨树-玉米间作对土壤水分和养分含量的影响［J］. 生态学杂志，35 (9)：2386-2392.

王蕾，张春楠，李洪波，等，2021. 丛枝菌根真菌在蔬菜生产中的研究进展［J］. 微生物学通报，48 (11)：4282-4295.

王敏，2015. 不同体积限根对番茄生长发育及品质的影响［D］. 银川：宁夏大学 .

王瑞雪，冯瑞，苏丽珍，等，2021. 根系分隔方式对间作玉米大豆根际红壤磷组分及磷吸收的影响［J］. 西南农业学报，34 (12)：2604-2612.

王升，王全九，周蓓蓓，等，2014. 膜下滴灌棉田间作盐生植物改良盐碱地效果［J］. 草业学报，23 (3)：362-367.

王文华，周鑫斌，周永祥，等，2011. 不同磷效率油菜根际土壤磷活化机理研究［J］. 植物营养与肥料学报，17 (6)：1379-1387.

王香生，连延浩，郭辉，等，2023. 小麦红花间作系统根际微生物群落结构及功能分析［J］. 中国生态农业学报（中英文），31 (04)：516-529.

王雪蓉，张润芝，李淑敏，等，2019. 不同供氮水平下玉米/大豆间作体系干物质积累和氮素吸收动态模拟［J］. 中国生态农业学报，27 (09)：1354-1363.

王玉峰，孙磊，李伟群，等，2007. VA 菌根真菌对马铃薯养分吸收的影响［J］. 北方园艺，(06)：47-49.

王宇蕴，李兰，郑毅，等，2020. 基于根系形态对磷吸收的贡献解析小麦Ⅱ蚕豆间作促进磷吸收的作用［J］. 中国生态农业学报，28 (7)：954-959.

卫泽斌，郭晓方，丘锦荣，等，2010. 间套作体系在污染土壤修复中的应用研究进展 [J]. 农业环境科学学报，29 (S1)：267-272.

魏翔莺，张春英，吴少华，2011. 菌根的功能及其在绿化中的应用前景 [J]. 亚热带农业研究，7 (02)：124-128.

文中华，陈义轩，史永佳，等，2024. 生物炭和丛枝菌根真菌协同促进稻田土壤有机磷向无机磷的转化和水稻磷素吸收 [J]. 植物营养与肥料学报，30 (06)：1064-1074.

吴凤芝，周新刚，2009. 不同作物间作对黄瓜病害及土壤微生物群落多样性的影响 [J]. 土壤学报，46 (05)：899-906.

吴开贤，安瞳昕，范志伟，等，2012. 玉米与马铃薯的间作优势和种间关系对氮投入的响应 [J]. 植物营养与肥料学报，18 (04)：1006-1012.

吴瑕，胡艺琛，杨凤军，等，2022. 间作分蘖洋葱对番茄氮素吸收和根际土壤微生物多样性的影响 [J]. 植物营养与肥料学报，28 (08)：1478-1493.

吴晓君，2022. 磷肥与石灰施用对甜玉米产量、磷素吸收利用及丛枝菌根真菌侵染的影响 [D]. 海口：海南大学.

徐丽娇，姜雪莲，郝志鹏，等，2017. 丛枝菌根通过调节碳磷代谢相关基因的表达增强植物对低磷胁迫的适应性 [J]，植物生态学报，41 (08)：815-825.

徐丽娟，刁志凯，李岩，等，2012. 菌根真菌的生理生态功能 [J]. 应用生态学报，23 (01)：285-292.

徐漫，傅婉秋，戴传超，等，2018. 外生菌根真菌促生微生物生态功能研究进展 [J]. 生态学杂志，37 (04)：1246-1256.

许秀强，徐丽娟，殷元元，等，2009. 丛枝菌根真菌修复农药污染土壤的潜力分析 [J]. 菌物学报，28 (04)：616-621.

薛英龙，李春越，王苁蓉，等，2019. 丛枝菌根真菌促进植物摄取土壤磷的作用机制 [J]. 水土保持学报，33 (06)：10-20.

杨春国，2023. 褪黑素对猕猴桃丛枝菌根共生及耐旱性的影响 [D]. 雅安：四川农业大学.

杨燕竹，杜青，陈平，等，2017. 玉米大豆播期衔接对间作大豆干物质积累及产量的影响 [J]. 华北农学报，32 (03)：96-102.

余常兵，孙建好，李隆，2009. 种间相互作用对作物生长及养分吸收的影响 [J]. 植物营养与肥料学报，15 (01)：1-8.

张东升，2018. 风沙半干旱区玉米/花生间作光能高效捕获和利用 [D]. 北京：中国农业大学.

张加良，孔涛，高熙榜，等，2024. 辽西北沙地苹果——农作物间作对土壤养分分布和收益的影响 [J]. 生态学杂志，43 (05)：1314-1323.

张佳崎，2020. 冬小麦在不同磷源条件下根系特征和菌根响应度差异 [D]. 保定：河北农业大学.

张莉，孟祥祥，刘娜，等，2012. 低磷胁迫下嫁接对西瓜生长早期磷素吸收和利用的影响 [J]. 果树学报，29 (1)：120-124.

张亮，王晓娟，王强，等，2016. 同位素示踪技术在丛枝菌根真菌生态学研究中的应用 [J]. 生态学报，36 (10)：2787-2797.

张敏，2016. 不同棉花品种磷效率和菌根响应度的差异 [D]. 乌鲁木齐：

新疆农业大学.

张胜，2018. 同位素示踪技术的原理及应用阐释［J］. 生物学教学，43（08）：79-80.

张伟，陈轩敬，马林，等，2023. 再论中国磷肥需求预测——基于农业绿色发展视角［J］. 土壤学报，60（05）：1389-1397.

张西涛，董振，张小飞，2024. 安地区鲜食玉米雪甜 7401 绿色高效生产［J］. 西北园艺，（07）：11-13.

张向前，黄国勤，卞新民，等，2012. 间作对玉米品质、产量及土壤微生物数量和酶活性的影响［J］. 生态学报，32（22）：7082-7090.

张育文，2020. 西南地区典型蔬菜磷素累积分配及根际特征［D］. 重庆：西南大学.

赵靓，2014. 氮、磷化肥用量对土壤养分和玉米产量的影响［D］. 石河子：石河子大学.

赵兴宇，2015. 大兴安岭野生蓝莓菌根真菌分离及定殖分析［D］. 哈尔滨：东北林业大学.

赵紫华，欧阳芳，门兴元，等，2013. 生境管理——保护性生物防治的发展方向［J］. 应用昆虫学报，50（04）：879-889.

郑义艳，冯固，2006. 盐胁迫和 AM 真菌对生菜生长的效应［J］. 土壤学报，（06）：966-971.

仲凯，刘红霞，2008. 菌根研究的新特点及应用［J］. 生态科学，（03）：169-178.

周丽颜，陆建增，黄馨怡，等，2024. 丛枝菌根真菌对番茄生长和根结线虫病的影响［J］. 中国蔬菜，（02）：100-105.

Aarle I M V，Viennois G，Amenc L K，et al.，2007. Fluorescent in situ RT-PCR to visualise the expression of a phosphate transporter gene from an ectomycorrhizal fungus［J］. Mycorrhiza，17（6）：487-494.

Abbott L K，Robson A D，de Boer G，1984. The effect of phosphorus on the formation of hyphae in soil by the vesicular-arbuscular mycorrhizal fungus，glomus fasciculatum［J］. New Phytologist，97（3）：437-446.

Adnane B，Noyce G L，Carlsson G，et al.，2017. Species interactions enhance root allocation，microbial diversity and P acquisition in intercropped wheat and soy bean under P deficiency［J］. Applied Soil Ecology，120：179-188.

Ae N，Arihara J，Okada K，et al.，1990. Phosphorus uptake by pigeon pea and its role in cropping systems of the Indian subcontinent［J］. Science，248：477-480.

Ae N，Otani T，1997. Role of cell wall components from groundnut roots in solubilizing sparingly soluble phosphorus in low fertility soils［J］. Plant and Soil，196：265-270.

Ae N，Otani T，Makino T，et al.，1996. Role of cell wall of groundnut roots in insolubilizing sparingly soluble phosphorus in soil［J］. Plant and Soil，186：197-204.

Awal M A，Koshi H，Ikeda T，2007. Radiation interception and use by maize/peanut intercrop canopy [J]. Agricultural & Forest Meteorology, 139: 74-83.

Bar Tal A, Pressman E, 1996. Root restriction and potassium and calcium solution concentrations affect dry-matter production, cation uptake, and blossom-end rot in greenhouse tomato [J]. Journal of the American Society for Horticultural Science, 121 (4): 649-655.

Bolland M, Siddique K, Loss S, et al., 1999. Comparing responses of grain legumes, wheat and canola to applications of superphosphate [J]. Nutrient Cycling in Agroecosystems, 53: 157-175.

Bonfante P, Anca I A, 2009. Plants, mycorrhizal fungi, and bacteria: A network of interactions [J]. Annual Review of Microbiology, 63: 363-383.

Boulois H D D, Joner E J, Leyval C, et al., 2008. Role and influence of mycorrhizal fungi on radiocesium accumulation by plants [J]. Journal of Environmental Radioactivity, 99 (5): 785-800.

Brundrett M C, Tedersoo L, 2018. Evolutionary history of mycorrhizal symbioses and global host plant diversity [J]. New Phytologist, 220 (4): 1108-1115.

Chiariello N R, Hickman J C, Mooney H A, 1982. Endomycorrhizal role for interspecific transfer of phosphorus in a community of annual plants [J]. Science, 217 (4563): 941-943.

Cordell L, Dynan K, Lehnert A, et al., 2009. The incentives of mortgage servicers: Myths and realities [J]. Uniform Commercial Code Law Journal, 41: 347-374.

Craine J M, 2006. Competition for nutrients and optimal root allocation [J]. Plant and Soil, 285: 171-185.

Crews T E, Peoples M B, 2005. Can the synchrony of nitrogen supply and crop demand be improved in legume and fertilizer-based agroecosystems? A review [J]. Nutrient Cycling in Agroecosystems, 72 (2): 101-120.

Crombez H, Motte H, Beeckman T, 2019. Tackling plant phosphate starvation by the roots [J]. Developmental Cell, 48 (5): 599-615.

Da Silva A, Bruno I P, Franzini V I, et al., 2015. Phosphorus uptake efficiency, root morphology and architecture in Brazilian wheat cultivars [J]. Journal of Radioanalytical and Nuclear Chemistry, 307 (2), 1055-1063.

Dou X Y, Wang R S, Zhou X, et al., 2022. Soil water, nutrient distribution and use efficiencies under different water and fertilizer coupling in an apple-maize alley cropping system in the Loess Plateau [J]. Soil & Tillage Research, 218: 105308.

Douds Jr D D, Nagahashi G, Pfeffer P E, et al., 2005. On-farm production and utilization of arbuscular mycorrhizal fungus inoculum [J]. Canadian Journal of Plant Science, 85 (1): 15-21.

Fontaine L, Thiffault N, Paré D, et al., 2016. Phosphate-solubilizing bacteria isolated from ectomycorrhizal mycelium of Picea glauca are highly efficient at fluorapatite weathering [J]. Botany, 94 (12): 1183-1193.

Gabelman W H, Gerloff G C, 1983. The search for interpretation of genetic control that enhance plant growth under deficiency levels of a macronutrient [J]. Plant and Soil, 72: 335-350.

Ganie A H, Ahmad A, Pandey R, et al., 2015. Metabolite profiling of low-P tolerant and low-P sensitive maize genotypes under phosphorus starvation and restoration conditions [J]. Plos One, 10 (6): e0129520.

Gardner W K, Bounty K A, 1983. The acquisition of phosphorus by Lupinnus albus L. Ⅳ. The effect of interplanting wheat and white lupin on the growth and mineral composition of the two species [J]. Plant and Soil, 70: 91-102.

Grab H, Branstetter M G, Amon N, et al., 2019. Agriculturally dominated landscapes reduce bee phylogenetic diversity and pollination services [J]. Science, 363 (6424): 282-284.

Hamel C, Strullu D G, 2006. Arhuscular mycorrhizal fungi in field crop production: Potential and new direction [J]. Canaadian Journal of Plant Science, 86: 941-950.

Hao L, Zhang Z, Hao B, et al., 2021. Arbuscular mycorrhizal fungi alter microbiome structure of rhizosphere soil to enhance maize tolerance to La [J]. Ecotoxicology and Environmental Safety, 212: 111996.

Harris D, Natarajan M, Willey R W, 1987. Physiological basis for yield advantage in a sorghum-groundnut intercrop exposed to drought. I. Dry-matter production, yield, and light intercroption [J]. Field Crops Research, 17 (3-4): 273-288.

Hodge A, Helgason T, Fitter A H, 2010. Nutritional ecology of arbuscular mycorrhizal fungi [J]. Fungal Ecology, 3 (4): 267-273.

Li L, Li S M, Sun J H, et al., 2007. Diversity enhances agricultural productivity via rhizosphere phosphorus facilitation on phosphorus deficient soils [J]. Proceedings of the National Academy of Sciences, 104: 11192-11196.

Li L, Sun J, Zhang F, et al., 2001. Wheat/maize or wheat/soybean strip intercropping: Ⅰ. Yield advantage and interspecific interactions on nutrients [J]. Field Crops Research, 71 (2): 123-137.

Li L, Tang C, Rengel Z, et al., 2003. Chickpea facilitates phosphorus uptake by intercropped wheat from an organic phosphorus source [J]. Plant and Soil, 248 (1-2): 297-303.

Li L, Yang S, Li X, et al., 1999. Interspecific complementary and competitive interactions between intercropped maize and faba bean [J]. Plant and Soil, 212 (2): 105-11.

Li Q Z, Sun J H, Wei X J, et al., 2011. Over yielding and interspecific interactions mediated by nitrogen fertilization in strip intercropping of maize with faba bean, wheat and barley [J]. Plant Soil, 339: 147-161.

Liu J, Tang L, Gao H, et al., 2018. Enhancement of alfalfa yield and quality by plant growth-promoting rhizobacteria under saline-alkali conditions [J]. Journal of the Science of Food and Agriculture, 99 (1): 281-289.

Luo C L, Shen Z G, Li X D, 2008. Root exudates increase metal accumulation in mixed cultures: Implications for naturally enhanced phytoextraction

[J]. Water, Air, and Soil Pollution, 193: 147-154.

Lyons P C, Evans J J, Bacon C W, 1990. Effects of the fungal endophyte acremonium coenophialum on nitrogen accumulation and metabolism in tall fescue [J]. Plant Physiology, 92 (3): 726-732.

Malhotra H, Sharma S, Pandey R, 2018. Phosphorus nutrition: Plant growth in response to deficiency and excess [M]. Singapore: Springer: 171-190.

Marshall B, Willey R W, 1983. Radiation interception and growth in an intercrop of pearl millet/groundnut [J]. Field Crops Research, 7 (83): 141-160.

Meeds Justin A, Marty Kranabetter J, Zigg Ieva, et al., 2021. Phosphorus deficiencies invoke optimal allocation of exoenzymes by ectomycorrhizas [J]. The Isme Journal,: 1478-1489.

Meng L, Zhang A, Wang F, et al., 2015. Arbuscular mycorrhizal fungi and rhizobium facilitate nitrogen uptake and transfer in soybean/maize intercropping system [J]. Frontiers in Plant Science, 13 (6): 339.

Miransari M, 2010. Contribution of arbuscular mycorrhizal symbiosis to plant growth under different types of soil stress [J]. Plant Biology, 12: 563-569.

Miransari M, Bahrami H A, Rejali F, et al., 2008. Using arbuscular mycorrhiza to alleviate the stress of soil compactionon wheat (*Triticum aestivum* L.) growth [J]. Soil Biology and Biochemistry, 40: 1197-1206.

Mogollón J, Beusen A, van Grinsven H, et al., 2018. Future agricultural phosphorus demand according to the shared socioeconomic pathways [J]. Global Environmental Change, 50: 149-163.

Morris R A, Garrity D P, 1993. Resource capture and utilization in intercropping: Non-nitrogen nutrients [J]. Field Crop Research, 34: 319-334.

Ofori F, Stern W R, 1987. Cereal-legume intercropping systems [J]. Advance in Agronomy, 41: 41-90.

Ortas I, 2019. Under filed conditions, mycorrhizal inoculum effectiveness depends on plant species and phosphorus nutrition [J]. Journal of Plant Nutrition, 42 (18): 2349-2362.

Ramaekers L, Remans R, Rao I M, et al., 2010. Strategies for improving phosphorus acquisition efficiency of crop plants [J]. Field Crops Research, 117: 169-176.

Ranoarisoa M P, Trap J, Pablo A L, et al., 2020. Micro-food web interactions involving bacteria, nematodes, and mycorrhiza enhance tree P nutrition in a high P-sorbing soil amended with phytate [J]. Soil Biology and Biochemistry, 143: 107728.

Sharif M, Claassen N, 2011. Action mechanisms of arbuscular mycorrhizal fungi in phosphorus uptake by capsicum annuum L [J]. Pedosphere, 21 (4): 502-511.

Smith S E, Read D J, 2008. Mycorrhizal symbiosis [M]. New York: Academic Press.

Smith S E, Smith F A, 2011. Roles of arbuscular mycorrhizas in plant nutrition and growth: New paradigms from cellular to ecosystem scales [J]. Annual Review Plant Biology, 62: 227-250.

Subbarao G V, Ae N, Otani T, 1997a. Genotypic variation in iron-, and aluminum-phosphate solubilization activity of pigeonpea root exudates under P deficient conditions [J]. Soil Science and Plant Nutrition, 43 (2): 295-305.

Subbarao G V, Ae N, Orani T, 1997b. Genetic variation in acquisition and utilization of phosphorus from Iron-bound phosphorus in pigeonpea [J]. Soil Science and Plant Nutrtion, 43 (3): 511-519.

Shen E F, Ae N, 2001. Extraction of P solubilizing active substance from the cell wall of groundnut roots [J]. Plant and Soil, 228: 243-252.

Tatry M V, Kassis E E, Lambilliotte R, et al., 2010. Two differentially regulated phosphate transporters from the symbiotic fungus hebeloma cylindrosporum and phosphorus acquisition by ectomycorrhizal pirnus pirnaster [J]. The Plant Journal, 57 (6): 1092-1102.

Trenbath B R, 1986. Resource use by intercrops. in multiple cropping systems (Ed. C. A. Francies) [J]. New: 51-81.

Tsubo M, Walker S, 2002. A model of radiation interception and use by a maize-bean intercrop canopy [J]. Agricultural & Forest Meteorology, 110: 203-205.

Vanderneer J, 1989. The ecology of intercropping [M]. Cambridge: Cambridge University Press.

Wand J, Li T, Wu X, et al., 2014. Molecular cloning and functional analysis of a H^+-dependent phosphate transporter gene from the ectomycorrhizal fungus Boletus edulis in southwest China [J]. Fungal Biology, 118 (5-6): 453-461.

Wang B, Qiu Y L, 2006. Phylogenetic distribution and evolution of mycorrhizas in land plants [J]. Mycorrhiza, 16 (5): 299-363.

Wang X, Wei Z, Yang K, et al., 2019. Phage combination the rapies for bacterial wilt disease in tomato [J]. Nature Biotechnology, 37: 1513-1520.

Watts Williams S J, Cavagnaro T R, 2014. Nutrient interactions and arbuscular mycorrhizas: A meta-analysis of a mycorrhiza-defective mutant and wild-type tomato genotype pair [J]. Plant and Soil, 384 (1-2): 79-92.

Whiting S N, De Souza M P, Terry N, 2001. Rhizosphere bacteria mobilize Zn for hyperaccumulation by Thlaspi caerulescens [J]. Environmental Science & Technology, 35 (15): 3144-3150.

Willey R W, 1979. Intercropping-Its importance and research needs. Part 1. Competition and yield advantages [J]. Field Crop Abstract, 32: 1-10.

Willey R W, Reddy M S, 1981. A field technique for separating above- and below- ground interactions in intercropping: An experiment with pearl millet / groundnut [J]. Experimental Agriculture, 17: 257-264.

Wu S L, Zhang X, Chen B D, et al., 2016. Chromium immobilization by extraradical mycelium of arbuscular mycorrhiza contributes to plant chromium tolerance [J]. Environmental and Experimental Botany, 22: 10-18.

Xia H Y, Zhao J H, Sun J H, et al., 2013. Dynamics of root length and distribution and shoot biomass of maize affected by intercropping with different companion crops and phosphorus application rates [J]. Field Crops Research, 150: 52-62.

Xia Y S, Chen B D, Christie P, et al., 2007. Arsenic uptake by arbuscular mycorrhizal maize (*Zea mays* L.) grown in an arsenic-contaminated soil with added phosphorus [J]. Journal of Environmental Sciences, 19 (10): 1245-1251.

Xie X, Weng B, Cai b, et al, 2014. Effects of arbuscular mycorrhizal inoculation and phosphorus supply on the growth and nutrient uptake of kandelia obovata (Sheue, Liu & Yong) seedlings in autoclaved soil [J]. Applied Soil Ecology, 75: 162-171.

Zhang D S, Zhang C C, Tang X Y, et al., 2016. Increased soil phosphorus availability induced by faba bean root exudation stimulates root growth and phosphorus uptake in neighbouring maize [J]. New Phytologist, 209: 823-831.

Zheng R, Wang J G, Liu M, et al., 2016. Molecular cloning and functional analysis of two phosphate transporter genes from rhizopogon luteolus and leucocortinarius bulbiger, two ectomycorrhizal fungi of pinus tabulaeformis [J]. Mycorrhiza, 26 (7): 633-644.

Zhou H Y, Nian F Z, Chen B D, et al., 2023. Synergistic reduction of arsenic uptake and alleviation of leaf arsenic toxicity in maize (*Zea mays* L.) by arbuscular mycorrhizal fungi (AMF) and exogenous iron through antioxidant activity [J]. Journal of Fungi, 9 (6): 677.

Zhou L L, Cao J, Zhang F S, et al., 2009. Rhizosphere acidification of faba bean, soybean and maize [J]. Science of the Total Environment, 407 (14): 4356-4362.

第6章 菌根、间作对土壤磷素活化、利用的影响

本章首先介绍了丛枝菌根并就其对土壤磷素的活化、利用影响研究进行了分析，同时就间作对土壤磷素的活化利用、吸附特性及吸收利用影响等方面的研究进行了综述。

6.1 菌根对土壤磷素活化、利用的影响

6.1.1 丛枝菌根

丛枝菌根是土壤中的 AMF 与高等植物根系形成的共生体，而能够形成菌根的这些特定真菌则被称为菌根真菌，其中 AMF 不仅能够促进植物对矿质养分如氮、磷以及水分的吸收利用，还可提高作物的抗逆性，改良土壤结构及根际环境，增强土壤肥力等（Zhang et al.，2011；李晓林 等，2001；宋勇春 等，2001；易时来 等，2004）。AMF 种类非常丰富，根据其参与植物种类以及与之共生的真菌和它形成共生体系的特点，可将菌根（mycorrhiza）分为丛枝菌根、外生菌根、内外菌根、浆果鹃类菌根、水晶兰类菌根、欧石楠类菌根和兰科菌根 7 种类型（Rosendahl et al.，1991）。在地球上，85%以上的陆生植物，主要是草本植物及小部分木本植物，都可形成丛枝菌根（李晓林 等，2001），因此其在农业应用中具有巨大潜力。

AMF 以菌丝或泡囊的形式存在于根段内起到繁殖体的作用，但孢子一般生成于根外菌丝上，只有部分种能在根内生成孢子，这与大多数定居于根系的真菌不同（宋勇春，2000）。菌根自 Frank 于 1885 年发现至今已有 130 多年的研究历史，并发现 150 多种菌根真菌，其具有广泛的生态适应性。1987 年，Trappe 等根据收集整理的大量文献统计发现，有 65 个目的植物可以形成丛枝菌根，并分布于不同的生态环境中，从北极到热带雨林，从湿地到沙漠都有丛枝菌根存在（Stubblefield et al.，1987）。至 1990 年，Morton 和 Benny 建立了 AMF 分类体系，即设立球囊霉目（Glomales），下设球囊霉亚目（Glomineae）和巨孢囊霉亚目（Gigasporineae）。球囊霉亚目下设球囊霉科（Glomaceae）和无梗囊霉科（Acaulosporaceae），球囊霉科包括球囊霉属和硬囊霉属，无梗囊霉科包括无梗囊霉属和内养囊霉属；巨孢囊霉亚目下设巨孢囊霉科（Gigasporaceae），包括巨孢囊霉属和盾巨孢囊霉属（Morton and Benny，1990），才使 AMF 分类得以完善并沿用至今。据有关调查表明，我国 20 世纪末就已发现了 42 种 AMF（弓明钦 等，1997），而有新纪录的种类更是多达 20 多种（汪洪钢 等，1994）。

6.1.2 丛枝菌根与宿主植物磷素吸收、活化利用的研究

众多研究已证实，AMF 能促进宿主植物的生长，在大多数情况下是菌根侵染促进植物根系吸收土壤磷，改善植物磷素营养的结果（冯固 等，1997；唐振尧 等，1986；汪洪钢 等，1983）。AMF 的形成不仅改变了根际土壤间微生物的平衡关系，还引起根面和根际土壤中微生物种群空间分布及数量的变化，其最显著的影响就是促进植物根系对土壤中磷素的活化吸收，进而促进植物生长和发育（姚青，2000）。

已有大量文献报道，AMF 对植物的生长具有促进作用。研究表明，AMF 可以促进

植物根系对氮、磷、硫等矿质元素的吸收，从而能够有效促进宿主植物的生长，特别是在逆境条件下，植物在 AMF 帮助下可以获得良好的生长效应（Fan and Gao，2012；杜善周 等，2008；张宇亭 等，2011）。此外，对洋葱（Rhodes and Gerdemann，1978；Snellgrove and Stribley，1986；郭涛，2006）、春兰（金辉 等，2006）、辣椒（江盼盼等，2010）的研究显示，接种 AMF 能够促进洋葱和春兰对硫元素的吸收作用，对辣椒根系的生长发育也具有一定促进效应。白来汉等（2011）的研究结果表明，宿主植物在受到 AMF 侵染后磷营养状况得到显著改善，尤其在低磷条件下对促进植物生长、提高磷肥利用率具有显著的作用。1957 年，Mosse 用苹果苗证明了丛枝菌根促进植物对磷、锌的吸收，拉开了研究菌根促进根系对土壤矿质养分吸收的序幕（姚青，2000）。菌根植物促进磷素的吸收，主要是通过菌丝直接从土壤溶液中吸收磷，也可通过菌根植物的根系和菌丝接触交换直接吸收一些被土壤固定的磷。当 AMF 与植物形成共生关系时，它的外生菌丝再遇到另一株宿主植物，可能发生侵染并形成共生，此时连接两植株根系的外生菌丝叫作菌丝桥，因此菌丝桥就成为促进两植株间传递碳水化合物最直接有效的方式，起到共生共长的作用（姚青，2000）。但是这种现象在豆科植物和非豆科植物间具有多大影响还有待深入探究。许多试验证实菌根不仅能够促进植株根系对土壤磷的吸收，也能够促进植物对氮素的吸收（Bethlenfalvay et al.，1991；Subramanian and Charest，1997；Tobar et al.，1994）。对于豆科植物来讲，生物固氮作用对磷营养有较高的需求，接种 AMF 可改善磷营养，促进植株的固氮作用，这在三叶草、大豆等的研究中得到证实（谷林静 等，2013）。

6.2　间作对土壤磷素活化、吸收利用的影响

6.2.1　间作体系土壤磷素活化利用研究

近年来大量的研究表明，间作对土壤磷素的吸收和活化具有促进作用。研究发现，土壤中的磷从化学形态上可分为无机态和有机态两类，其中无机态磷主要包括 Ca-P 型、Al-P 型、Fe-P 型和闭蓄态磷等（蒋柏藩 等，1989）；有机态磷主要有植酸或植素类、磷脂类、核酸类等。由于不同形态的磷在土壤中的存在方式和有效性不同，所以菌根对它们吸收利用的能力和机制也不尽相同。AMF 还可通过分泌有机酸的螯合作用，直接将 Ca-P 型、Fe-P 型和 Al-P 型等难溶性磷酸盐中的磷释放出来，从而有利于植物对磷的吸收。豆科/禾本科间作时，豆科作物固氮过程中释放出 H^+，可向土壤中释放磷酸酶活化有机磷，提高土壤磷活性，酸化根际土壤，活化土壤中的难溶性磷，促进宿主作物对磷的吸收利用，而接种 AMF 后，则能扩大植株根系吸收营养元素的面积、增强土壤磷酸酶活性、分泌有机酸等（Zhang et al.，2011；蒋柏藩 等，1989；苏友波 等，2003）。

前人研究显示，高粱/木豆间作（Marschner et al.，1986）与小麦/白羽扇豆间作（黄高宝 等，1998）在磷胁迫的情况下，豆科作物根系均能分泌有机酸并释放到土壤中，使土壤中难溶性磷转化为有效可利用的磷，提高了高粱和小麦的吸磷量。研究表

明，当小麦/蚕豆、棉花/花生间作时，小麦提高了对土壤中有效磷的活化和吸收，花生利用棉花活化土壤磷，棉花则利用花生固定的氮（Gardner and Boundy，1983）。

可见，根据不同间作植物之间的差异而有效利用它们对营养元素的活化能力，不仅能改变根际 pH 值，改善土壤的供肥能力和根际养分环境，还能在间作缺磷条件下提取根系分泌物来提高土壤中有效磷含量，并促进土壤中无机磷形态向有机磷形态转化（曾曙才 等，2003），达到增强植株磷素养分吸收和加大土壤养分利用率的作用。

6.2.2 土壤中磷素吸附特性影响研究

自然条件下，土壤中的氮、磷等元素和有机质都是通过一定的作用力而结合在一起的，有机质和矿物质的结合物即有机质-矿质复合体（亦称有机矿质复合体）是土壤的核心组成单元，是土壤肥力的基础物质，而土壤中几乎所有的固体物质对磷都有一定的吸附作用，但不同物质吸附固定磷的能力存在很大差异，土壤对磷的吸附包括阴离子交换吸附和配位吸附（王而力 等，2013）。在土壤中，磷的吸附和解吸能力在不同肥力状况下的土壤间存在着诸多差异（杜立宇 等，2007）。研究表明，不仅土壤本身的理化性质对磷素的吸附效果有影响，土壤中活性铁、铝含量和黏粒含量的多少也对土壤磷素的吸附过程产生很大影响（李孝良 等，1999；王昶 等，2010）。

近年来，随着水体富营养化现象日益加重，对其限制性元素磷的去除变得极为迫切。应用黏土净化处理污水中磷污染物的研究，虽已有报道，但由于不同土壤自身特性不同，对磷的吸附会有很大的差异。磷素的研究一直是农田土壤养分研究的热点，其中，对磷的吸附与解吸的研究更是备受关注。对于缺磷土壤，主要降低因土壤吸附而造成磷素有效性降低的风险，以及减少由土壤磷解吸而造成的磷养分流失等；对于磷素较丰富且施肥量高的地区，主要解决因磷素的吸附解吸问题造成的磷肥损失，以及可能带来的水环境污染等问题（谢学俭 等，2008）。在具有特定水热条件和施肥特点的农用土中，土壤中磷素的转化和释放也会受到其特定环境的影响，而土壤对其营养元素吸附特性的影响常采用几种等温吸附方程（如 Frenudlich、Langmuir 及 Temkin 等方程）来描述不同处理下土壤对磷的吸附与解吸特性（Marschner et al.，1986）。而 Langmuir 方程是在吸附剂表面只吸附单层分子的假定情况下，应用动力学、统计力学和热力学的方法推导出来的理论模型，具有吸附可逆性（韩旭 等，2011）。

土壤磷的吸附特征主要表现在土壤磷的固定量和磷吸附指数（P sorption index，PSI）上，而土壤中磷的化学行为主要受控于土壤对磷素吸附、解吸的过程，而 Langmuir 方程在一定浓度范围内能够较好地描述土壤对磷的吸附特征（夏运生 等，2010）。贺娜等（2009）对滇池北岸红壤磷的吸附特征研究显示，红壤对磷素的吸附不仅具有自发性，而且对可溶性磷具有很高的吸附性，由于滇池流域 75.59%都属红壤，这为滇池流域附近土壤磷素流失具有巨大潜控能力这一观点提供理论依据。

6.2.3 间作体系土壤中磷素吸收利用研究

间作是在同一农田上栽培作物多方位、多层次充分利用农业生产的各种资源，实现土地、劳力、土壤养分、水分、光照、热量、气资源在时间和空间利用上集约化的一种农作方式（Zhu et al.，2000）。对玉米/大豆间作模式下群体对光能、营养、水分等资源的利用进行了大量研究（孟维伟 等，2013），明确了间作不同于单作的许多规律。如间作系统能提高养分吸收利用率，减少病虫害，具有高产、稳产及高效的优点（贾广军等，2014），所以间套作种植模式在我国传统农业和现代农业中占有重要地位。

间套方式也因间作形式不同而多种多样，有棉田间套作、粮饲间套作、粮菜间套作和林果间作（刘巽浩，1992）。玉米/大豆间作是一种高/矮秆作物、禾/豆科作物间作的典型模式（贾广军 等，2014）。当土壤养分充足时，间作作物间养分竞争较小，则合理的间作模式会促进作物对土壤磷素的吸收并促其生长，对玉米/辣椒、玉米/花生和蚕豆/玉米间作的研究显示，间作复合群体的氮、磷元素吸收总量均高于单作，表现出显著的氮、磷营养间作优势（Zhang et al.，2011；王彦飞 等，2011）。所以间作体系之间的根际效应对氮、磷、钾的吸收均有不同程度的促进作用（苏友波 等，2003），相反在养分不足的情况下，作物对营养元素的吸收则受到限制。因此，作物间作模式时在生长管理与施肥技术上要尽量根据作物的生长需求，及时缓解植株养分与需求之间的矛盾。

参考文献

白来汉，张仕颖，张乃明，等，2011. 不同磷石膏添加量与接种菌根对玉米生长及磷、砷、硫吸收的影响［J］. 环境科学学报，31：2485-2492.

杜立宇，梁成华，潘大伟，2007. 长期定位施肥条件下设施土壤磷的吸附特性［J］. 安徽农业科学：774-775.

杜善周，毕银丽，吴王燕，等，2008. 丛枝菌根对矿区环境修复的生态效应［J］. 农业工程学报：113-116.

冯固，杨茂秋，白灯莎，等，1997. 土壤磷、肥料磷和VA菌根真菌对植物磷营养的贡献［J］. 核农学报：46-51.

弓明钦，陈应龙，仲崇禄，1997. 菌根研究及应用［M］. 北京：中国林业出版社.

谷林静，白来汉，张乃明，等，2013. 菌根技术对磷石膏农用的强化效应［J］. 农业工程学报，29：152-159.

郭涛，2006. 氮硫供给及菌根真菌对葱属植物生长和品质的影响［D］. 北京：中国农业大学.

韩旭，吴东洋，王新刚，2011. 不同土壤对磷的吸附特性研究［J］. 现代农业科技：285-286.

贺娜，蓝增全，吴永红，等，2009. 滇池北岸城郊红壤对磷的吸附特征［J］. 西南林学院学报，29：15-18.

黄高宝，张恩和，1998. 禾本科、豆科作物间套种植对根系活力影响的研究［J］. 草业学报：19-23.

贾广军，张仕颖，谷林静，等，2014. 菌根对紫色土上间作玉米生长及磷素累积的影响［J］. 中国生态农业学报，22：516-524.

蒋柏藩，顾益初，1989. 石灰性土壤无机磷分级体系的研究［J］. 中国农业科学：58-66.

江盼盼，宋述尧，赵春波，等，2010. 三种丛枝菌根真菌对辣椒根系生长的影响及效应分析 [J]. 中国蔬菜：58-62.

金辉，伍建榕，陈曦，等，2006. 菌根真菌对春兰生长和矿质元素吸收的影响 [J]. 北方园艺：90-92.

李孝良，于群英，许箴，1999. 土壤磷、硅吸附性能研究 [J]. 安徽农业技术师范学院学报：45-49.

李晓林，冯固，2001. 丛枝菌根生态生理 [J]. 北京：华文出版社 .

刘巽浩，1992. 90 年代我国耕作制度发展展望 [J]. 耕作与栽培：1-9.

孟维伟，王旭清，刘佳，等，2013. 玉米大豆间作对资源利用及产量、效益影响的研究进展 [J]. 山东农业科学，45：132-135.

宋勇春，2000. 菌根际磷酸酶活性及其对植物利用有机磷的影响 [D]. 北京：中国农业大学 .

宋勇春，李晓林，冯固，2001. 泡囊丛枝（VA）菌根对玉米根际磷酸酶活性的影响 [J]. 应用生态学报：593-596.

苏友波，林春，张福锁，等，2003. 不同 AM 菌根菌分泌的磷酸酶对根际土壤有机磷的影响 [J]. 土壤：334-338，343.

唐振尧，程安宙，1986. 红壤接种菌根对柑桔吸收难溶性磷肥的作用 [J]. 园艺学报：75-79.

王昶，吕晓翠，贾青竹，等，2010. 土壤对磷的吸附效果研究 [J]. 天津科技大学学报，25：34-38.

王而力，王嗣淇，邱素芬，2013. 风沙土不同有机矿质复合体对磷的解吸特征影响 [J]. 农业环境科学学报，32：741-747.

汪洪钢，吴观以，李慧荃，1983. VA 菌根对绿豆（*Phaseolus aureus*）吸磷和固氮的影响 [J]. 土壤学报：205-208.

汪洪钢，张美庆，1994. 八十年代以来我国内生菌根研究概况 [J]. 土壤学报：11-20.

王彦飞，曹国璠，2011. 不同间作模式对玉米及花生氮磷钾分配的影响 [J]. 贵州农业科学，39：79-82.

夏运生，李阳红，史静，等，2010. 滇池宝象河流域土壤磷的累积及吸附特征研究 [J]. 土壤学报，47：325-333.

谢学俭，陈晶中，汤莉莉，等，2008. 三种水稻土对磷的吸附解吸特性 [J]. 土壤通报：597-601.

姚青，2000. 植物对 VA 菌根的依赖性差异及菌根活化难溶性磷酸盐的机理研究 [D]. 北京：中国农业大学 .

易时来，温明霞，李学平，等，2004. VA 菌根改善植物磷素营养的研究进展 [J]. 中国农学通报：164-166，173.

曾曙才，苏志尧，陈北光，等，2003. 植物根际营养研究进展 [J]. 南京林业大学学报（自然科学版）：79-83.

张宇亭，罗珍，郭涛，2011. 供硫和丛枝菌根真菌对洋葱生长和品质的影响 [J]. 植物营养与肥料学报，17：1283-1287.

Bethlenfalvay G J, Reyes Solis M G, Camel S B, et al., 1991. Nutrient transfer between the root zones of soybean and maize plants connected by a common mycorrhizal mycelium [J]. Physiologia Plantarul, 82: 423-432.

Fan J, Gao Q, 2012. Effect of arbuscular mycorrhiza on the content of nitrogen and nitrogenous matter in amur corktree seedlings [J]. Agricultural Science and Technology, 13: 1695-1698.

Gardner W, Boundy K, 1983. The acquisition of phosphorus by *Lupinus albus* L. Ⅳ. The effect of interplanting wheat and white lupin on the growth and mineral composition of the two species [J]. Plant and Soil, 70: 391-402.

Marschner H, Römheld V, Horst W, et al., 1986. Root-induced changes in the rhizosphere: Importance for the mineral nutrition of plants [J]. Zeitschrift für Pflanzenernährung und Bodenkunde, 149: 441-456.

Morton J B, Benny G L, 1990. Revised classification of arbuscular mycorrhizal fungi (Zygomycetes): A new order, Glomales, two new suborders, Glomineae and Gigasporineae, and two new families, Acaulosporaceae and Gigasporaceae, with an emendation of Glomaceae [J]. Mycotaxon: 471-491.

Rhodes L, Gerdemann J, 1978. Influence of phosphorus nutrition on sulfur uptake by vesicular-arbuscular mycorrhizae of onion [J]. Soil Biology and Biochemistry, 10: 361-364.

Rosendahl C N, Rosendahl S, 1991. Influence of vesicular-arbuscular my corrhizal fungi response of cucumber to salt stess [J]. Environmental and Experimental Botany, 31: 313-318.

Snellgrove R, Stribley D, 1986. Effects of pre-inoculation with a vesicular-arbuscular mycorrhizal fungus on growth of onions transplanted to the field as multi-seeded peat modules [J]. Plant and Soil, 92: 387-397.

Stubblefield S P, Taylor T N, Trappe J M, 1987. Fossil mycorrhizae: A case for symbiosis [J]. Science, 237: 59-60.

Subramanian K S, Charest C, 1997. Nutritional, growth, and reproductive responses of maize (*Zea mays* L.) to arbuscular mycorrhizal inoculation during and after drought stress at tasselling [J]. Mycorrhiza, 7: 25-32.

Tobar R M, AzcónR, Barea J, 1994. The improvement of plant N acquisition from an ammonium-treated, drought-stressed soil by the fungal symbiont in arbuscular mycorrhizae [J]. Mycorrhiza, 4: 105-108.

Zhang G Y, Zhang L P, Wei M F, et al., 2011. Effect of arbuscular mycorrhizal fungi, organic fertilizer and soil sterilization on maize growth [J]. Acta Ecologica Sinica, 31: 192-196.

Zhu Y, Chen H, Fan J, et al., 2000. Genetic diversity and disease control in rice [J]. Nature, 406: 718.

第7章 菌根与间作对作物-土壤系统磷迁移的影响及研究方法

本章在综述菌根、间作分别对作物-土壤系统磷迁移影响的基础上，以单作玉米、单作大豆及各自不抑菌处理为对照，介绍了菌根与间作对作物-土壤系统磷迁移影响的模拟试验和大田试验研究方法，分析了上述模拟和大田试验中菌根与间作对玉米、大豆作物生长、磷素累积、磷素吸收效率及土壤磷的影响。

7.1　菌根与间作对作物-土壤系统磷迁移的影响

7.1.1　菌根对作物-土壤系统磷迁移的影响

丛枝菌根是土壤生态系统中宿主植物根系与微生物共同作用的共生体（Reinhardt，2007）。菌根与宿主植物共生现象的发现和研究至今已有一个多世纪。早在 19 世纪初有关学者就开始观察及描述菌根真菌，直至 20 世纪上半叶才初步确定了菌根的性质和意义。AMF 能够和地球上 90%以上的陆生植物根系形成共生关系，建立“菌根”结构。大量研究证实（Augé，2001；Hayman，1983；李晓林，冯固，2001），菌根产生的菌丝体能够伸展到土壤中吸收磷等矿质营养，并将它们输送到植物根内供宿主植物吸收利用，同时通过根内菌丝从植物体内获得碳水化合物。菌根结构的根外菌丝能够和不同或者同种植物的不同植株建立共生而形成菌丝桥或菌丝网，可以在不同植株间传递营养元素等，因此其在生态系统矿质养分循环中有着重要作用。谷林静等（2013）的研究表明，无论是否添加磷石膏，接种 AMF 均不同程度增加了植株磷含量及吸收量，促进了小葱的生长。此外，钟敏等（2012）对白三叶草植株磷吸收的研究也表明，接种不同 AMF 均明显增加了白三叶草植株的生物量，并促进了植株对土壤磷的吸收。由此推测，菌根真菌可能通过促进宿主植物对土壤磷素的吸收而减少磷素在土壤中的残留，进而减少地表径流和水土流失导致的养分损失。

7.1.2　间作对作物-土壤系统磷迁移的影响

间作是一种传统的农业种植模式，在我国农业发展过程中具有重要作用（刘巽浩等，1981）。早期研究主要集中于农田养分的吸收利用及促进植株生长等方面，而近年来，间作系统对地表径流的削减作用受到广泛关注。豆科与禾本科间作是我国比较典型的传统农业栽培模式，这种种植方式广泛分布于我国南北各地（卢良恕，1993）。大量研究表明（邓小燕 等，2013；余常兵 等，2009），豆科和禾本科间作有明显的养分利用优势，且能够同时降低土壤中部分养分含量。前人（祖艳群 等，2009）对辣椒和玉米间作模式的研究显示，与单作相比，间作模式的辣椒和玉米生物量和产量均明显增加，且在辣椒和玉米间作（10∶2）条件下，辣椒中间行磷的吸收效率增加。此外，成婧等（2013）对渭北旱塬坡耕地玉米/苜蓿间作的研究表明，玉米-苜蓿间作养分损失量要小于单作，其中全磷和有效磷含量分别减少了 0.01g/kg 和 0.1mg/kg。

近年来，有学者把菌根真菌与间作系统相结合对土壤磷吸收利用及植株生长进行研究。李岳峰等（2013）的研究表明，在不同施磷水平下，接种 AMF 能够明显增加植株的吸磷量，绿豆增加量高于水稻。赵第琨等（2012）对旱作水稻和西瓜间作系统的研究显示，当接种 AMF 时，水稻和西瓜根际土壤有效磷含量均明显高于对照，水稻地上部的全磷含量有所降低，而西瓜地上部全磷含量则升高。肖同建等（2010）的研究也表明，间作接种 AMF 处理绿豆的磷含量比单作不接种处理增加了 69.54%；间作体系接种 AMF 处理的土壤磷含量明显降低；总之，旱作水稻//绿豆间作系统中接种 AMF 增加了水稻和绿豆植株磷含量，明显促进了绿豆生物量的增加。

7.2 菌根与间作对作物-土壤系统磷迁移影响的研究方法

本节通过大田试验和模拟试验研究了菌根和间作对滇池流域红壤上植株生长及磷素吸收利用的影响，以及对红壤-植株系统中表层磷迁移的影响，探究了菌根真菌协同间作种植模式对流域土壤表层磷流失削减的作用机制。

大田试验于 2013 年 5～10 月在云南省昆明市晋宁县大春河流域水土保持生态示范小流域进行。大春河水土保持生态科技示范园，位于晋宁县大春河小流域的中部，东北与上蒜乡接壤，南部至玉溪市红塔区刺桐关，西至昆洛公路，北与中和铺村委会接壤，地理坐标为东经 102°33′～102°38′，北纬 24°33′～24°37′。选取玉米/大豆间作的径流区，试验区域坡度为 15°，土壤类型为滇池流域坡耕地分布最广的红壤，供试土壤的化学属性为：pH 值为 5.86，有机质含量为 9.16g/kg，碱解氮含量为 61.2mg/kg，有效磷含量为 9.56mg/kg，全氮含量为 0.15g/kg，全磷含量为 0.55g/kg。供试的玉米品种为水果玉米“好滋味”，供试大豆品种为“滇豆 4 号”。设置单作玉米、大豆对照，并设置施用苯菌灵（一种真菌抑制剂）和不施用处理，在自然降雨情况下开展田间试验研究。采用带状间作，每处理为 1 小区，间作处理每带玉米 2 行，大豆为 3 行。单作玉米和单作大豆分别种植 4 行和 6 行。小区面积为 $32m^2$，长 20m，宽 1.6m，每处理重复 3 次，随机区组排列。玉米和大豆每穴分别种植 3 株和 5 株，后间苗至 1 株和 2 株。播种前基施氮肥和磷肥，并于 7 月追施氮肥和磷肥。将 25g 体积分数为 50%的苯菌灵溶于 20L 的水中做抑菌处理，每 15d 处理一次。作物生长 16 周后收获，测定作物根系根长、菌根侵染率、生物量和植株含磷量等指标。采集表层土壤，测定土壤全磷和有效磷。

模拟试验于 2014 年 5～9 月在云南省农业科学院药用植物研究所实验室室外进行，采用自然降雨进行径流模拟试验，更加接近真实情况。模拟试验模拟坡度为 15°，土壤类型为滇池流域坡耕地分布最广的红壤，试验供试土壤的化学属性为：pH 值为 5.58，有机质含量为 8.0g/kg，碱解氮含量为 47.34mg/kg，有效磷含量为 8.96mg/kg，全氮含量为 0.63g/kg，全磷含量为 0.48g/kg。供试的玉米品种为水果玉米“好滋味”，供试大豆品种为“滇豆 4 号”。试验涉及种植模式（间作处理、单作玉米和单作大豆）和菌根处理（抑菌、未抑菌）两个因素。盛土装置（专利号：ZL 201420184013.4）为铁皮制作的长方体，规格长×宽×高＝90cm × 30cm× 30cm，装等量 0～25cm 耕层原状土壤，下装碎石，出水孔内侧与土壤接触界面用尼龙网封住，且在尼龙网与土壤接触面之间也填入一层小石子，以起到过滤作用而避免土块随渗流水涌入渗流管内造成堵塞，用矿泉水瓶收集径流水溶液。种植模式采用带状种植，间作处理每带玉米 1 列，大豆 2 列，玉米和大豆均为 6 行。单作玉米和单作大豆分别种植 2 列和 4 列，均为 6 行。玉米和大豆每穴分别为 3 颗和 5 颗，后分别间苗至 1 株和 2 株。共 18 个处理，每个处理重复 3 次。为保证作物生长期间免受养分缺失的胁迫，于植株生长中期分别以溶液的形式向土壤中进行追肥（N 60mg/kg，P 30mg/kg，K 90mg/kg），分别以 NH_4NO_3、KH_2PO_4、K_2SO_4 的形式加入。将 5g 体积分数为 50%的苯菌灵溶于 4L 的水中做抑菌处理，每 15d 处理 1 次。作物生长期间进行浇水、除草、杀虫等一系列农事活动。

大田试验和模拟试验相关指标的室内分析在云南省农科院药用植物研究所实验室完成。水样的采集密度为每场雨后小区产生径流采集一次，采样时将集水池中的水及泥沙搅拌均匀，取中间部分水样，每次采集 500mL 水样。采样后加 2mL 浓硫酸立即送往实验室，放冰箱冷藏保存，7d 内完成测定。径流水中总磷参照《水和废水监测分析方法》（第 4 版）中的国标方法（GB/T 11893—1989），采用钼酸铵分光光度法测定，可溶性磷浓度需将水样经 0.45μm 滤膜过滤后再用钼酸铵分光光度法测定，颗粒态磷的含量为总磷含量与水溶性磷含量之差。采集土壤时剔除表层植物凋落物，取 0～20cm 表层土壤多点混合，约 2kg 土样。先选取部分未过筛的土壤样品采用湿筛法测定水稳性团聚体组成。另选取部分新鲜土样用于测定土壤菌丝密度，把鲜土装入自封袋内，放入冰箱保鲜，一周内完成分析，剩余土壤样品自然风干研磨后分别过 0.25mm 和 0.149mm 孔径尼龙筛，保存，供测定各项主要化学指标。土壤全磷和有效磷含量的测定参考《土壤农化分析》（鲍士旦，2007）。土壤中菌丝密度的测定用 Jones 和 Newman 相结合的方法（Newman，1966；Jones et al.，1998）来测定。总球囊霉素含量（TG）按照 Wright 等（1998）和修改后的 Wright 等（1998）的方法测定。作物生长 16 周后收获，先将玉米和大豆地上部分自茎基部剪下，洗净，烘干，称重。根系用去离子水洗净，剪成约 1cm 长的根段，随机取约 0.7g 根段测定菌根侵染率，其余根段烘干，称重。植物样品烘干称重后粉碎，保存。采用曲利苯蓝-方格交叉法测定烤烟根系根长和菌根侵染率（Phillips and Hayman，1970；Giovannetti and Mosse，1980）；剩余部分烘干（70℃，7h），称重。植株含磷量测定参见《土壤农化分析》，植株元素的吸收量根据单位植株干重所对应的植株元素含量来计算。植株元素的吸收效率（specific absorption rate，SAR）指标根据单位根系生物量（mg）所对应的植株元素吸收量（μg）来计算（Azcón et al.，2003）。

7.3　菌根与间作对作物生长的影响

7.3.1　模拟试验

经双因素方差分析，植株茎叶、根系及籽粒的生物量在菌根处理与种植模式间均有显著的交互作用（分别为 $P<0.001$、$P<0.05$、$P<0.001$），而菌根侵染率和根长在菌根处理与种植模式间交互作用均不显著。由表 7-1 可知，在抑菌处理下，间作处理的根

系菌根侵染率均显著高于单作处理；在未抑菌处理下，间作大豆处理的菌根侵染率也显著高于单作大豆处理，且间作玉米处理的菌根侵染率也高于单作玉米但没有达到显著程度。对于根长而言，无论是否抑菌，间作大豆处理的宿主植物根系根长低于单作大豆处理但没有达到显著程度。无论何种种植模式，抑菌处理的根长均显著高于未抑菌处理。与抑菌-单作玉米处理相比，未抑菌-间作玉米处理的菌根侵染率增加了 84.55%；与抑菌-单作大豆处理相比，未抑菌-间作大豆处理的菌根侵染率增加了 156.92%。由此可见，菌根真菌能够有效改善宿主植物根系的侵染状况，对宿主植物根长也有较大的影响。

表 7-1　菌根处理和种植模式下植株生长及菌根侵染的状况

菌根处理	种植模式	菌根侵染率/%	根长/m	生物量 /(g/株)		
				茎叶	籽粒	根系
抑菌	单作玉米	36.71±4.65^{bc}	223.94±15.56^{a}	52.89±3.44^{b}	10.45±2.33^{cd}	4.89±0.27^{b}
	间作玉米	49.59±2.42^{a}	201.34±11.34^{a}	29.22±6.12^{c}	12.70±1.50^{c}	2.14±0.17^{c}
	间作大豆	47.65±1.51^{ab}	68.84±1.09^{b}	8.17±0.96^{d}	10.14±0.80^{cd}	1.71±0.11^{c}
	单作大豆	26.67±4.06^{c}	94.59±2.45^{b}	3.85±0.25^{d}	4.14±0.36^{f}	0.70±0.04^{c}
未抑菌	单作玉米	59.36±040^{y}	179.87±5.07^{x}	64.31±7.40^{ab}	28.73±0.90^{a}	7.31±1.52^{a}
	间作玉米	67.75±1.71^{xy}	190.22±15.80^{x}	74.16±6.06^{a}	21.68±0.50^{b}	6.07±1.10^{ab}
	间作大豆	68.52±4.38^{x}	65.26±8.32^{y}	7.62±0.59^{d}	8.70±1.40^{de}	1.38±0.06^{c}
	单作大豆	43.38±2.35^{z}	91.65±4.77^{y}	5.45±0.25^{d}	6.39±0.77^{ef}	0.82±0.08^{c}

注：表中不同字母表示在 $P<0.05$ 水平差异显著，若因素间没有显著交互作用则采用不同类型字母体系（后同）。

由表 7-1 不难看出，无论是否抑菌，间作大豆处理的茎叶和根系干重均高于单作大豆处理但没有达到显著程度。在单作玉米处理下，抑菌处理的玉米根系及籽粒干重均显著低于未抑菌处理；在间作玉米处理下，抑菌处理的玉米茎叶、籽粒和根系干重均显著低于未抑菌处理；在单作大豆处理下，抑菌处理的大豆茎叶、籽粒和根系干重均高于未抑菌处理但没有达到显著程度。由此可见，菌根真菌能够明显改善玉米植株的生长及产量。与抑菌-单作玉米处理相比，未抑菌-间作玉米处理的植株生物量增加了 49.31%；与抑菌-单作大豆处理相比，未抑菌-间作大豆处理的植株生物量增加了 103.80%。

7.3.2　大田试验

经双因素方差分析可知，菌根侵染率和茎叶、籽粒、根系生物量在菌根处理与种植模式处理间交互作用均不显著，而根长在菌根处理和种植模式间有显著的交互作用（$P<0.01$）。另外，茎叶、籽粒和根系生物量在菌根处理、种植模式间分别有显著的交互作用，且菌根侵染率在菌根处理间也有显著的交互作用。由表 7-2 可知，在抑菌处理下，各种植模式间菌根侵染率均没有达到显著程度，但间作处理的菌根侵染率均高于单作处理；在未抑菌处理下，间作玉米的菌根侵染率显著高于单作玉米。无论何种种植模式，抑菌处理的菌根侵染率均显著低于未抑菌处理，且抑菌-单作玉米处理的菌根侵染

率比未抑菌-间作玉米处理降低了约 45.1%，抑菌-单作大豆处理比未抑菌-间作大豆处理的菌根侵染率降低了约 50.1%。

表 7-2　菌根处理和种植模式下植株生长及菌根侵染的状况

菌根处理	种植模式	菌根侵染率/%	根长/m	生物量/(g/株)		
				茎叶	籽粒	根系
抑菌	单作玉米	43.73±5.31[a]	131.26±13.60[b]	70.78±10.01[a]	46.68±3.24[a]	5.94±0.70[a]
	间作玉米	54.09±5.88[a]	164.97±21.79[ab]	68.95±8.82[a]	51.25±2.71[a]	5.73±0.93[a]
	间作大豆	54.24±5.42[a]	163.11±14.81[ab]	7.47±0.67[b]	21.26±1.74[b]	1.82±0.23[b]
	单作大豆	38.36±4.40[a]	325.66±13.77[a]	5.06±0.47[b]	15.41±0.99[b]	0.88±0.10[b]
未抑菌	单作玉米	63.25±2.86[z]	116.50±11.16[b]	91.76±6.26[x]	58.76±1.33[x]	8.48±1.12[x]
	间作玉米	79.63±5.28[x]	102.27±13.90[b]	95.39±11.18[x]	62.76±4.72[x]	7.49±1.23[x]
	间作大豆	77.24±1.44[xy]	152.22±14.47[ab]	10.08±0.94[y]	30.34±0.66[y]	2.11±0.24[y]
	单作大豆	67.36±2.86[yz]	142.42±15.39[b]	5.55±0.25[y]	17.00±0.85[z]	0.92±0.10[y]

在单作大豆处理下，抑菌处理的根长显著高于未抑菌处理，且无论何种种植模式，未抑菌处理的根长均不同程度低于抑菌处理（表 7-2）。由表 7-2 不难看出，无论何种种植模式，未抑菌处理的玉米和大豆的茎叶、籽粒及根系生物量干重均高于抑菌处理。无论是否抑菌，间作大豆处理的茎叶、籽粒和根系干重均明显高于单作大豆，且未抑菌状况下，间作大豆处理的籽粒干重显著高于单作大豆。与抑菌-单作玉米处理相比，未抑菌-间作玉米处理的茎叶、籽粒和根系干重分别增加了约 34.8%、34.4%和 26.1%；与抑菌-单作大豆处理相比，未抑菌-间作大豆处理的茎叶、籽粒和根系干重分别约增加了 99.2%、96.9%和 139.8%。这一结果说明，未抑菌-间作处理组合均促进了玉米和大豆植株的生长，且其对大豆的促进作用更为明显。另外，未抑菌-间作处理也均增加了玉米和大豆的产量。

7.4　菌根与间作对作物磷素累积的影响

7.4.1　模拟试验

经双因素方差分析，植株茎叶和籽粒磷含量在菌根处理与种植模式间均没有显著的交互作用，而植株根系磷含量和茎叶、根系及籽粒磷吸收量在菌根处理与种植模式间均有显著的交互作用（分别为 $P<0.01$、$P<0.001$、$P<0.001$、$P<0.001$）。

由图 7-1 不难看出，在抑菌处理下，间作大豆处理的茎叶磷含量及吸收量均显著高于单作大豆处理，且间作玉米处理的磷含量也高于单作玉米处理但没有达到显著程度；在未抑菌处理下，间作玉米处理的茎叶磷吸收量显著高于单作玉米处理。在单作玉米处理下，抑菌处理的茎叶磷含量及吸收量均显著低于未抑菌处理；在间作玉米处理下，抑菌处理的茎叶磷吸收量显著低于未抑菌处理；在单作大豆和间作大豆处理下，抑菌处理的茎叶磷含量均显著低于未抑菌处理。与抑菌-单作玉米处理相比，未抑菌-间作玉米处理的植株茎叶磷含量及磷吸收量分别增加了 33.41%和 86.87%；与抑菌-单作大豆处理相比，未抑菌-间作大豆处理的植株茎叶磷含量及磷吸收量分别增加了 63.11%和 247.68%。

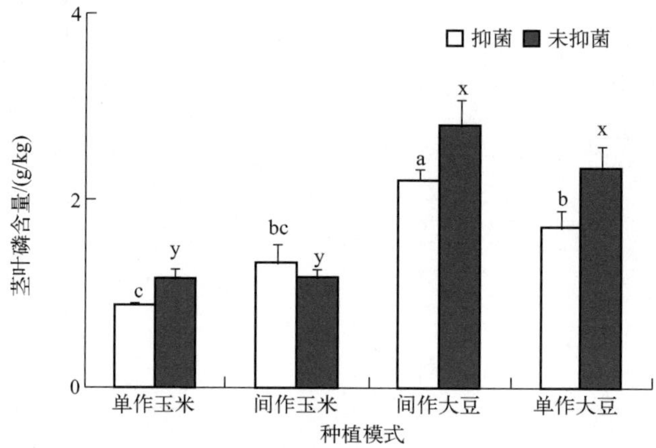

(a) 茎叶磷含量

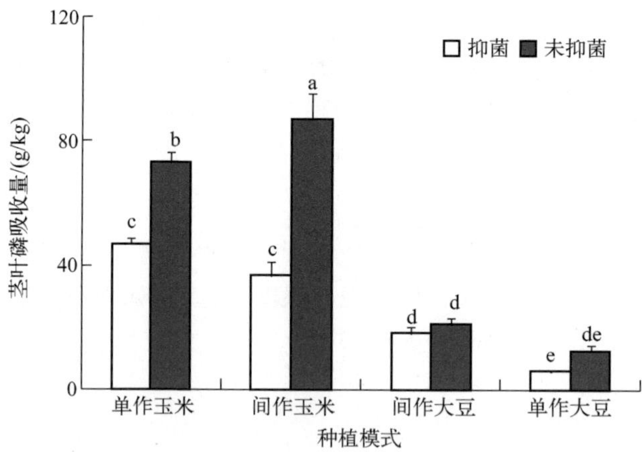

(b) 茎叶磷吸收量

图 7-1 菌根处理与种植模式处理下植株茎叶的磷含量及吸收量（模拟试验）

由图 7-2 可以看出，在未抑菌处理下，间作玉米处理的根系磷含量及吸收量均显著高于单作玉米处理，间作大豆处理的根系磷含量显著高于单作大豆处理。在单作玉米处理下，抑菌处理的根系磷吸收量显著低于未抑菌处理；在间作玉米处理下，抑菌处理的根系磷含量及吸收量均显著低于未抑菌处理；在间作大豆处理下，抑菌处理的根系磷含量显著低于未抑菌处理。与抑菌-单作玉米处理相比，未抑菌-间作玉米处理的植株根系磷含量及磷吸收量分别增加了 46.38%和 74.85%；与抑菌-单作大豆处理相比，未抑菌-间作大豆处理的植株根系磷含量及磷吸收量分别增加了 38.88%和 117.00%。

由图 7-3 可知，在抑菌处理下，间作玉米处理的籽粒磷含量及吸收量均显著高于单作玉米处理，且间作大豆处理的籽粒磷吸收量也显著高于单作大豆处理；在未抑菌处理

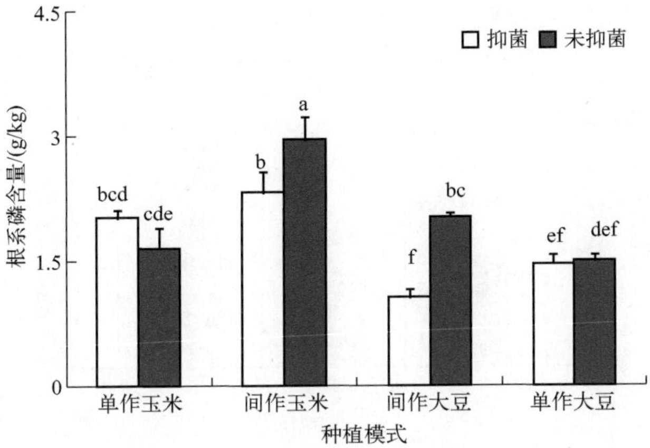

(a) 根系磷含量

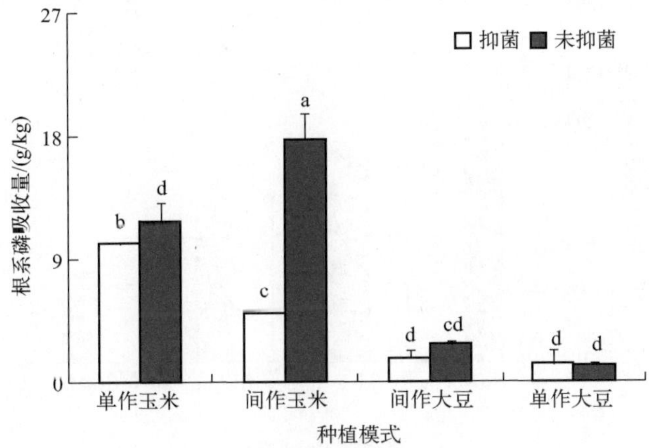

(b) 根系磷吸收量

图 7-2　菌根处理与种植模式处理下植株根系的磷含量及吸收量（模拟试验）

下，间作大豆处理的籽粒磷含量及吸收量均显著高于单作大豆处理，间作玉米处理的籽粒磷含量也显著高于单作玉米处理。在单作玉米和间作玉米处理下，抑菌处理的籽粒磷吸收量均显著低于未抑菌处理。与抑菌-单作玉米处理相比，未抑菌-间作玉米处理的植株籽粒磷含量及磷吸收量分别增加了 46.81%和 224.53%；与抑菌-单作大豆处理相比，未抑菌-间作大豆处理的植株籽粒磷含量及磷吸收量分别增加了 5.54%和 85.22%。

7.4.2　大田试验

经双因素方差分析，茎叶、根系、籽粒磷含量及吸收量在菌根处理和种植模式间均没有显著交互作用，而茎叶和籽粒的磷含量及磷吸收量在菌根处理、种植模式内分别有显著的交互作用，根系磷吸收量在菌根处理、种植模式内交互作用显著。

由图 7-4 可知，无论何种种植模式，抑菌处理显著降低了茎叶磷含量及磷吸收量。在抑菌处理下，大豆处理的茎叶磷含量显著高于玉米处理，而大豆处理的茎叶磷吸收量则显著低于玉米处理；虽然间作与单作处理的茎叶磷含量及磷吸收量间均没有达到显著程度，但间作处理的茎叶磷含量及磷吸收量均略高于单作处理。在未抑菌处理下，大豆

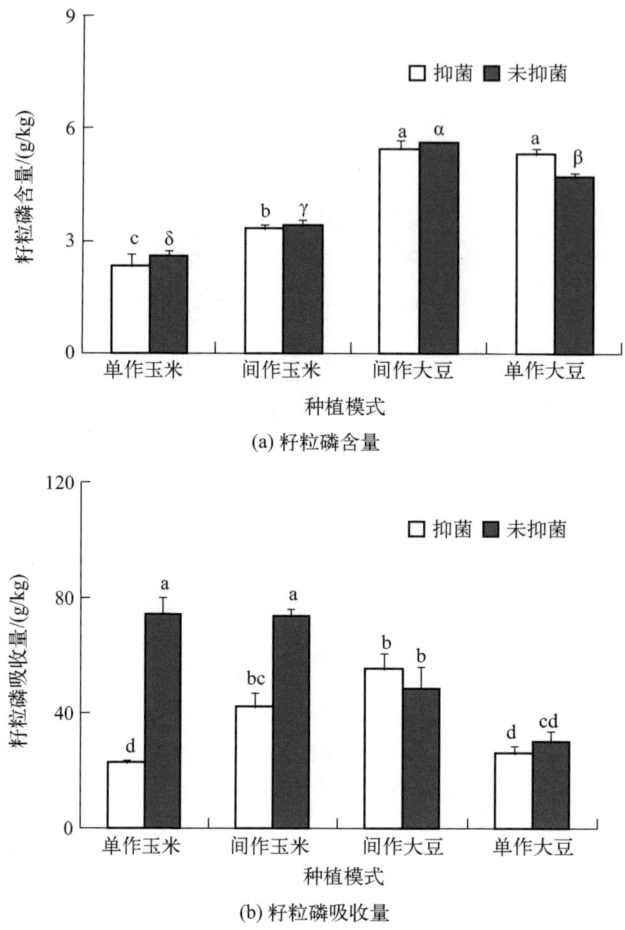

图 7-3 菌根处理与种植模式处理下植株籽粒的磷含量及吸收量（模拟试验）

处理的茎叶磷含量显著高于玉米处理，而大豆处理的茎叶磷吸收量则显著低于玉米处理；间作处理和单作处理的茎叶磷含量及磷吸收量间均没有达到显著程度，但间作玉米处理的茎叶磷含量略高于单作玉米，且间作玉米处理的茎叶磷吸收量均明显高于单作处理。与抑菌-单作玉米处理相比，未抑菌-间作玉米处理的植株茎叶磷含量及磷吸收量分别增加了 21.33％和 70.73％；与抑菌-单作大豆处理相比，未抑菌-间作大豆处理的植株茎叶磷含量及磷吸收量分别增加了 24.64％和 143.88％。

经多重比较（图 7-5），无论何种种植模式，抑菌处理的根系磷含量及磷吸收量均显著低于未抑菌处理。在抑菌处理下，大豆处理的根系磷含量显著高于玉米处理，虽然各种植模式处理的玉米、大豆根系磷吸收量间差异均没有达到显著程度，但间作大豆处理的根系磷吸收量明显高于单作大豆，而间作玉米处理的根系磷吸收量则明显低于单作玉米。在未抑菌处理下，大豆处理的根系磷含量显著高于玉米处理，间作玉米处理的根系磷含量略高于单作玉米，而间作大豆处理的根系磷含量则明显低于单作大豆；间作玉米处理的根系磷吸收量明显低于单作玉米，而间作大豆处理的根系磷吸收量则明显高于单作大豆。与抑菌-单作玉米处理相比，未抑菌-间作玉米处理的植株根系磷含量及磷吸收

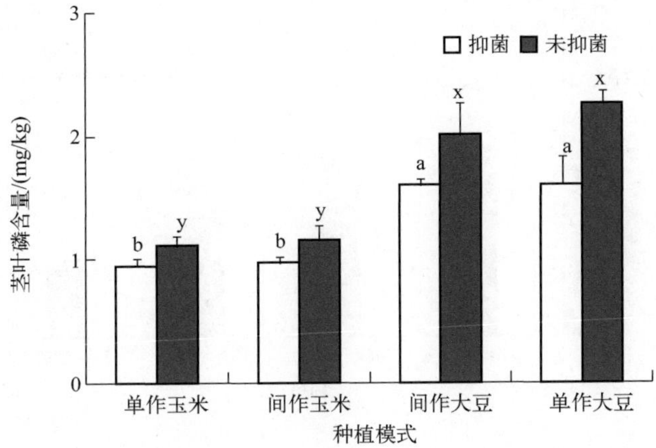

(a) 茎叶磷含量

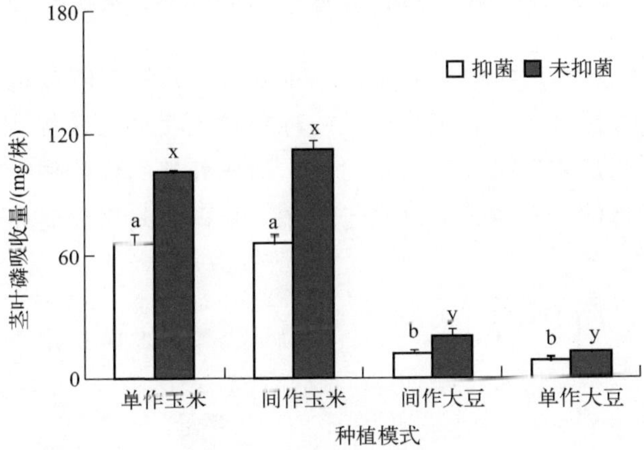

(b) 茎叶磷吸收量

图 7-4　菌根处理与种植模式处理下植株茎叶的磷含量及吸收量（大田试验）

量分别增加了 42.28%和 64.63%，与抑菌-单作大豆处理相比，未抑菌-间作大豆处理的植株根系磷吸收量增加了 1.08 倍。

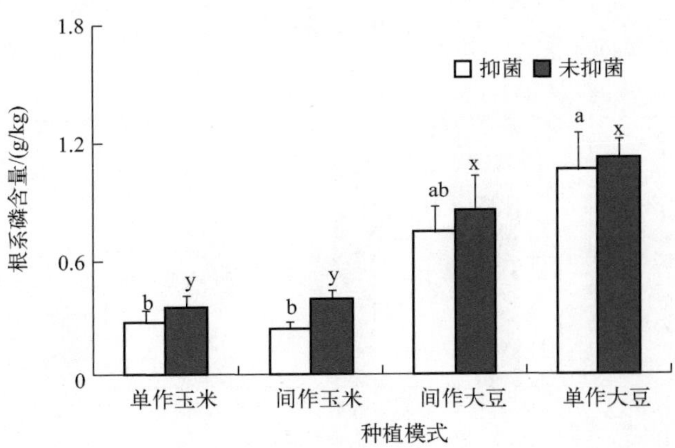

(a) 根系磷含量

图 7-5

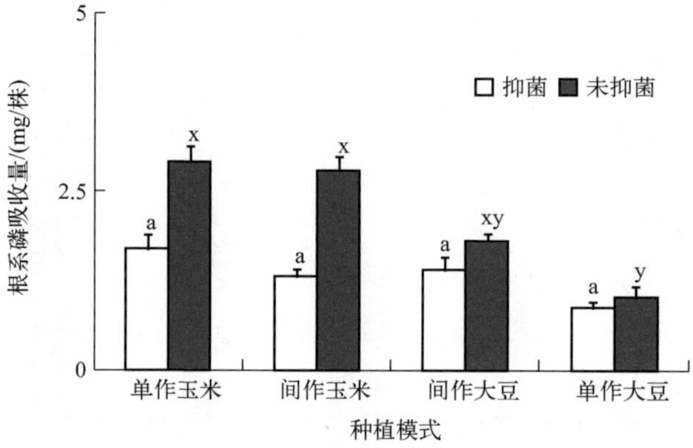

(b) 根系磷吸收量

图 7-5 菌根处理与种植模式处理下植株根系的磷含量及吸收量（大田试验）

由图 7-6 不难看出，无论何种种植模式，抑菌处理的籽粒磷含量及磷吸收量均显著低于未抑菌处理。在抑菌处理下，玉米处理的籽粒磷吸收量均显著高于大豆处理，而大豆处理的籽粒磷含量明显高于玉米处理；另外，间作处理的籽粒磷吸收量明显高于单作处理，且间作玉米处理的籽粒磷含量略高于单作玉米，而间作大豆处理的籽粒磷含量则

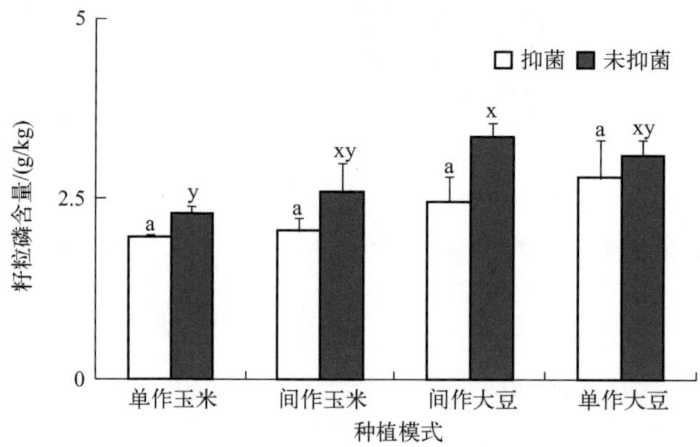

(a) 籽粒磷含量

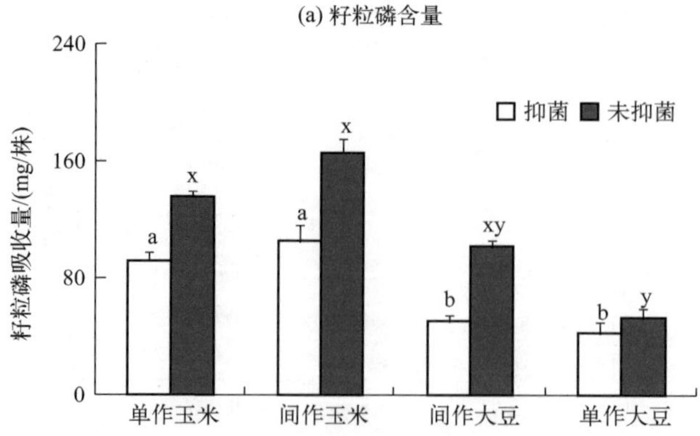

(b) 籽粒磷吸收量

图 7-6 菌根处理与种植模式处理下植株籽粒的磷含量及吸收量（大田试验）

明显低于单作大豆。在未抑菌处理下，间作处理的籽粒磷含量明显高于单作处理；且间作处理的籽粒磷吸收量也明显高于单作处理。与抑菌-单作玉米处理相比，未抑菌-间作玉米处理的植株籽粒磷含量及磷吸收量分别增加了 30.77%和 79.78%；与抑菌-单作大豆处理相比，未抑菌-间作大豆处理的植株籽粒磷含量及磷吸收量分别增加了 20.26%和 138.49%。

7.4.3　菌根与间作对植株根系磷吸收效率的影响

经双因素方差分析，大田试验的宿主植物根系磷吸收效率在菌根处理与种植模式间交互作用不显著，而其在菌根处理间和种植模式间分别有显著的交互作用。由表 7-3 不难看出，无论何种种植模式，抑菌处理的玉米、大豆根系磷吸收效率显著低于未抑菌处理。在抑菌处理下，间作大豆处理的根系磷吸收效率显著低于单作大豆，而间作玉米处理提高了根系磷吸收效率。在未抑菌处理下，间作玉米处理的根系磷吸收效率比单作玉米处理提高了约 34.8%。

表 7-3　菌根处理和种植模式下根系磷吸收效率

菌根处理	种植模式	磷吸收效率/(μg/mg)	
		大田	模拟
抑菌	单作玉米	27.87 ± 3.28^{b}	15.99 ± 1.11^{e}
	间作玉米	31.67 ± 5.87^{b}	37.74 ± 1.38^{bc}
	间作大豆	36.09 ± 2.13^{b}	43.89 ± 2.26^{b}
	单作大豆	62.41 ± 12.52^{a}	42.68 ± 2.96^{b}
未抑菌	单作玉米	28.99 ± 2.74^{y}	24.13 ± 2.39^{d}
	间作玉米	39.09 ± 7.97^{y}	30.80 ± 1.76^{cd}
	间作大豆	60.24 ± 5.06^{x}	52.58 ± 3.70^{a}
	单作大豆	73.39 ± 3.51^{x}	55.30 ± 3.69^{a}

经双因素方差分析，模拟试验的植株根系磷吸收效率在菌根处理与种植模式间有显著的交互作用（$P<0.01$）。在抑菌处理下，间作玉米处理的根系磷吸收效率显著高于单作玉米处理，且间作大豆处理的根系磷吸收效率也略高于单作大豆处理；在未抑菌处理下，间作玉米处理的根系磷吸收效率也高于单作玉米处理但没有达到显著程度。除间作玉米处理外，无论何种种植模式，抑菌处理的根系磷吸收效率均显著低于未抑菌处理。与抑菌-单作玉米处理相比，未抑菌-间作玉米处理的根系磷吸收效率提高了 92.62%；与抑菌-单作大豆处理相比，未抑菌-间作大豆处理的根系磷吸收效率提高了 23.20%。

7.5　菌根与间作对根际土壤磷的影响

7.5.1　模拟试验

经双因素方差分析，根际土壤全磷、有效磷含量在菌根处理与种植模式处理间均没有显著的交互作用，而其在菌根处理间和种植模式间分别有显著的交互作用。由表7-4可知，在抑菌处理下，间作玉米处理的土壤全磷含量显著低于单作玉米；在未抑菌处理下，间作玉米处理的土壤全磷和有效磷含量均显著低于单作玉米处理；另外，无论抑菌与否，间作大豆处理的土壤有效磷含量均显著高于单作大豆处理。无论是何种种植模式，抑菌处理的土壤全磷和有效磷含量均不同程度高于未抑菌处理。未抑菌-间作玉米处理的土壤全磷和有效磷含量比抑菌-单作玉米处理分别降低了约28.79%和54.00%；未抑菌-间作大豆处理的土壤全磷含量比抑菌-单作大豆处理降低了约26.67%。由此可见，菌根真菌能够在一定程度上促进植株对土壤磷素的吸收，减少土壤磷素的残留。

表7-4 菌根处理与种植模式下土壤全磷和有效磷含量

菌根处理	种植模式	全磷/(g/kg)	有效磷/(mg/kg)
抑菌	单作玉米	0.66±0.02^{a}	38.74±1.89^{b}
	间作玉米	0.48±0.02^{c}	35.19±2.67^{bc}
	间作大豆	0.55±0.03b^{c}	54.16±2.21^{a}
	单作大豆	0.60±0.05^{ab}	31.35±0.33^{c}
未抑菌	单作玉米	0.58±0.01^{x}	29.28±1.55^{y}
	间作玉米	0.47±0.02^{y}	17.82±1.17^{z}
	间作大豆	0.44±0.01^{y}	46.70±4.01^{x}
	单作大豆	0.48±0.02^{y}	24.83±3.00^{yz}

7.5.2 大田试验

经双因素方差分析，根际土壤有效磷含量在菌根处理与种植模式间有显著的交互作用（$P<0.01$），根际土壤全磷含量在菌根处理与种植模式间交互作用不显著，但其在菌根处理、种植模式处理下交互作用分别显著。如表7-5所列，在抑菌处理下，间作玉米处理的土壤全磷和有效磷含量均显著低于单作玉米处理；在未抑菌处理下，间作玉米处理的土壤有效磷含量也显著低于单作玉米处理。无论何种种植模式，抑菌处理的土壤全磷含量均显著高于未抑菌处理。除间作大豆处理外，无论何种种植模式，抑菌处理的土壤有效磷含量均显著低于未抑菌处理。与抑菌-单作玉米处理相比，未抑菌-间作玉米处理的土壤全磷和有效磷含量分别降低了33.78%和20.71%；未抑菌-间作大豆处理的土壤全磷含量比抑菌-单作大豆处理降低了14.58%。

表7-5 菌根处理与种植模式下土壤全磷和有效磷含量

菌根处理	种植模式	全磷/(g/kg)	有效磷/(mg/kg)
抑菌	单作玉米	0.74±0.09^{a}	12.36±0.69^{b}
	间作玉米	0.56±0.10^{b}	2.11±0.56^{d}
	间作大豆	0.55±0.05^{b}	9.82±1.57^{c}
	单作大豆	0.48±0.05^{b}	1.36±0.06^{d}

续表

菌根处理	种植模式	全磷/(g/kg)	有效磷/(mg/kg)
未抑菌	单作玉米	0.52±0.06[x]	17.23±1.84[a]
	间作玉米	0.49±0.04[x]	9.80±1.77[c]
	间作大豆	0.41±0.06[x]	8.76±0.97[c]
	单作大豆	0.43±0.07[x]	9.90±0.25[c]

本章研究表明，菌根真菌协同间作种植模式处理均显著增加了植株磷含量及吸收量而降低了根际土壤全磷含量，且增强了玉米和大豆根系侵染能力，促进了宿主植物生物量的增加。这在一定程度上降低了土壤磷素的残留量，进而以期能够减少土壤表层径流磷素的迁移。

参考文献

鲍士旦，2007. 土壤农化分析 [M].3 版 . 北京：中国农业出版社：74-76，83-85.

成婧，吴发启，云峰，等，2013. 渭北旱塬坡耕地玉米-苜蓿间作对土壤养分和产量的影响 [J]. 水土保持通报，33 (4)：5.

邓小燕，王小春，杨文钰，等，2013. 玉米/大豆和玉米/甘薯模式下玉米磷素吸收特征及种间相互作用 [J]. 作物学报，39 (10)：8.

谷林静，白来汉，张乃明，等，2013. 菌根技术对磷石膏农用的强化效应 [J]. 农业工程学报，29 (17)：152-159.

李晓林，冯固，2001. 丛枝菌根生态生理 [M]. 北京：华文出版社 .

李岳峰，居立海，张来运，等，2013. 不同施磷水平下 AM 真菌对水稻/绿豆间作中植株生长及氮磷利用的影响 [J]. 江苏农业科学，41 (3)：5.

刘巽浩，韩湘玲，赵明斋，等，1981. 华北平原地区麦田两熟的光能利用，作物竞争与产量分析 [J]. 作物学报，7：63-72.

卢良恕，1993. 中国立体农业模式 [M]. 郑州：河南科学技术出版社 .

肖同建，杨庆松，冉炜，等，2010. 接种菌根真菌的旱作水稻-绿豆间作系统养分利用研究 [J]. 中国农业科学，43 (004)：753-760.

余常兵，孙建好，李隆，2009. 种间相互作用对作物生长及养分吸收的影响 [J]. 植物营养与肥料学报，15 (1)：1-8.

赵第锟，张瑞萍，任丽轩，等，2012. 旱作水稻西瓜间丛枝菌根菌丝桥诱导水稻磷转运蛋白的表达及对磷吸收的影响 [J]. 土壤学报，049 (002)：339-346.

钟敏，黄益宗，伍文，等，2012. 丛枝菌根真菌群落对白三叶草植株生物量磷吸收和土壤磷酸单酯酶活性的影响 [J]. 农业环境科学学报，31 (09)：1770-1776.

祖艳群，胡文友，吴伯志，等，2009. 辣椒/玉米间作条件下作物对氮，磷和钾的吸收利用特征研究 [J]. 中国农学通报，(12)：6.

Augé R M，2001. Water relations，drought and vesicular-arbuscular mycorrhizal symbiosis [J]. Mycorrhiza，11 (1)：3-42.

Azcón R，Ambrosano E，Charest C，2003. Nutrient acquisition in mycorrhizal lettuce plants under different phosphorus and nitrogen concentration [J]. Plant Science，165：1137-1145.

Giovannetti M，Mosse B，1980. Evaluation of techniques for measuring vesicular arbuscular mycorrhizal infection in roots [J]. New Phytologist，84：489-500.

Hayman D S，1983. The physiology of vesicular-arbuscular endomycorrhizal symbiosis [J]. Canadian Journal of Botany，61 (3)：944-963.

Jones M D，Duralld M，Tinker P B，1998. A comparison of arbuscular and ectomycorrhizal *Eucalyptus coccifera*：Growth response，phosphorus uptake efficiency and external hyphal production [J]. New Phytol，140：125-134.

Newman E I A，1966. Method of estimating the total length of root in a sample [J]. Journal of Applied Ecology，3：139-145.

Phillips J M，Hayman D S，1970. Improved procedures for clearing roots and staining parasitic and vesicular arbuscular mycorrhizal fungi for rapid assessment of infection [J]. Transactions of the British Mycological Society，55：158-161.

Reinhardt D，2007. Programming good relations—Development of the arbuscular mycorrhizal symbiosis [J]. Current Opinion in Plant Biology，10 (1)：98-105.

Wright S F，Upadhyaya A，1998. A survey of soils for aggregate stability and glomalin，a glycoprotein produced by hyphae of arbuscular mycorrhizal fungi [J]. Plant and Soil，198 (1)：97-107.

第8章 菌根与根系分隔对作物-土壤系统磷迁移的影响

根系互作是影响作物生长的重要因素之一。根系分隔作为一种研究根系互作及其对作物生长和土壤养分影响的重要手段，近年来在农学、生态学等领域得到了广泛关注。根系分隔方式对土壤养分的影响也是当前研究的热点之一。根系分隔的研究方法主要包括塑料膜分隔、尼龙网分隔和不分隔等方式。这些方式通过不同程度的物理隔离，模拟了根系间不同程度的互作状态，从而揭示了根系互作对作物生长和土壤养分的影响机制。禾本科/豆科根系的生长发育及形态特征与地上部结构的形成和产量密切相关（鄂玉江 等，1988）。郝艳茹等（2003）采用隔根技术研究表明间作体系中的根系分隔导致小麦与玉米的根系生物量、根长等指标下降。王瑞雪等（2021）以玉米大豆间作为研究对象开展盆栽模拟试验，设置根系塑料分隔、尼龙网分隔和不分隔 3 种方式，研究在不同磷水平下（P_2O_5，0mg/kg 土、50mg/kg 土、100mg/kg 土、150mg/kg 土、200mg/kg 土，分别用 P0、P50、P2100、P150、P200 表示）玉米和大豆生物量、磷吸收量及根际土壤活性、中活性和稳定性磷组分的变化。研究发现，在玉米/大豆间作系统中，根系不分隔处理通常能提高土壤有机质的含量和土壤养分的有效性，提高作物生物量与磷吸收量。根系不分隔处理显著提高了玉米土壤的有机质含量，并促进了土壤中难溶性磷的活化，可能是因为根系互作促进了土壤微生物的活性，加速了有机质的分解和养分的释放。相比塑料分隔处理，不分隔处理显著提高了间作玉米和大豆的生物量，但间作系统生物量和土地当量比随施磷水平增加而降低，在 P100 水平达到最大。相比分隔处理，不分隔处理玉米磷吸收量显著提高，不分隔处理大豆在 P50～P150 水平间磷吸收量显著提高。间作系统磷吸收优势随施磷水平先增加后下降，在 P150 水平达到最大。相比塑料分隔处理，不分隔处理玉米根际土壤活性磷组分提高，中活性磷组分降低；大豆根际土壤活性磷和中活性磷组分显著降低。不分隔处理玉米根际土壤活性无机磷含量相比塑料分隔处理显著提高，大豆根际土壤活性和中活性无机磷、活性和中活性有机磷含量均低于塑料分隔处理。研究表明，根系不分隔处理通常能显著提高作物的地上生物量，例如，在燕麦/豌豆间作系统中，杜文盼等（2024）分析了燕麦/豌豆间作后株高、地上生物量、土壤养分和根系性状的变化。结果表明，塑料膜分隔处理降低了燕麦株高和间作地上生物量，其土地当量比＜1，而尼龙网分隔、不分隔处理的土地当量比＞1，间作优势明显。塑料膜分隔处理的土壤有机质含量较尼龙网分隔和不分隔处理降低了 14.75%～78.53%，有效磷含量降低了 9.31%～29.73%。对豌豆而言，塑料膜分隔处理的土壤有机质含量显著高于不分隔和尼龙网分隔。此外，不分隔处理的燕麦根长较尼龙网分隔、单作和塑料膜分隔分别增加了 43.03%、59.02% 和 96.38%；根表面积分别增大了 14.84%、30.20%和 45.55%；根体积分别增加了 17.37%、38.15% 和 106.15%。由此可见，燕麦/豌豆间作显著影响了作物的根系性状，使根系对土壤养分的竞争力发生了变化，从而影响了地上生物量；根系互作越紧密，燕麦和豌豆的地上生物量越高；根系无互作的塑料膜分隔导致燕麦根系生长较差，土壤养分含量较低，间作生物量较低。在此研究中，根系互作促进了养分的共享和资源的有效利用，从而提高了作物的生长性能。

本章基于红壤和紫色土以及改变间作作物间竞争关系的 3 种根系分隔方式（不分

隔、隔尼龙网和隔塑料布），对玉米、大豆地下部分隔并进行不同 AMF 接种处理（NM、GM、GE），在介绍了菌根与根系分隔对作物-土壤系统磷迁移影响的模拟研究方法的基础上，分析了上述模拟试验中菌根与根系分隔对红壤和紫色土上玉米、大豆作物根系侵染和植株生长、磷素累积及磷素吸收效率等的影响。

8.1　菌根与根系分隔对作物-土壤系统磷迁移影响的研究方法

8.1.1　试验材料

供试土壤类型分为红壤和紫色土，分别取自晋城周边和滇池流域宝象河水库附近坡地。红壤基本化学属性：土壤 pH 值为 6.22，有机质含量为 23.59g/kg，全磷含量为 0.10g/kg，有效磷含量为 2.25mg/kg，全钾含量为 11.92g/kg，速效钾含量为 75mg/kg。紫色土基本化学属性：土壤 pH 值为 7.47，有机质含量为 24.81g/kg，全磷含量为 0.16g/kg，有效磷含量为 5.94mg/kg，全钾含量为 8.24g/kg，速效钾含量为 115mg/kg。红壤和紫色土自然风干之后过 2mm 筛，混匀装入灭菌袋（50cm×30cm）中进行高压蒸汽灭菌（120℃间歇灭菌共 2h），置于牛皮纸上晾干遮阳防尘地，2～3d 后收入密封塑料袋，避免其他途径的微生物污染。

试验宿主植物为玉米（*Zea mays* L.，农大 108），挑选大小一致且籽粒饱满的玉米种子，用 10% H_2O_2 表面消毒 10min，随后用蒸馏水冲洗多次，置于 25℃恒温培养箱催芽 2～3d，种子露白 1cm 左右播种。

供试宿主植物大豆（Soybean）为本地大豆，挑选外形圆润且表皮完整的大豆种子，用 10% H_2O_2 表面消毒 10min，随后用蒸馏水冲洗多次，置于放有湿润定量滤纸的培养皿中，于 25℃恒温培养箱催芽 2d，待发芽较整齐时取出播种。

供试 AMF 由北京市农林科学院植物营养与资源研究所提供，分别为 *Glomus mosseae*（BGC GZ01A、1511C0001BGCAM0012）（GM）、*Glomus etunicatum*（BGC GZ03C、1511C0001BGCAM0046）（GE），均分离自农田作物根际土壤，其中的 *Glomus* 是农田优势属。供试菌剂以玉米和三叶草为宿主植物扩繁得到，每盆接种 75g。

8.1.2　试验设计与管理

本部分采用根系分隔盆栽模拟试验，于 2012 年 6～8 月在云南农业大学科研大棚里进行。试验设计基于红壤和紫色土以及改变间作作物间竞争关系的 3 种根系分隔方式（不分隔、隔尼龙网和隔塑料布），对玉米、大豆地下部分隔，且进行不同 AMF 接种处理［NM（不接种）、GM、GE］，红壤和紫色土各有 9 个处理，其中在隔塑料布和隔尼龙网情况下，NM 这组处理为 4 个重复，其他处理均重复 3 次，共计 58 盆。

试验所用容器由 PVC 管（直径 16cm，高 25cm）和花盆底座（直径 22cm）构成，然后分装（灭菌土）盆栽土、底层土、覆盖土，重量根据盆装土量确定。不分隔处理装置盛装底层土 2.8kg、盆栽土 1.8kg、覆盖土 200g，其中接种处理每盆加入 200g 菌剂与盆栽土混匀，对照加等量灭菌菌剂；分隔处理装置的两部分各盛装底层土 1.4kg、盆栽土 0.9kg、覆盖土 100g，其中接种处理每盆加入 100g 菌剂与盆栽土混匀，对照加等量灭菌菌剂。以溶液的形式向土壤中加入基础肥料（N 60mg/kg，P 30mg/kg，K 67mg/kg，Ca 20mg/kg，Mg 4.5mg/kg，Mn 0.92mg/kg，Cu 0.54mg/kg，Zn 1.24mg/kg，Mo 0.06mg/kg），分别以 NH_4NO_3、KH_2PO_4、K_2SO_4、$CaCl_2 \cdot 2H_2O$、$MgSO_4 \cdot 7H_2O$、$MnSO_4 \cdot H_2O$、$CuSO_4 \cdot 5H_2O$、$ZnSO_4 \cdot 7H_2O$、$(NH_4)_6Mo_7O_{24} \cdot 4H_2O$ 的形式加入。移苗前，盆栽装置中的土层厚度约为 18cm。播种前一晚，浇水使土壤含水量保持在田间持水量的 70%左右。挑选出芽在 0.5～1cm、颗粒饱满的玉米和大豆种子，不分隔处理下每半盆播种 4 颗玉米种子和 4 颗大豆种子，分隔处理分别在尼龙网或塑料布两侧播种 4 颗玉米种子和 4 颗大豆种子。植物生长期间每隔 2～3d 浇 1 次水，每次浇水前称量盆栽总重并计算出失水量，约为 250mL。待长势稳定后，留下比较整齐的 2 株玉米苗和 4 株大豆幼苗。植株生长约 90d 后，测量其株高并将植株及根系分开收获，用蒸馏水多次冲洗、晾干，根样剪成 1cm 根段，取出部分根系用于测定菌根侵染率及根长，其他部分和地上部一起于当天杀青后烘干（70℃，72h）、称重、粉碎后待用。收获植物后的土壤过 2mm 筛后混匀，取出部分土样风干待分析。

8.1.3 数据处理与分析

试验数据采用 EXCEL 2003 软件进行基本统计，采用 SPSS 17.0 统计软件对不同根系分隔处理下的 AMF 接种处理和根系分隔方式进行双因素方差分析，在交互作用显著的情况下进行整体数据 LSD（最小显著差异法）多重比较，检验接种不同 AMF 与不同根系分隔处理之间的差异显著性（$P<0.05$）。在接种处理和根系分隔处理交互作用不显著的情况下，对接种或未接种处理分别进行多重比较，分析不同根系分隔处理之间的差异显著性，并对同一根系分隔方式内各处理间进行多重比较，分析不同菌根处理间的差异显著性。

8.2 菌根与根系分隔对作物生长的影响

8.2.1 不同 AMF 和根系分隔下对玉米侵染和生长的影响

经双因素方差分析，在红壤上，玉米根系菌根侵染率和根长在任一接种与不同根系分隔处理之间的交互作用显著，植株地上部干重和根冠比在接种处理与不同根系分隔处理之间的交互作用也显著（$P<0.01$、$P<0.05$）。玉米植株的根系生物量、株高在菌根处理与不同根系分隔处理之间的交互作用分别表现为不显著和显著，但接种处理间差异显著，根系分隔处理间差异显著（$P<0.001$）。

试验结果表明（见表 8-1），红壤上未接种处理玉米根系未见菌根侵染情况，接种 AMF 的玉米根系在不同根系分隔方式下均有侵染，且经差异性分析显示，不同根系分隔方式下接种 GM 处理的玉米根系侵染率和根长均高于其他菌根处理。在 GM 处理情况下，不同根系分隔方式间玉米侵染率和根长没有显著差异，且隔尼龙网处理下玉米根系侵染率相对较高。在 GE 处理下，不同根系分隔方式间玉米根系侵染率和根长没有显著差异，但隔尼龙网处理玉米根系侵染率和根长分别相对较低和较短。所以隔尼龙网处理强化了 GM 真菌对玉米根系的侵染能力，而抑制了 GE 真菌对玉米根系的侵染。由表 8-1 可知，除了接种 GE 真菌的隔塑料布处理或隔尼龙网处理下的玉米植株生物量小于不接种处理，接种 GM 真菌的 3 种根系分隔方式处理下的玉米植株生物量都不同程度大于未接种处理，说明接种 GM 真菌能促进玉米生物量的累积。其中，GM 真菌-隔塑料布处理的玉米植株生物量最大，GE 真菌-隔塑料布处理的玉米植株生物量最小。接种 GM 真菌的隔塑料布处理下的玉米根系生物量显著高于不分隔和隔尼龙网处理，而不分隔处理下的不接种、接种 GE 真菌的玉米根系生物量明显高于各自隔塑料布处理和隔尼龙网处理，说明近似自然状态的根系不分隔处理，更有利于菌根弱化状态下玉米根系的生长。根系隔尼龙网处理下，3 种不同菌根处理间的植株根冠比没有显著差异；隔塑料布处理下，GM 处理的玉米根冠比显著大于不接种和接种 GE 处理；不分隔处理下，GE 处理的玉米根冠比则显著小于不接种和接种 GM 处理。在 GM 处理下，不同根系分隔状况下的根冠比均为最大值。根系隔塑料布处理或隔尼龙网处理下，接种 GE 的玉米株高明显低于不接种和接种 GM 处理；NM 处理下，根系隔塑料布处理与隔尼龙网处理的玉米株高无显著差异，但隔塑料布处理显著高于不分隔处理的玉米株高。GM 处理下，不同根系分隔处理间玉米株高没有显著差异。GE 处理下，隔尼龙网处理与不分隔处理的玉米株高无显著差异，但显著高于隔塑料布处理。

表 8-1　不同根系分隔状况和接种 AMF 处理下玉米生长及菌根侵染的状况（红壤）

分隔状况	接种状况	侵染率/%	根长/m	生物量/(g/pot)		根冠比	株高/cm
				地上部干重	根系干重		
不分隔	NM	0^{c}	295.7 ± 75.6^{b}	4.77 ± 0.98^{c}	1.51 ± 0.13^{bc}	0.34 ± 0.09^{b}	48.7 ± 5.1^{b}
	GM	44.9 ± 1.6^{a}	387.6 ± 53.5^{a}	7.42 ± 0.89^{a}	1.89 ± 0.18^{b}	0.35 ± 0.03^{b}	54.8 ± 7.0^{ab}
	GE	43.4 ± 7.2^{ab}	240.6 ± 32.6^{bc}	6.8 ± 0.91^{ab}	1.48 ± 0.16^{bc}	0.20 ± 0.03^{c}	48.0 ± 0.4^{b}
隔塑料布	NM	0^{c}	295.3 ± 52.5^{b}	4.62 ± 0.68^{c}	1.22 ± 0.21^{c}	0.27 ± 0.05^{bc}	58.5 ± 6.4^{a}
	GM	45.4 ± 5.7^{a}	424.8 ± 65.9^{a}	7.50 ± 1.30^{a}	3.16 ± 0.49^{a}	0.43 ± 0.05^{a}	55.7 ± 3.3^{a}
	GE	43.9 ± 4.7^{ab}	211.1 ± 75.1^{bc}	3.82 ± 0.72^{c}	0.76 ± 0.18^{d}	0.19 ± 0.07^{c}	46.3 ± 2.0^{c}
隔尼龙网	NM	0^{c}	165.9 ± 15.6^{c}	5.56 ± 1.06^{b}	1.26 ± 0.29^{c}	0.23 ± 0.04^{c}	54.3 ± 4.4^{ab}
	GM	47.2 ± 7.1^{a}	411.6 ± 51.8^{a}	7.01 ± 1.36^{a}	1.71 ± 0.31^{b}	0.25 ± 0.04^{c}	55.3 ± 7.8^{a}
	GE	37.4 ± 4.3^{b}	185.3 ± 21.6^{c}	4.99 ± 1.18^{c}	1.01 ± 0.15^{c}	0.21 ± 0.02^{c}	50.1 ± 7.5^{b}

注：不同字母表示在 $P<0.05$ 水平差异显著，若因素间没有显著交互作用则采用不同字母体系，下同。NM、GM、GE 分别表示不接种、接种 *Glomus mosseae* 和接种 *Glomus etunicatum*。

经双因素方差分析，在紫色土上，玉米植株菌根侵染率、根长、植株生物量、根冠比在接种不同 AMF 处理与分隔处理间有较显著的交互作用（$P<0.05$），其中根长和根

冠比交互作用极显著，而株高在接种处理与分隔处理间交互作用不显著，但在菌根处理、分隔处理内差异均分别显著。

试验结果表明（见表8-2），紫色土上未接种处理玉米根系没有菌根侵染情况，接种AMF的玉米根系在不同根系分隔方式中均有侵染，且经差异性分析显示，除不分隔处理中接种GM的玉米根系侵染率显著高于GE处理外，其他根系分隔方式下接种GM与接种GE处理间的玉米根系侵染率没有显著差异；根系不分隔处理下不接种玉米根系根长长于其他接种处理，隔塑料布情况下玉米根系根长以接种GM处理显著较短，隔尼龙网情况下以接种GE处理玉米根系较长。在GM接种情况下，不同根系分隔方式间玉米侵染率没有显著差异，但以隔塑料布处理下根系侵染率更高，而根长以不分隔处理显著较短。在GE接种情况下，玉米根系侵染率和根长分别以不分隔处理显著较低和较短，所以隔塑料布处理更能促进GM真菌对玉米根系的侵染，但不分隔处理则能抑制其根系的伸长。根系不分隔和隔尼龙网处理下均以接种GM的玉米地上部生物量相对较高，而3种分隔方式下接种GE的玉米根系生物量明显较高；在GM接种情况下，玉米地上部和根系生物量均以不分隔处理相对更大和更小，而GE接种情况下，玉米地上部和根系生物量均以隔塑料布处理相对更大。根系不分隔和隔尼龙网处理下均以接种GE的玉米根冠比相对较大，而隔塑料布处理下则以接种GE的玉米根冠比相对较小；在GM接种情况下，玉米根冠比以隔塑料布处理相对更大，而GE接种情况下，玉米根冠比则以隔尼龙网处理相对更大。在根系不分隔与隔尼龙网条件下，接种GM的玉米株高高于不接种和接种GE处理，隔塑料布处理下接种GE的玉米株高显著高于其他接种处理；在GM接种情况下，玉米株高以隔塑料布处理相对较低，而GE接种情况下，玉米株高则以隔塑料布处理相对更高。上述结果表明，在不同根系分隔状况下，接种GM均对玉米的根系侵染和植株生物量的累积有促进作用。

表8-2　不同根系分隔状况和接种AMF处理下玉米生长及菌根侵染的状况（紫色土）

分隔状况	接种状况	侵染率/%	根长/m	生物量/(g/pot)		根冠比	株高/cm
				地上部干重	根系干重		
不分隔	NM	0^{c}	435.5 ± 50.2^{ab}	15.60 ± 2.84^{bc}	2.45 ± 0.11^{bc}	0.16 ± 0.04^{bc}	73.7 ± 6.3^{a}
	GM	47.7 ± 5.0^{a}	280.8 ± 62.5^{c}	18.49 ± 2.70^{ab}	2.71 ± 0.44^{b}	0.15 ± 0.02^{c}	75.3 ± 1.0^{a}
	GE	36.6 ± 6.0^{b}	289.4 ± 42.9^{c}	16.00 ± 0.79^{b}	2.84 ± 0.03^{b}	0.17 ± 0.01^{b}	69.0 ± 5.2^{b}
隔塑料布	NM	0^{c}	485.8 ± 38.3^{a}	11.06 ± 0.95^{cd}	3.01 ± 0.21^{ab}	0.27 ± 0.03^{a}	62.8 ± 4.5^{bc}
	GM	51.7 ± 5.6^{a}	367.1 ± 44.2^{b}	14.29 ± 2.12^{bc}	3.52 ± 0.38^{a}	0.25 ± 0.01^{a}	69.3 ± 8.5^{b}
	GE	45.4 ± 4.7^{a}	508.4 ± 50.3^{a}	21.98 ± 2.96^{a}	4.10 ± 0.41^{a}	0.19 ± 0.04^{b}	77.7 ± 1.3^{a}
隔尼龙网	NM	0^{c}	339.8 ± 64.9^{b}	13.80 ± 1.20^{c}	2.73 ± 0.31^{b}	0.20 ± 0.01^{ab}	71.8 ± 2.4^{ab}
	GM	46.4 ± 6.3^{a}	455.0 ± 86.0^{ab}	16.77 ± 3.42^{b}	3.26 ± 0.43^{ab}	0.20 ± 0.02^{ab}	75.5 ± 3.0^{a}
	GE	52.1 ± 1.1^{a}	508.6 ± 30.5^{a}	15.76 ± 7.25^{bc}	3.62 ± 0.37^{a}	0.24 ± 0.07^{a}	57.7 ± 6.3^{c}

注：不同字母表示在 $P<0.05$ 水平差异显著。

8.2.2　不同 AMF 和根系分隔下对大豆根系侵染和生长的影响

经双因素方差分析，在红壤上，大豆植株菌根侵染率、根长、根系生物量、根冠比在不同接种处理和根系分隔处理间有显著的交互作用（$P<0.05$），其中根长和根系干重交互作用极显著，而植株地上部生物量和株高在接种处理与分隔处理间交互作用不显著，但在接种处理、分隔处理内差异均分别显著。

试验结果表明（见表 8-3），红壤上未接种处理大豆根系没有菌根侵染情况，接种 AMF 的大豆根系在不同根系分隔方式中均有侵染。且经差异性分析显示，不同根系分隔方式下，接种 GM 时大豆根系侵染率均高于其他菌根处理，而接种 GM 和 GE 情况均以根系不分隔处理下大豆根系的侵染率更高。根系不分隔处理下以接种 GE 处理的大豆根系更短，隔塑料布和隔尼龙网处理下则以不接种处理的大豆根系更长，而当接种 GM 和 GE 时，分别以不分隔处理的大豆根系更长和更短。在根系不分隔处理下以接种 GM 的大豆地上部和根系生物量明显高于接种 GE 和不接种处理，而隔塑料布和隔尼龙网处理下则是不接种处理的大豆植株生物量明显高于接种 AMF 处理，表明接种 AMF 处理在根系分隔状况下对大豆的促生效果不明显。在根系不分隔和隔塑料布处理下接种 GM 的大豆根冠比均比其他菌根处理大，而隔尼龙网处理下则以接种 GE 的大豆根冠比更大；在 GM 接种情况下大豆根冠比以隔塑料布处理较小，而在 GE 接种情况下大豆根冠比则以隔尼龙网处理更大。在不分隔状况下，接种 GM 的大豆株高要高于不接种和接种 GE 处理，在根系隔塑料布和隔尼龙网状况下，不接种处理的大豆株高均高于接种 AMF 处理；当接种 GM 和 GE 时，均以隔塑料布处理的大豆植株更高。

表 8-3　不同根系分隔状况和接种 AMF 处理下大豆生长及菌根侵染的状况（红壤）

分隔状况	接种状况	侵染率/%	根长/m	生物量/(g/pot)		根冠比	株高/cm
				地上部干重	根系干重		
不分隔	NM	0^{d}	118.7 ± 8.2^{b}	3.04 ± 0.33^{ab}	0.51 ± 0.13^{bc}	0.15 ± 0.05^{b}	36.5 ± 1^{bc}
	GM	47.5 ± 4.5^{a}	121.9 ± 27.2^{b}	3.43 ± 0.62^{ab}	0.56 ± 0.05^{b}	0.17 ± 0.03^{ab}	37.8 ± 5.1^{bc}
	GE	42.1 ± 7.1^{a}	83.4 ± 18.3^{c}	3.30 ± 0.42^{ab}	0.43 ± 0.05^{c}	0.16 ± 0.02^{b}	34.7 ± 2.3^{c}
隔塑料布	NM	0^{d}	191.4 ± 32.1^{a}	3.38 ± 0.46^{ab}	0.49 ± 0.05^{bc}	0.14 ± 0.02^{c}	49.5 ± 2.3^{a}
	GM	38.3 ± 7.9^{ab}	49.1 ± 13.6^{d}	2.81 ± 0.67^{b}	0.43 ± 0.06^{c}	0.16 ± 0.06^{b}	43.5 ± 3.1^{ab}
	GE	37.5 ± 4.1^{ab}	87.9 ± 5.5^{bc}	2.89 ± 0.30^{b}	0.36 ± 0.04^{d}	0.13 ± 0.01^{c}	40.0 ± 3.5^{b}
隔尼龙网	NM	0^{d}	176.2 ± 12.3^{a}	3.70 ± 0.36^{a}	0.65 ± 0.11^{a}	0.18 ± 0.04^{ab}	43.3 ± 5.5^{ab}
	GM	38.3 ± 9.6^{ab}	112.2 ± 20.1^{bc}	3.16 ± 0.38^{ab}	0.56 ± 0.14^{b}	0.18 ± 0.03^{ab}	39.5 ± 6.3^{b}
	GE	34.8 ± 5.9^{b}	92.4 ± 11.4^{bc}	3.19 ± 0.53^{ab}	0.60 ± 0.03^{ab}	0.19 ± 0.04^{a}	38.3 ± 1.4^{bc}

注：不同字母表示在 $P<0.05$ 水平差异显著。

经双因素方差分析，在紫色土上，大豆植株菌根侵染率、根长、根系生物量、根冠比在不同菌根处理和根系分隔处理间有显著的交互作用（$P<0.05$），其中根长和根系干重交互作用极显著，而大豆植株地上部生物量和株高在菌根处理与分隔处理间交互作用不显著，但在菌根处理、分隔处理内差异均分别显著。

试验结果表明（见表 8-4），紫色土上未接种处理大豆根系没有菌根侵染情况，接种 AMF 的大豆根系在不同根系分隔方式中均有侵染。且经差异性分析显示，在根系不分隔和隔塑料布处理下，接种 GM 菌的大豆根系侵染率均高于其他菌根处理，而隔尼龙网处理下则以接种 GE 菌的大豆根系侵染率较高；在 GM 接种情况下大豆根系侵染率以隔塑料布处理更高，而 GE 接种情况下大豆根系侵染率则以隔尼龙网处理更高。不同根系分隔方式下，不接种处理的大豆根系长于接种 AMF 处理；在 GM 接种情况下大豆根系以隔塑料布处理更长，而在 GE 接种情况下大豆根系则以隔尼龙网处理更长。根系不分隔和隔塑料布处理下均以接种 GM 的大豆地上部生物量相对较高，而 GM 和 GE 接种情况下大豆地上部生物量则均以隔塑料布处理相对较高；在根系不分隔时接种 AMF 处理的大豆根系生物量明显高于不接种处理，反之隔尼龙网情况下接种 AMF 处理的大豆根系生物量则显著低于不接种处理，此外 GM 接种情况下大豆根系生物量以隔塑料布处理相对较高，而 GE 接种情况下大豆根系生物量以不分隔处理相对较高。根系不分隔和隔尼龙网处理下均以接种 GE 的大豆根冠比相对较高，而接种 GM 的大豆根冠比在 3 种根系分隔状况间没有显著差异，不过接种 GE 菌的大豆根冠比以隔塑料布处理显著较低。根系隔塑料布处理下接种 AMF 的大豆株高明显高于不接种处理，而不分隔和隔尼龙网处理下接种 AMF 的大豆株高则明显低于不接种处理，此外不同根系分隔方式间，GM 和 GE 接种的大豆株高均以隔塑料布处理显著较高。可见，在隔离根系间作效应情况下，接种 AMF 对大豆株高的促进效果更好，其中接种 GM 菌对大豆的植株生长和根系的侵染效果要高于接种 GE 菌。

表 8-4　不同根系分隔状况和接种 AMF 处理下大豆生长及菌根侵染的状况（紫色土）

分隔状况	接种状况	侵染率/%	根长/m	生物量/(g/pot)		根冠比	株高/cm
				地上部干重	根系干重		
不分隔	NM	0^{c}	205.3 ± 18.7^{a}	4.16 ± 0.57^{bc}	0.58 ± 0.74^{d}	0.14 ± 0.04^{c}	43.3 ± 2.0^{ab}
	GM	45.0 ± 12.1^{a}	106.4 ± 21.7^{d}	4.95 ± 0.10^{ab}	0.68 ± 0.15^{cd}	0.14 ± 0.03^{c}	42.8 ± 4.0^{b}
	GE	40.2 ± 5.6^{ab}	121.9 ± 17.4^{cd}	3.79 ± 0.64^{c}	0.99 ± 0.06^{ab}	0.27 ± 0.05^{a}	41.1 ± 7^{b}
隔塑料布	NM	0^{c}	157.1 ± 21.8^{bc}	4.25 ± 0.45^{b}	0.90 ± 0.18^{bc}	0.21 ± 0.02^{b}	43.6 ± 2.2^{ab}
	GM	47.7 ± 2.3^{a}	142.6 ± 20.4^{c}	5.39 ± 0.87^{a}	0.96 ± 0.27^{b}	0.18 ± 0.05^{bc}	45.3 ± 2.3^{a}
	GE	39.8 ± 8.7^{b}	116.8 ± 14.3^{d}	4.37 ± 0.12^{b}	0.83 ± 0.07^{bc}	0.19 ± 0.02^{bc}	44.2 ± 4.3^{a}
隔尼龙网	NM	0^{c}	191.5 ± 32.9^{ab}	4.87 ± 0.25^{ab}	1.21 ± 0.11^{a}	0.25 ± 0.03^{ab}	38.7 ± 3.8^{bc}
	GM	38.2 ± 12.5^{b}	104.9 ± 17.8^{d}	4.83 ± 0.03^{ab}	0.81 ± 0.15^{c}	0.17 ± 0.03^{bc}	37.7 ± 1.3^{c}
	GE	46.6 ± 9.9^{a}	166.4 ± 25.7^{b}	3.50 ± 0.39^{c}	0.93 ± 0.15^{b}	0.27 ± 0.07^{a}	37.1 ± 7.5^{c}

注：不同字母表示在 $P<0.05$ 水平差异显著。

8.3 菌根与根系分隔对作物磷素累积的影响

8.3.1 不同根系分隔方式和接种 AMF 对玉米磷吸收的影响

经双因素方差分析，在不同土壤类型下，玉米地上部磷含量在接种处理与不同根系分隔处理之间的交互作用显著（$P<0.01$），根系磷含量在接种处理与不同根系分隔处理之间的交互作用不显著，但接种处理间差异显著（$P<0.01$），根系分隔处理间差异极显著（$P<0.001$）。

由图 8-1 可知，在红壤上，不同根系分隔方式下接种 GM 处理时，玉米地上部磷含量明显高于其他菌根处理，其中 GM-不分隔和 GM-隔尼龙网处理下玉米地上磷含量均高于其他组合处理，且在 3 种分隔方式下接种 GM 的玉米地上磷含量显著高于接种 GE 处理，说明间作根系不分隔和半分隔状况下接种 GM 真菌对玉米地上部磷素累积的促进作用优于地下部完全分隔。而在紫色土种植情况下，根系不分隔处理中，接种 GM 的玉米地上部磷含量明显高于其他菌根处理，而隔塑料布和隔尼龙网处理中，接种 AMF 处理的玉米地上部磷含量低于不接种处理；NM 处理下，根系分隔处理的玉米地上部磷含量高于不分隔处理，而 GM-不分隔处理和 GE-不分隔处理的玉米地上部磷含量均显著高于分隔处理，说明间作根系不分隔状况下接种 GM 和 GE 真菌更能促进磷素向玉米地上部迁移。同一根系分隔处理方式下进行的多重比较（图 8-1）显示：在红壤上，接种 GM 的玉米根系磷含量明显高于不接种和接种 GE 处理，其中隔尼龙网接种 GM 处理下的含量更高；在紫色土上，无论根系分隔方式如何，接种 GM 真菌处理的玉米根系磷含量均明显高于不接种和接种 GE 处理，也是隔尼龙网接种 GM 处理的玉米根系磷含量更高，说明接种 GM 在间作半分隔状况下更能促进玉米根系对磷素的吸收。

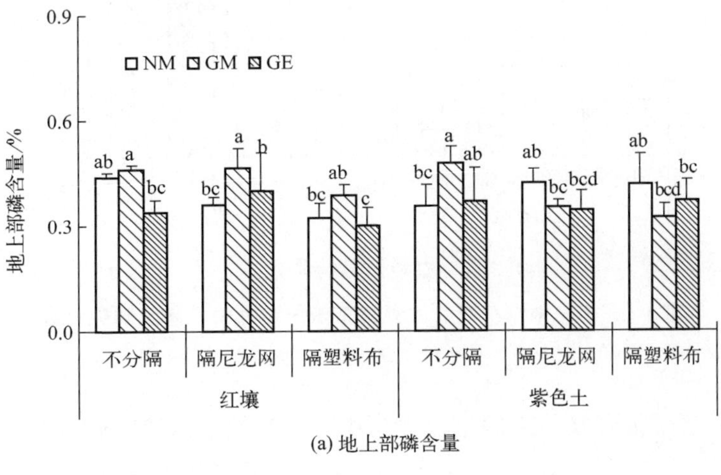

(a) 地上部磷含量

图 8-1

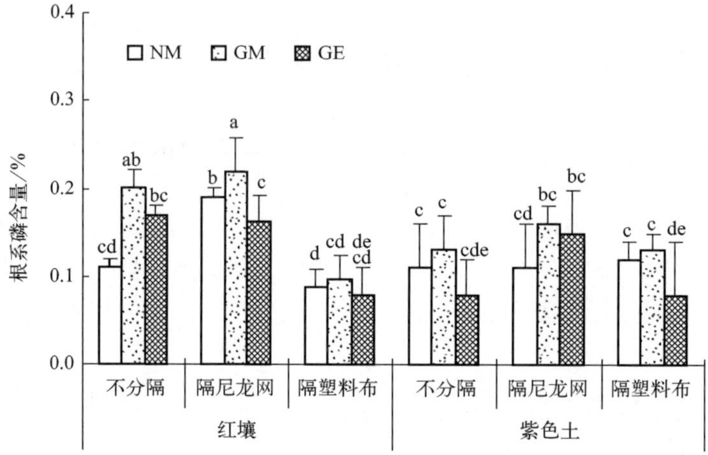

(b) 根系磷含量

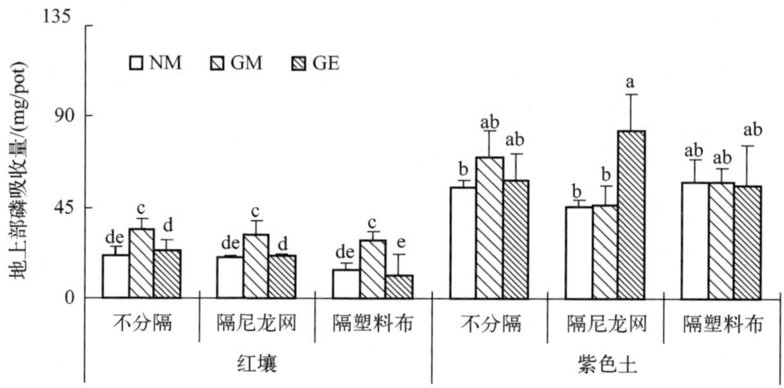

(c) 地上部磷吸收量

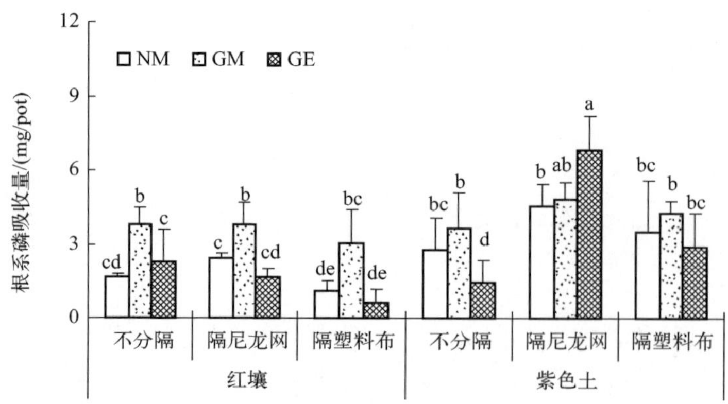

(d) 根系磷吸收量

图 8-1 不同根系分隔方式处理下玉米植株磷含量及磷吸收量

图中不同处理标注不同字母，表示在 $P<0.05$ 水平差异显著，后同

经双因素方差分析可知，不同土壤类型中，玉米地上部磷吸收量在接种处理与不同分隔处理之间的交互作用显著（$P<0.01$）。玉米根系磷吸收量在接种处理与不同根系分隔处理之间的交互作用不明显，但接种处理间差异显著（$P<0.01$），根系分隔处理

间差异显著（$P<0.001$）。

由图 8-1 可知，红壤中 3 种根系分隔方式下，玉米地上磷吸收量在不同 AMF 处理间差异不显著，不同根系分隔方式下接种 GM 处理下的玉米地上部磷吸收量显著大于其他菌根处理，此外 NM、GM 和 GE 处理的玉米地上部磷吸收量在不同分隔方式间差异不显著，而 NM 和 GE 处理的玉米根系磷吸收量则以隔塑料布处理显著较低。在紫色土上，GM-不分隔处理和 GE-隔尼龙网处理下玉米地上部磷吸收量明显高于其他组合处理，且所有处理中以 GE-隔尼龙网处理下的玉米地上部磷吸收量最高，说明 GE-隔尼龙网处理能极大地促进磷素向玉米地上部迁移。在红壤上不同根系分隔方式下，接种 GM 处理的玉米根系磷吸收量均显著高于其他菌根处理，而在不同根系分隔方式下 NM 和 GE 处理间的差异均不显著。在紫色土上，NM、GM 和 GE 处理的玉米根系磷吸收量均在隔尼龙网处理下高于其他分隔处理，说明玉米根系磷吸收量在根系分隔状态下有一定程度增加，并在隔尼龙网下增加明显。

8.3.2　不同根系分隔方式和接种 AMF 对大豆磷吸收的影响

经双因素方差分析，在不同土壤类型下，大豆地上部磷含量在接种处理与不同根系分隔处理之间的交互作用显著（$P<0.01$），根系磷含量在接种处理与不同根系分隔处理之间的交互作用也显著。

由图 8-2 可知，在红壤种植情况下，隔塑料布处理中，接种 GM 和 NM 处理大豆地上部磷含量显著高于其他组合处理，GE 接种情况下 3 种分隔方式间的差异不显著，说明根系分隔状况下接种 GM 真菌能很好地促进大豆地上部磷素的累积。而在紫色土种植情况下，不分隔处理中接种 GM 真菌的大豆地上部磷含量明显高于其他分隔处理，NM 和 GE 在根系分隔处理下的差异不显著。不同根系分隔处理中的大豆地上部磷含量，在 NM 处理间，不分隔处理明显高于其他根系分隔处理，GE 接种处理间 3 种根系分隔方式差异不显著，而不同根系分隔方式下接种 GM 处理的大豆地上部磷含量明显高于不接种和接种 GE 处理。说明根系分隔状况下接种 GE 真菌能抑制磷素向大豆地上部迁移。多重比较（图 8-2）显示：在红壤种植情况下，接种 GM 真菌在不分隔、隔塑料布处理下

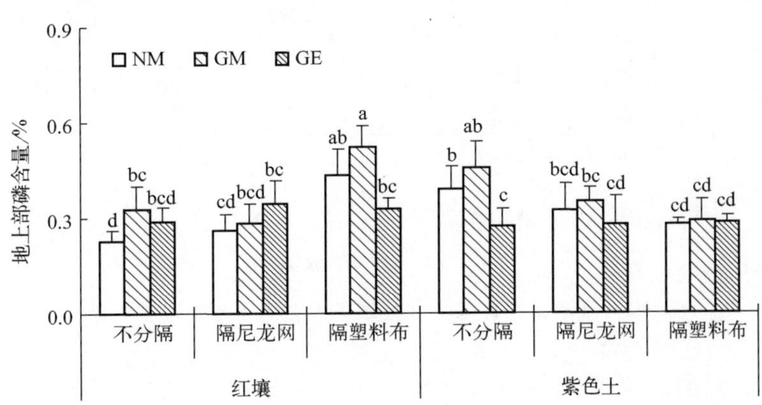

(a) 地上部磷含量

图 8-2

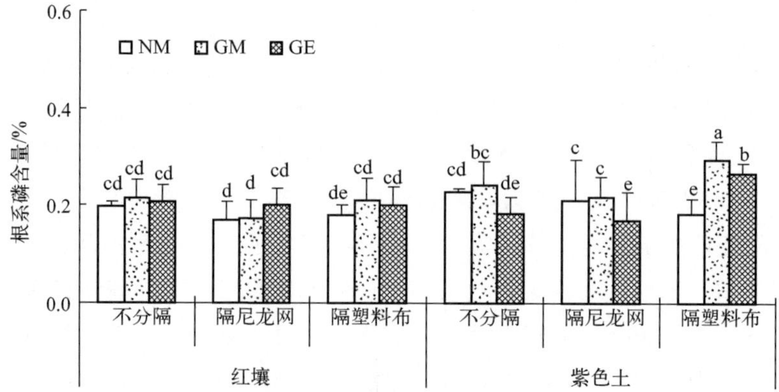

(b) 根系磷含量

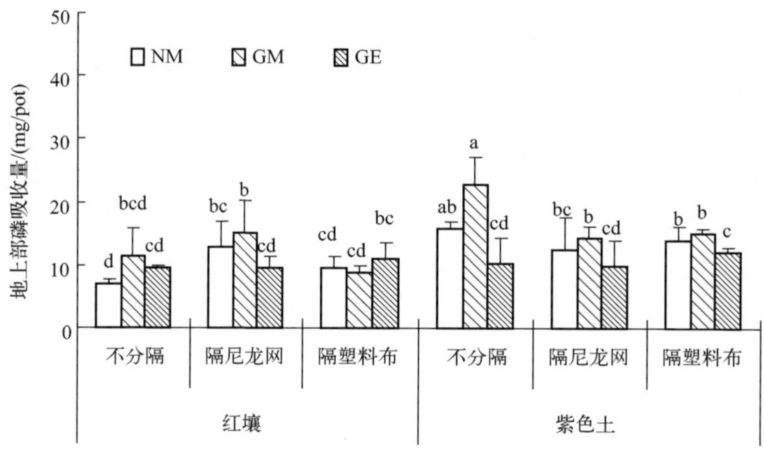

(c) 地上部磷吸收量

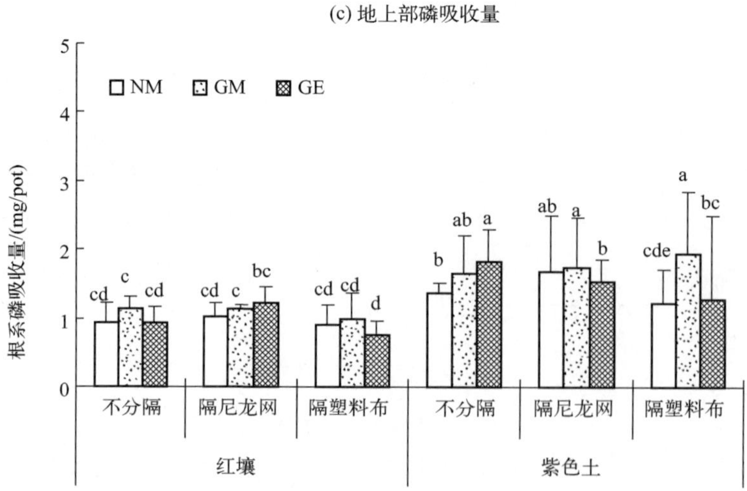

(d) 根系磷吸收量

图 8-2 不同根系分隔方式处理下大豆磷含量及磷吸收量

的大豆根系磷含量明显高于其他菌根处理；在紫色土上，隔塑料布处理下接种 GM 和 GE 真菌的大豆根系磷含量显著高于其他分隔处理，无论何种根系分隔方式，接种 GM 真菌处理的大豆根系磷含量均明显高于其他菌根处理，说明接种 GM 能够较好地促进大豆根系对磷素的吸收。

经双因素方差分析可知，不同土壤类型中，大豆地上部磷吸收量和根系磷吸收量在接种处理与不同分隔处理之间的交互作用显著（$P<0.01$）。

由图 8-2 可知，红壤中 3 种根系分隔方式下，不接种和接种 GM 的大豆地上部磷吸收量在隔尼龙网处理时显著高于其他分隔方式处理；在紫色土中，同一根系分隔方式下，接种 GM 的大豆地上部磷吸收量明显高于其他菌根处理，其中不分隔-GM 处理显著高于其他组合处理。可见，接种 GM 真菌能大幅提高红壤和紫色土上大豆地上部磷吸收量，而接种 GE 真菌则不同程度减少了紫色土磷素向大豆地上部的迁移。在红壤中，GE-隔尼龙网处理的大豆根系磷吸收量明显高于其他组合处理，在不分隔与隔塑料布处理下接种 GM 的大豆根系磷吸收量明显高于其他菌根处理，所以接种 GM-不分隔和接种 GE-隔尼龙网处理可以有效促进大豆根系对磷的吸收。在紫色土中，不分隔情况下接种 GE 的大豆根系磷吸收量明显高于其他菌根处理，而 GE 接种情况下不分隔处理的大豆根系磷吸收量显著高于其他分隔处理，而接种 GM 真菌时 3 种根系分隔方式间的差异不显著。

8.4　菌根与根系分隔对根系磷吸收量的影响

经双因素方差分析，在不同土壤类型中，玉米和大豆根系磷吸收量在接种处理与不同根系分隔处理之间的交互作用显著（$P<0.05$）。由图 8-3 可知，红壤中，接种 GM 和 GE 真菌在不分隔处理和隔尼龙网时均能提高玉米根系对磷的吸收量，隔塑料布处理下接种 GE 与不接种处理相比也能明显提高玉米根系的磷吸收量；此外，红壤中不分隔处理和隔尼龙网处理下接种 AMF 均能促进大豆根系磷的吸收，但在隔塑料布时接种 GM 真菌的大豆根系磷吸收量明显高于其他菌根处理，且不管接种与否，隔塑料布处理显著高于隔尼龙网处理。

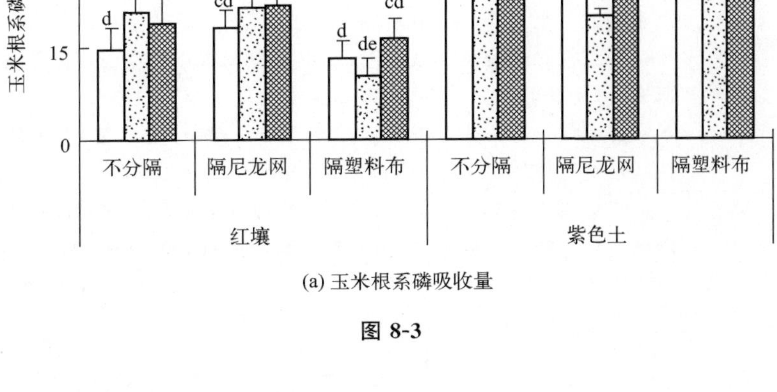

(a) 玉米根系磷吸收量

图 8-3

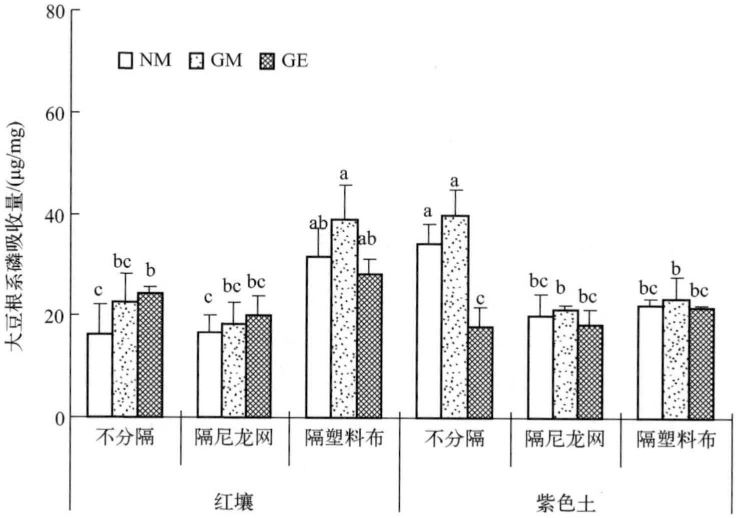

(b) 大豆根系磷吸收量

图 8-3 不同菌根接种和根系分隔方式下玉米/大豆根系的磷吸收量

紫色土中，不分隔处理下接种 GM 的玉米根系磷吸收量明显高于其他菌根处理，隔尼龙网处理下接种 GM 的玉米根系磷吸收量则明显低于其他菌根处理，不过不分隔处理和隔塑料布处理下 3 种菌根处理的玉米根系磷吸收量之间差异不显著。根系隔尼龙网处理下，GE 处理的玉米根系磷吸收量显著大于 GM 处理。根系隔塑料布处理下，NM 处理的玉米根系磷吸收量明显高于其他菌根处理；GM 接种处理下，根系不分隔处理的玉米根系磷吸收量显著高于隔尼龙网处理和隔塑料布处理。说明根系分隔处理在一定程度上降低了玉米根系的磷吸收量。大豆根系不分隔处理下，不接种和接种 GM 处理的大豆根系磷吸收量显著高于 GE 处理，根系隔尼龙网和隔塑料布处理下接种 GM 的大豆根系磷吸收量高于其他菌根处理，但不同菌根处理间差异不显著，此外不接种和接种 GM 处理中不分隔处理的大豆根系磷吸收量显著高于隔尼龙网和隔塑料布处理，说明在不同分隔条件下接种 GM 均能对增加大豆根系对磷的吸收。

参考文献

杜文盼，赵桂琴，柴继宽，等，2024. 根系分隔方式对燕麦/豌豆间作地上生物量、土壤养分及根系性状的影响 [J]. 草业学报，33 (8)：25-36.

鄂玉江，戴俊英，顾慰连，1988. 玉米根系的生长规律及其与产量关系的研究 [J]. 作物学报，14 (4)：310-314.

郝艳如，劳秀荣，赵秉强，等，2003. 隔根对小麦/玉米间套种植生长特性的影响 [J]. 麦类作物学报，23 (1)：71-74.

王瑞雪，冯瑞，苏丽珍，等，2021. 根系分隔方式对间作玉米大豆根际红壤磷组分及磷吸收的影响 [J]. 西南农业学报，34 (12)：2604-2612.

第9章 菌根与分室磷添加对作物-土壤系统磷迁移的影响

在间作系统中，对于作物根系之间的相互影响和养分在土壤中的转化，地下作用比地上相互作用更为重要。对红壤上小麦蚕豆间作进行的研究表明，间作处理促进了小麦根际土壤有效磷含量的提高（张德闪 等，2013）。徐强等（2007）通过盆栽模拟试验对线辣椒和玉米间作进行研究得出，间作线辣椒和玉米植株磷含量均明显增加，其有效磷含量也均明显提高。而成婧等（2013）对渭北旱塬坡耕地玉米/苜蓿间作研究表明，玉米-苜蓿间作土壤全磷和有效磷含量均有所降低。由此可见，间作模式可能是通过促进植株对土壤磷素的吸收而降低了全磷在土壤中的残留，然而不同间作模式中根际土壤有效磷含量有增有减，这可能是由不同作物间作模式的磷素吸收机制不同导致的。

研究表明，种间相互作用可塑性和养分获取策略明显影响了养分贫乏的森林土壤中各种土壤磷条件下植物物种的共存（Standish et al.，2021）。另有研究证实，AMF 可以通过菌丝桥影响相邻植物之间的资源分配，从而缓解种间竞争，因此接种 AMF 可能会影响共生植物物种之间的资源分配和种间共存（van Der Heijden et al.，2003），使接种 AMF 的生物多样性系统实现群落结构和功能的平衡（Jia et al.，2021）。此外，接种 AMF 促进了种间相互作用，以提高蚕豆-玉米多样化种植系统的生产力和可持续性（Wang et al.，2019）。近期研究表明，植物-植物相互作用模式的转变是由资源短缺条件下根际磷酸酶活性提高 5.08%～20.02%、根际酸化和微生物活性增强等机械驱动的，而接种 AMF 显著提高了根际土壤磷的利用率及能力和微生物生物量（$P<0.05$）；然而，它增强了磷和水的互补利用，在高资源条件下种间竞争减弱。因此，接种 AMF 积极改变了沿资源梯度的植物-植物相互作用模式，以提高磷、氮和水的利用效率，这就进一步验证了有资源依赖的种间相互作用以及 AMF 在优化营养贫乏间作系统资源利用中的作用（Zhu et al.，2023）。

本章介绍了菌根与三室隔网对作物-土壤系统磷迁移影响的模拟研究方法，以及分析了上述模拟试验中菌根或菌丝、根系分别在分室有机磷、无机磷添加条件下对红壤和紫色土上玉米、大豆作物根系侵染、植株生长、磷素累积、磷素吸收效率以及土壤磷的形态变化、吸附动力学、等温吸附与吸附方程拟合及相关酶活性等的差异性影响。

9.1 菌根与三室隔网对作物-土壤系统磷迁移影响的研究方法

9.1.1 试验材料

供试土壤类型分为红壤和紫色土，分别取自晋城周边和滇池流域宝象河水库附近坡地。红壤基本化学属性：土壤 pH 值为 6.22，有机质含量为 23.59g/kg，全磷含量为 0.10g/kg，有效磷含量为 2.25mg/kg，全钾含量为 11.92g/kg，速效钾含量为 75mg/kg。紫色土基本化学属性：土壤 pH 值为 7.47，有机质含量为 24.81g/kg，全磷含量为 0.16g/kg，有效磷含量为 5.94mg/kg，全钾含量为 8.24g/kg，速效钾含量为 115mg/kg。红壤和紫色土自然风干之后过 2mm 筛，混匀装入灭菌袋（50cm×30cm）中进行高压蒸汽灭菌（120℃间歇灭菌共 2h），置于牛皮纸上晾于遮阳防尘地 2～3d 后收入密封塑料袋，避免其他途径的微生物污染。

试验宿主植物为玉米（*Zea mays* L.，农大 108），挑选大小一致且籽粒饱满的玉米种子，用 10% H_2O_2 表面消毒 10min，随后用蒸馏水冲洗多次，置于 25℃恒温培养箱催芽 2～3d，种子露白 1cm 左右播种。

供试宿主植物大豆（Soybean）为本地大豆，挑选外形圆润且表皮完整的大豆种子，用 10% H_2O_2 表面消毒 10min，随后用蒸馏水冲洗多次，置于放有湿润定量滤纸的培养皿中，于 25℃恒温培养箱催芽 2d，待发芽较整齐时取出播种。

供试 AMF 由北京市农林科学院植物营养与资源研究所提供，分别为 *Glomus mosseae*（BGC GZ01A、1511C0001BGCAM0012）（GM）、*Glomus etunicatum*（BGC GZ03C、1511C0001BGCAM0046）（GE），均分离自农田作物根际土壤，其中的 *Glomus* 还是农田优势属。供试菌剂以玉米和三叶草为宿主植物扩繁得到，每盆接种 75g。

9.1.2　试验设计与管理

本章采用三室隔网分室盆栽模拟试验，于 2012 年 9～12 月在云南农业大学科研大棚里进行。试验设计基于红壤和紫色土，采用三室隔网分室装置，根室设玉米/大豆间作及各自单作处理，不接种（NM）和接种不同 AMF 处理（GM、GE），在分室中设不施磷肥、施无机磷（磷酸二氢钾）和施有机磷（大豆卵磷脂），施磷量（P）为 50mg/kg。即 4 个因素，共计 54 个处理，不接种处理重复 4 次，接种处理重复 3 次，共需 180 盆和 360 个分室。每盆接种菌剂 75g。作为分室的两个塑料小瓶为底部封闭的白色圆柱形状，普通塑料材质，小瓶高 8.5cm，瓶口直径约 3.5cm，底部直径约 5cm，瓶口用胶水粘有 400 目尼龙网（菌根菌丝可以穿过尼龙网到分室土壤中吸收养分，而根系不能穿过），装土量共约 300g，按所设定的磷添加比例加入磷，混匀后装瓶，且均匀加入所需水分，使土壤含水量达 13%，然后把两小瓶横向斜对着埋入塑料袋内靠近底层土壤中间的同一水平位置上。

种植容器：内套塑料袋的 5L 白色塑料花盆（可容 4kg 土），洗净晾干，在塑料袋和花盆上均统一编号。供试磷形态（phosphorus forms）均为分析纯，无机磷（inorganic P）选用磷酸二氢钾，有机磷（organic P）选用大豆卵磷脂，磷素（P）添加量均为 50mg/kg。每盆装土 4kg，加入肥料后混合均匀，平衡 1 周。接种处理每盆加菌剂 75g，对照加入等量的灭菌菌剂，与土壤充分混匀后装盆，浇水使土壤含水量达到 13%。选出芽在 0.5～1cm、颗粒饱满的玉米和大豆种子，间作每盆玉米播种 4 颗，大豆 6 颗，出苗后各间苗 2 棵；单作玉米种 6 颗间苗 2 棵，单作大豆种 8 颗间苗 2 颗。管理模式同 8.1.2 部分相关内容。

9.1.3　数据处理与分析

试验数据采用 EXCEL 2003 软件进行基本统计，采用 SPSS 17.0 统计软件对不同根系分隔处理下的 AMF 接种处理和分室不同磷添加进行双因素方差分析。交互作用显著的情况下进行整体数据LSD多重比较，检验不同AMF接种状况与分室不同磷添加处理之间的差异显著性（$P<0.05$）。在分室不同磷添加处理和接种处理交互作用不显著的情况下，分别对接种或未接种处理进行多重比较，分析分室不同磷添加量处理之间的差异显著性，并对同一根系分隔方式下各处理间进行多重比较，分析不同菌根处理间的差异显著性。

9.2 菌根与分室磷添加对作物生长的影响

9.2.1 分室磷添加与AMF接种对玉米生长及根系侵染的影响

在红壤上，不接种处理玉米根系中未发现有AMF侵染（见表9-1）。差异性分析表明，同一接种状况下，分室不同磷添加处理的玉米根系均有一定的菌根侵染，且GM-OP50处理的侵染率显著高于其他磷添加处理，GE-IOP50处理高于其他磷添加处理。对相同分室磷添加处理进行方差比较显示，在P0和OP50处理中接种GE的玉米根系的菌根侵染率显著低于其他菌根处理。

表9-1 不同磷添加和接种AMF处理下玉米生长及菌根侵染的状况（红壤）

接种状况	分室磷添加量/(g/kg)	生物量/(g/sing)		菌根侵染率/%	根长/(m/pot)
		地上部	根系		
NM	P0	2.69^{b}	0.68^{c}	0^{d}	21.9^{b}
	IOP50	2.52^{bc}	0.95^{b}	0^{d}	28.1^{a}
	OP50	3.18^{a}	1.25^{a}	0^{d}	18.5^{c}
GM	P0	2.28^{c}	0.79^{c}	48.7^{b}	21.5^{bc}
	IOP50	2.65^{b}	0.82^{bc}	48.5^{b}	11.9^{d}
	OP50	2.87^{b}	1.37^{a}	63.5^{a}	18.1^{c}
GE	P0	2.57^{bc}	0.87^{bc}	27.8^{c}	21.8^{b}
	IOP50	3.01^{a}	1.00^{ab}	43.8^{bc}	28.0^{a}
	OP50	3.08^{a}	1.07^{ab}	24.4^{c}	22.4^{ab}

注：不同字母表示在$P<0.05$水平差异显著，P0表示不添加磷，IOP50表示添加无机磷50mg/kg，OP50表示添加有机磷50mg/kg。下同。

经双因素方差分析，植株地上部分及根系的生物量在分室不同磷添加处理与不同菌根处理之间的交互作用不显著。无论接种与否，同样接种情况下植株地上部及根系的生物量基本是随着分室添加P0、IOP50和OP50的顺序呈增加趋势，且在OP50处理下的生物量显著高于P0处理（如表9-1所列），说明OP50的添加对玉米植株的生长具有促进作用。对同一分室磷添加水平进行方差分析显示，无论是否接种，玉米根系生物量及根长基本没有显著差异。但玉米地上部生物量在不同接种情况下表现各异：不添加磷时，接种GM和GE处理低于不接种处理；添加IOP50时接种GM处理显著低于接种

GE 处理；添加 OP50 时同样是接种 GM 处理显著低于接种 GE 处理，而不接种处理则相对更高。

在紫色土上，不接种处理玉米根系中未发现有 AMF 侵染（见表 9-2）。通过差异分析表明，同一接种状况下，分室不同磷添加处理的玉米根系均有一定的菌根侵染，且 GM-OP50 和 GE-P0 处理时的侵染率明显高于其他磷添加处理。对相同分室磷添加处理进行方差比较显示，在 OP50 处理中接种 GE 的玉米根系的菌根侵染率明显低于其他菌根处理。

表 9-2　不同磷添加和接种 AMF 处理下玉米生长及菌根侵染的状况（紫色土）

接种状况	分室磷添加量/(g/kg)	生物量/(g/sing)		菌根侵染率/%	根长/(m/pot)
		地上部	根系		
NM	P0	1.59^{a}	0.55^{b}	0^{d}	28.1^{a}
	IOP50	1.53^{ab}	0.23^{e}	0^{d}	18.6^{cd}
	OP50	1.43^{b}	0.55^{c}	0^{d}	23.7^{b}
GM	P0	1.06^{cd}	0.56^{ab}	50.1^{b}	16.7^{cd}
	IOP50	1.02^{d}	0.34^{d}	54.3^{ab}	15.1^{cd}
	OP50	1.1^{cd}	0.6^{b}	66.3^{a}	17.9^{cd}
GE	P0	1.27^{c}	0.19^{c}	43.9^{bc}	20.9^{c}
	IOP50	1.61^{a}	0.55^{b}	40.1^{bc}	22.2^{b}
	OP50	1.27^{c}	0.72^{a}	34.4^{c}	13.9^{d}

注：不同字母表示在 $P<0.05$ 水平差异显著。

经双因素方差分析，植株地上部分及根系的生物量在分室不同磷添加处理与不同菌根处理之间的交互作用显著。在不接种处理下，随着磷添加量的增加，植株生物量减少，且在 P0 处理下的生物量显著高于 OP50 处理（如表 9-2 所列）。在接种 GM 和 GE 处理时玉米地上部磷含量分别在 OP50 和 IOP50 时更高，说明只要分室有磷添加就可以对玉米植株的生长带来一定的促进作用。对同一分室磷添加水平进行方差分析显示，无论是否接种，玉米根系生物量及根长基本存在显著差异，且在 IOP50 时玉米根系生物量相对较低（除接种 GE 处理时以 P0 处理下较低外）。但玉米地上部生物量在不同接种情况下表现各异，不添加磷时地上部生物量以不接种处理显著高于其他接种处理，添加 IOP50 时以接种 GM 处理显著较低，添加 OP50 时同样是接种 GM 处理明显较低，而不接种处理则是显著较高。

9.2.2　分室磷添加与 AMF 接种对大豆生长及根系侵染的影响

在红壤上，不接种处理大豆根系中未发现有 AMF 侵染（表 9-3）。差异性分析表明，同一接种状况下，分室不同磷添加处理的玉米根系均有一定的菌根侵染，且 GM-OP50 处理的侵染率明显高于其他磷添加处理，GE-IOP50 处理高于其他磷添加处理。

对相同分室磷添加处理进行方差比较显示，在P0处理下不接种、接种GM和接种GE处理玉米根系的菌根侵染率显著低于其他接种处理。

经双因素方差分析，大豆地上部及根系的生物量在分室不同磷添加处理与不同菌根处理之间的交互作用显著。在不接种处理下，随着磷添加量的增加，植株生物量有所增加，且在NM-P0和GM-P0处理下的生物量明显低于其他磷添加处理（如表9-3所列）。在接种GM和GE处理下OP50处理大豆地上部生物量均较高，说明OP50处理下接种AMF对大豆植株的生长具有促进作用。无论接种与否，同样接种情况下大豆地上部和根系的生物量大部分是随着分室磷添加P0、IOP50和OP50的顺序呈增加趋势，且在NM和GM处理下添加IOP50的大豆生物量均明显高于P0处理，而GE-OP50处理时生物量也明显高于最低的P0处理（如表9-3所列），说明IOP50和OP50的添加在不同程度上促进了大豆植株的生长。对同一分室磷添加水平进行方差分析显示，无论是否接种，玉米根系生物量及根长基本没有显著差异。但地上部生物量在不同接种情况下表现各异：不添加磷时，不接种和GM处理则低于GE接种处理；添加IOP50时植株生物量以接种GE处理明显较低；添加OP50时地上部生物量则是不接种处理明显较低，而接种GE处理显著更高。

表9-3 不同磷添加和接种AMF处理下大豆生长及菌根侵染的状况（红壤）

接种状况	分室磷添加量/(g/kg)	生物量/(g/sing)		菌根侵染率/%	根长/(m/pot)
		地上部	根系		
NM	P0	1.59^{cd}	0.49^{c}	0^{d}	11.7^{abc}
	IOP50	3.02^{ab}	0.71^{ab}	0^{d}	10.7^{bc}
	OP50	2.24^{bc}	0.72^{ab}	0^{d}	8.3^{c}
GM	P0	1.97^{c}	0.59^{bc}	49.8^{c}	8.9^{bc}
	IOP50	2.56^{abc}	0.86^{a}	62.3^{b}	12.1^{ab}
	OP50	2.41^{b}	0.64^{b}	67.9^{ab}	6.4^{e}
GE	P0	2.35^{bc}	0.42^{c}	44.8^{c}	14.7^{a}
	IOP50	2.24^{bc}	0.56^{bc}	76.6^{a}	9.2^{b}
	OP50	3.20^{a}	0.58^{bc}	53.9^{bc}	8.1^{cde}

在紫色土上，不接种处理大豆根系中未发现有AMF侵染（见表9-4）。差异性分析表明，同一接种状况下，分室不同磷添加处理的玉米根系均有一定的菌根侵染，且GM-OP50和GE-P0处理下的侵染率显著高于其他磷添加处理。对相同分室磷添加处理进行方差比较显示，在OP50和IOP50处理时接种GE和GM的大豆根系菌根侵染率明显低于其他菌根处理。

经双因素方差分析，植株地上部及根系的生物量在分室不同磷添加处理与不同菌根处理之间的交互作用不显著。无论接种与否，相同接种情况下植株地上部都是随着分室磷添加P0、IOP50和OP50的顺序呈增加趋势，且OP50处理下的大豆生物量显著高于P0处理（如表9-4所列），而根系的生物量则没有明显的增加趋势，说明OP50的添加对玉米植株的生长具有一定促进作用。对同一分室磷添加水平进行方差分析显示，无论接种与否，玉米根系生物量及根长基本没有显著差异。但地上部生物量在不同接种情况下表现各异：无论分室磷添加与否，接种 GM 和 GE 的大豆根系生物量均显著高于不接种处理；添加 IOP50 时大豆地上部生物量以接种 GE 处理明显较低；添加 OP50 时大豆植株生物量以接种处理明显较高，且以接种 GE 处理相对更高。

表 9-4　不同磷添加和接种 AMF 处理下大豆生长及菌根侵染的状况（紫色土）

接种状况	分室磷添加量/(g/kg)	生物量/(g/sing)		菌根侵染率/%	根长/(m/pot)
		地上部	根系		
NM	P0	0.96^{cd}	0.2^{c}	0^{d}	12.1^{cd}
	IOP50	1.14^{bc}	0.18^{e}	0^{d}	21.8^{a}
	OP50	1.32^{bc}	0.21^{d}	0^{d}	18.3^{b}
GM	P0	0.78^{d}	0.46^{a}	41.6^{bc}	11.9^{cd}
	IOP50	1.13^{bc}	0.26^{c}	40.8^{c}	17.4^{b}
	OP50	1.78^{b}	0.25^{c}	42.9^{bc}	12.6^{cd}
GE	P0	0.95^{cd}	0.46^{a}	57.7^{a}	13.7^{c}
	IOP50	1.01^{cd}	0.44^{a}	46.7^{b}	11.2^{d}
	OP50	2.24^{a}	0.38^{b}	42.1^{bc}	12.8^{cd}

9.3　菌根与分室磷添加对作物磷素累积的影响

9.3.1　分室磷添加与 AMF 接种对玉米磷吸收的影响

经双因素方差分析，在不同土壤类型中，玉米磷含量及吸收量在不同磷添加处理和接种处理间交互作用显著。试验结果表明（图 9-1），无论接种与否，红壤上 P0 处理和紫色土 OP50 处理下玉米地上部磷含量相应明显高于其他磷添加处理。接种 GM 的不同磷添加量对红壤、紫色土玉米地上部磷含量具有不同程度的促进作用，在红壤上以 GE-IOP50 处理显著低于其他组合处理，表明在不同土壤类型与磷添加处理下，接种 GM 可以促进玉米地上部磷的吸收。玉米地上部磷吸收量在红壤和紫色土之间差异极显著，无论磷添加水平还是菌根处理，红壤上的玉米地上部磷吸收量均显著高于紫色土处理。红壤上 OP50 处理下无论接种与否都对玉米地上部磷吸收量起到促进作用，且显著高于 P0 和 IOP50 处理；紫色土上无论磷添加与否，不接种处理均明显高于接种 GM 处理，而 GE 处理下 IOP50 添加的玉米地上磷素吸收量高于 P0 和 OP50 处理。

由图 9-1 可以看出，红壤上 GE-IOP50 和 GM-OP50 处理的玉米根系磷含量显著高于其他组合处理，而 GE-P0 处理和 NM-IOP50 处理下的根系磷含量明显低于其他组合处理。在紫色土上则以 GM-P0 处理下的玉米根系磷含量明显低于其他组合处理，并且 NM-IOP50 处理、GE-IOP50 处理和 GM-OP50 处理的玉米根系磷含量均明显高于其他

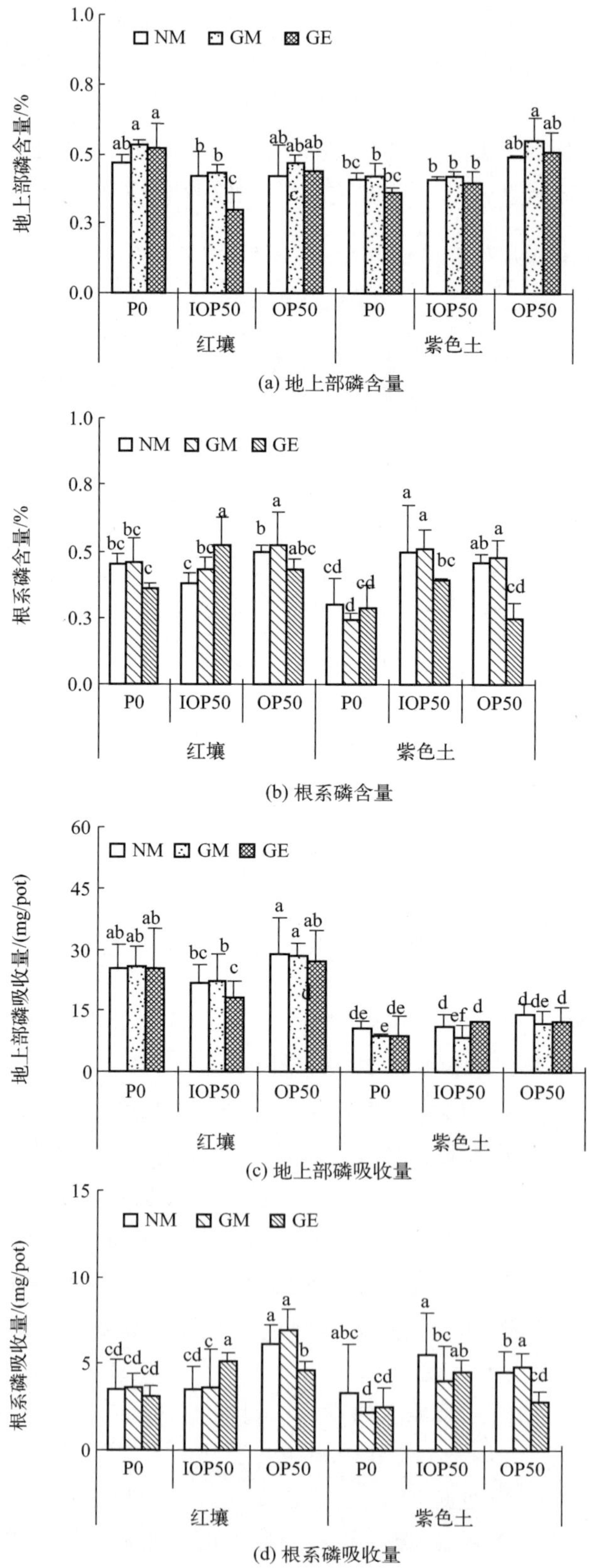

图 9-1　分室不同磷添加和接种 AMF 处理下玉米植株磷含量及磷吸收量

组合处理。结果表明红壤上接种 AMF 与不同形态磷添加的组合能促进根系磷的吸收，而在紫色土中添加 IOP50 或 OP50 后接种 GM 增加玉米根系磷含量的效果更明显。

结果表明，在红壤上 GE-IOP50 处理和 GM-OP50 处理的玉米根系磷吸收量显著高于其他组合处理，而在 NM 和接种 GM 状况下，OP50 处理的玉米根系磷吸收量显著高于 P0 和 IOP50 处理。可见，红壤上 GM-OP50 和 GE-IOP50 处理可以促进玉米根系磷含量的吸收。在紫色土上，GM-OP50 处理和 NM-IOP50 处理的玉米根系磷吸收量均明显高于其他组合处理，而 GM-P0 处理玉米根系磷素的吸收量明显低于其他组合处理。

9.3.2 分室磷添加与 AMF 接种对大豆磷吸收的影响

经双因素方差分析，在不同土壤类型中，大豆磷含量及吸收量在不同磷添加处理和接种处理间交互作用显著。试验结果表明（图 9-2），接种 GM 时不同磷添加量对红壤、紫色土大豆地上部磷含量具有不同程度的促进作用，在红壤上，GM-IOP50 处理的大豆地上部磷含量明显高于其他组合；在 OP50 下接种 GE 处理的大豆地上部磷含量明显高于其他菌根处理，在 P0 处理下接种 GM 的大豆地上部磷含量明显高于其他菌根处理。在紫色土上，无论接种与否，OP50 处理的大豆地上部磷含量明显高于其他分室磷处理；无论分室磷添加与否，接种 GM 的大豆地上部磷含量明显高于其他菌根处理。表明在不同土壤类型与磷添加处理下，接种 GM 真菌均可以促进大豆地上部磷的吸收。此外，大豆地上部磷吸收量在红壤和紫色土之间差异极显著，且不同磷添加水平与 AMF 接种处理下，红壤上大豆地上部磷吸收量均明显高于紫色土处理。红壤上无论接种与否，OP50 和 IOP50 处理的大豆地上部磷吸收量明显高于 P0 处理，且 OP50 和 IOP50 处理下接种 GE 的大豆地上部磷吸收量均明显高于其他菌根处理，表明在 IOP50 和 OP50 处理下接种 GE 都对大豆地上部磷吸收量起到促进作用；在紫色土上 IOP50 和 P0 处理下，接种 GM 的大豆地上部磷吸收量均明显高于其他菌根处理，而 GE-OP50 处理的地上部分磷素的吸收量则明显高于其他组合处理。

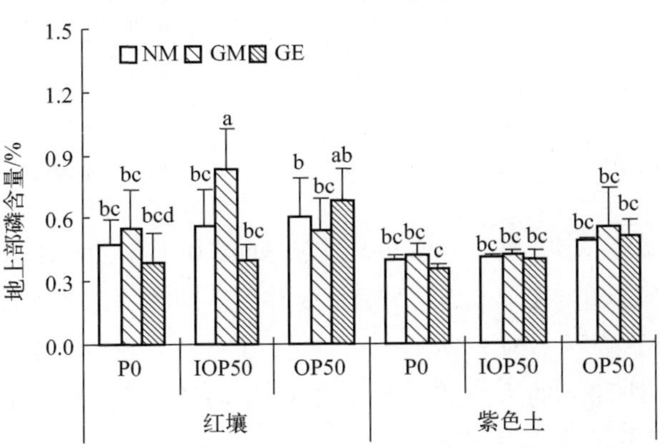

(a) 地上部磷含量

图 9-2

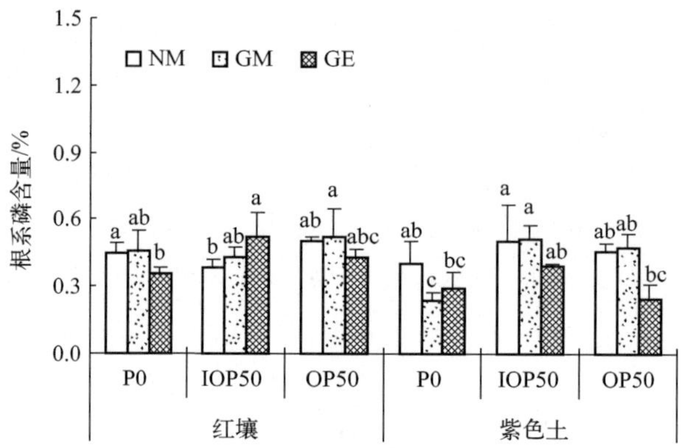

(b) 根系磷含量

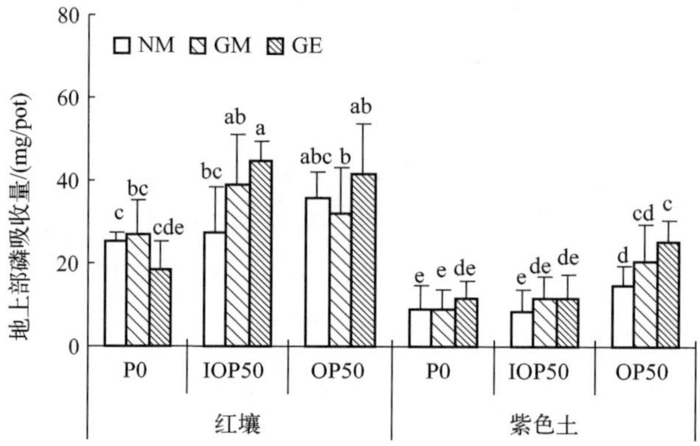

(c) 地上部磷吸收量

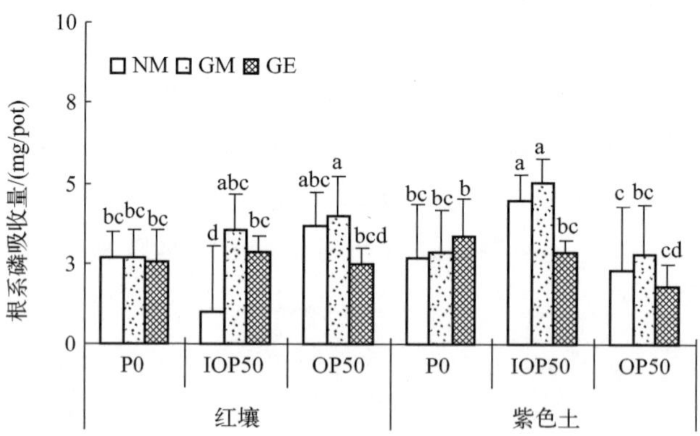

(d) 根系磷吸收量

图 9-2 分室不同磷添加和接种 AMF 处理下大豆植株磷含量及磷吸收量

由图 9-2 可以看出，在红壤上，GE-IOP50 处理和 GM-OP50 处理的大豆根系磷含量明显高于其他组合处理，在 IOP50 处理下接种 GE 的大豆根系磷含量明显高于 GM 处理，而在 OP50 处理下接种 GM 的大豆根系磷含量明显高于 GE 处理。在紫色土上，无论接种与否，IOP50 处理下的大豆根系磷含量明显高于其他分室磷处理，而在 P0 处理下 NM 处理的大豆根系磷含量显著高于 AMF 接种处理，在 IOP50 和 OP50 处理下接种 GM 处理的大豆根系磷含量明显低于其他菌根处理。可见，红壤和紫色土上接种 AMF 与分室不同形态磷添加的优势组合才能增加大豆根系的磷吸收量。

结果进一步表明，在红壤上分室不同磷添加处理下，接种 GM 的大豆根系磷吸收量明显高于其他菌根处理，尤以 GM-OP50 处理更明显促进了大豆根系对磷的吸收。在紫色土上 IOP50 和 OP50 处理下，接种 GM 的大豆根系磷吸收量也明显高于其他菌根处理，而 P0 处理下接种 GE 的大豆根系磷吸收量则高于其他菌根处理，并以 GM-IOP50 处理的大豆根系磷吸收量明显高于其他组合处理。

9.3.3　分室磷添加与 AMF 接种对玉米、大豆根系磷吸收量的影响

经双因素方差分析，在不同土壤类型中，玉米和大豆根系磷吸收量在接种处理与分室不同磷添加处理之间的交互作用显著（$P<0.05$）。由图 9-3 可知，红壤上玉米根系磷吸收量在 3 种磷添加处理之间差异不显著，不过 P0 和 IOP50 下 GM 处理的玉米根系对磷的吸收量明显大于其他菌根处理，且接种 GE 的玉米根系磷吸收量在 P0 处理下显著大于 IOP50 处理。红壤上 IOP50 和 OP50 处理下大豆根系磷吸收量均以接种 GE 处理下明显较高于其他组合处理，而在 P0 处理下接种 GE 的大豆根系磷吸收量则明显低于其他组合处理，且 IOP50-GM 处理和 OP50-GM 处理的大豆根系磷吸收效率分别显著低于 IOP50-GE 处理和 OP50-GE 处理。所以分室不同磷添加处理下接种 GM、GE 分别能不同程度地促进玉米、大豆根系对磷的吸收。

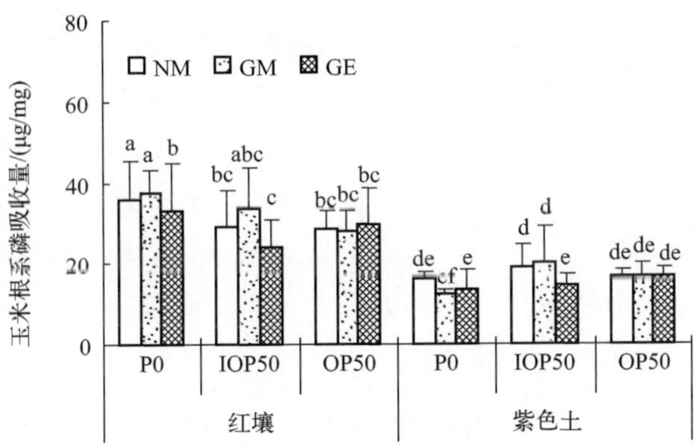

(a) 玉米根系磷吸收量

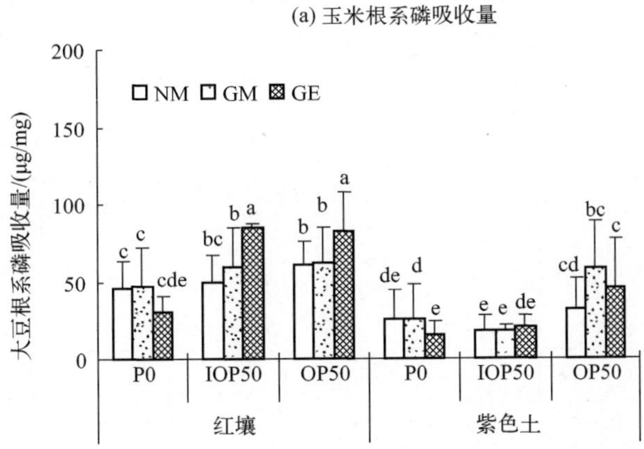

(b) 大豆根系磷吸收量

图 9-3　分室不同磷添加和接种 AMF 处理下玉米、大豆植株磷吸收量

紫色土上，玉米根系磷吸收量在不同磷添加处理和不同菌根处理之间差异不显著，根系磷吸收量以 GM-IOP50 处理和 GM-P0 处理明显分别高于和低于其他组合处理，且在 IOP50 处理下 GM 处理的玉米根系磷吸收量显著高于 GE 处理，而在 P0 处理下，NM 处理的玉米根系磷吸收量明显大于 GM 处理；接种 GE 对不同磷添加处理玉米根系磷吸收量之间的影响差异不显著。不同磷添加处理下大豆根系磷吸收量之间差异极显著（$P<0.001$），OP50 处理下，接种 GM 和 GE 处理的大豆根系磷吸收量显著高于其他磷添加处理，P0 和 IOP50 处理下菌根处理间差异不显著，说明在 OP50 处理条件下接种 AMF 均能增加大豆根系对磷的吸收。

9.4 菌根与分室磷添加对根际土壤磷的影响

9.4.1 不同 AMF 接种和分室磷添加处理对根际磷素形态的影响

采用土壤磷分级新方法（Ⅲ法）（雷宏军 等，2007），对根际土壤进行了磷素形态分级测定，经双因素方差分析，红壤根际 7 种磷素形态在接种不同 AMF 处理与不同分室磷添加处理之间的交互作用显著（$P<0.05$），结果如表 9-5 所列。不接种情况下，Ca_2-P、Al-P、org-P、O-Al-P 和 O-Fe-P 形态分别随着分室 P0、IOP50、OP50 磷添加处理的顺序，磷含量逐渐增加，而 Fe-P 和 Ca_{10}-P 均是在 IOP50 处理下显著高于 OP50 处理；接种 GM 状况下，Ca_2-P、Al-P、Fe-P、O-Al-P 形态分别随着分室 P0、IOP50、OP50 磷添加处理的顺序，磷含量逐渐增加，而 org-P、O-Fe-P 和 Ca_{10}-P 均是在 IOP50 处理下显著高于 OP50 处理；接种 GE 状况下，Ca_2-P、Al-P、Fe-P、O-Al-P 和 Ca_{10}-P 在 IOP50 处理时各形态的磷含量显著高于 OP50 处理，而 org-P 和 O-Fe-P 则是 OP50 处理时显著高于 IOP50。结果显示，无论接种与否不添加磷处理下各形态磷含量最低，IOP50 和 OP50 添加均能增加土壤中 7 种形态的磷含量，比较得出 GM-IOP50 处理下促磷效果最佳，能让更多的有机磷转化成植物所能吸收利用的无机磷，从而促进作物的生长和改善土壤磷素的状况。

表 9-5 不同处理下间作根际红壤磷素形态分级

接种状况	分室磷添加量	Ca_2-P	Al-P	org-P	Fe-P	O-Al-P	O-Fe-P	Ca_{10}-P
NM	P0	26.2 ± 0.6^{c}	54.3 ± 6.1^{c}	3.69 ± 0.1^{c}	96.4 ± 5.2^{f}	56.7 ± 1^{e}	0.1 ± 0.01^{d}	80.1 ± 8^{e}
	IOP50	28.5 ± 0.7^{c}	60.2 ± 3.8^{c}	4.3 ± 0.0^{b}	118.3 ± 3.8^{c}	61.7 ± 1^{b}	0.7 ± 0.06^{b}	131.4 ± 5^{c}
	OP50	45.6 ± 0.5^{a}	60.6 ± 3.8^{c}	4.3 ± 0.1^{b}	112.0 ± 2.6^{d}	68.0 ± 2^{b}	0.8 ± 0.04^{b}	114.1 ± 5^{d}
GM	P0	33.6 ± 4.1^{b}	61.3 ± 3.4^{c}	0.2 ± 0.1^{f}	109.8 ± 3.2^{d}	59.1 ± 1^{cd}	0.4 ± 0.02^{c}	112.6 ± 2^{d}
	IOP50	35.6 ± 0.9^{b}	69.7 ± 8.4^{b}	5.4 ± 0.6^{a}	138.1 ± 4.6^{b}	60.9 ± 2^{a}	0.8 ± 0.08^{a}	179.5 ± 8^{a}
	OP50	35.2 ± 2.0^{b}	79.7 ± 2.0^{a}	1.1 ± 0.1^{d}	146.0 ± 1.8^{a}	66.8 ± 1^{b}	0.4 ± 0.03^{c}	147.6 ± 2^{b}
GE	P0	26.3 ± 1.8^{b}	42.2 ± 3.9^{d}	0.6 ± 0.1^{e}	58.5 ± 1.1^{g}	70.9 ± 5^{d}	0.3 ± 0.02^{d}	87.8 ± 7^{e}
	IOP50	33.8 ± 0.8^{c}	83.5 ± 5.6^{a}	1.1 ± 0.0^{d}	104.2 ± 2.7^{e}	103.4 ± 3^{c}	0.4 ± 0.02^{c}	148.2 ± 4^{b}
	OP50	33.4 ± 0.6^{b}	54.8 ± 2.9^{c}	4.1 ± 0.2^{b}	92.1 ± 2.1^{f}	75.1 ± 7^{ab}	0.8 ± 0.06^{a}	141.2 ± 2^{b}

注：不同字母表示在 $P<0.05$ 水平差异显著。

经双因素方差分析，紫色土根际 7 种磷素形态在接种不同 AMF 处理与分室不同磷添加处理之间的交互作用显著（$P<0.05$），结果如表 9-6 所列。不接种情况下，P0 处理均显著低于磷添加处理，且 IOP50 和 OP50 处理的 7 种磷素形态各自之间差异不显著，Ca_2-P、Al-P、Fe-P 和 Ca_{10}-P 形态分别随着分室 P0、IOP50、OP50 磷添加处理的顺序，磷含量逐渐增加，org-P、O-Al-P 和 O-Fe-P 形态下的磷素则在 IOP50 处理下显著高于 OP50 处理；接种 GM 状况下，不同磷添加对 org-P 形态的影响最明显，IOP50 处理下的 org-P 形态磷含量就是 P0 处理的 19 倍，Ca_2-P、Fe-P、O-Al-P 和 Ca_{10}-P 形态下 OP50 添加处理下磷素含量高于 IOP50 处理，而 Al-P、org-P 和 O-Fe-P 形态均是在 IOP50 处理下显著于 OP50 处理；接种 GE 状况下，7 种形态的磷含量在 IOP50 处理时明显高于 OP50 处理，且 OP50 处理下的 7 种形态磷含量也高于 P0 处理。结果显示，无论接种与否，不添加磷处理下各形态磷含量都低于添加磷处理，IOP50 和 OP50 添加均能增加土壤中 7 种形态磷含量，比较得出 GM-IOP50 和 GE-OP50 组合处理下促磷效果最佳，能让更多的有机磷转化成植物所能吸收利用的无机磷，从而促进植物的生长和改善土壤磷素的状况。

表 9-6　不同处理下间作根际紫色土磷素形态分级

接种状况	分室磷添加量	Ca_2-P	Al-P	org-P	Fe-P	O-Al-P	O-Fe-P	Ca_{10}-P
NM	P0	18.7 ± 0.3^{b}	58.8 ± 5.9^{c}	0.3 ± 0.1^{d}	44.2 ± 3.4^{b}	81.5 ± 4.6^{b}	0.9 ± 0.06^{e}	167.5 ± 9.9^{g}
	IOP50	21.1 ± 2.6^{a}	78.0 ± 0.3^{b}	1.4 ± 0.1^{c}	49.7 ± 0.1^{a}	92.3 ± 1.4^{a}	1.5 ± 0.03^{b}	250.9 ± 7.5^{b}
	OP50	21.9 ± 2.5^{a}	88.6 ± 7.0^{a}	0.9 ± 0.2^{c}	52.4 ± 3.1^{a}	91.0 ± 2.7^{a}	1.4 ± 0.09^{c}	258.7 ± 5.2^{a}
GM	P0	8.5 ± 0.2^{c}	25.1 ± 1.7^{e}	0.5 ± 0.1^{d}	45.6 ± 0.2^{b}	64.9 ± 2.6^{c}	1.4 ± 0.09^{b}	167.8 ± 7.9^{g}
	IOP50	10.2 ± 1.9^{c}	41.4 ± 3.1^{d}	9.7 ± 0.1^{a}	49.7 ± 1.0^{a}	67.7 ± 0.8^{c}	2.1 ± 0.04^{a}	202.6 ± 5.3^{d}
	OP50	17.7 ± 0.8^{b}	40.1 ± 2.6^{d}	8.3 ± 1.3^{b}	52.3 ± 3.0^{a}	68.0 ± 0.5^{c}	1.9 ± 0.24^{a}	259.9 ± 6.7^{b}
GE	P0	5.5 ± 0.2^{e}	29.9 ± 0.7^{e}	0.8 ± 0.1^{c}	45.3 ± 0.4^{b}	56.3 ± 1.7^{d}	1.2 ± 0.06^{d}	187.6 ± 5.9^{e}
	IOP50	6.8 ± 0.4^{d}	38.4 ± 1.2^{d}	1.4 ± 0.1^{c}	51.5 ± 2.2^{a}	82.3 ± 7.8^{b}	1.4 ± 0.01^{c}	219.0 ± 4.6^{c}
	OP50	5.7 ± 0.5^{e}	36.6 ± 2.1^{d}	1.4 ± 0.1^{c}	49.6 ± 1.1^{a}	63.1 ± 1.4^{c}	1.5 ± 0.04^{b}	214.6 ± 4.2^{c}

注：不同字母表示在 $P<0.05$ 水平差异显著。

9.4.2　不同 AMF 接种和分室磷添加处理对根际磷酸酶活性的影响

由图 9-4 可以看出，在不同土壤类型中，分室土与根室土在接种 AMF 和分室磷添加处理下，红壤和紫色土在土壤中磷酸酶活性之间差异极显著。分室土红壤中，P0 处理接种 GE 处理显著高于接种 GM 处理，IOP50 和 OP50 处理下接种 GM 时的土壤磷酸酶活性均要显著于接种 GE 处理，而在紫色土中，P0 和 OP50 处理下接种 GM 真菌要明显高于接种 GE 处理，不接种处理与不同磷添加处理间差异不显著；根室土红壤中不同接种与分室磷添加处理之间的差异性不显著，P0 和 OP50 处理下均是接种 GM 处理的磷酸酶活性明显低于 GE 处理，IOP50 处理下则是接种 GE 处理显著低于接种 GM 处理。紫色土中，磷添加与 AMF 接种之间差异性较显著，P0 和 OP50 处理下均是接种 GM 处理的磷酸酶活性明显高于 GE 处理，IOP50 处理下则是接种 GE 处理明显高于接种 GM 处理，说明在红壤和紫色土上种植时，分别在接种 GM-OP50 和接种 GE-IOP50 处理下能很好地促进土壤磷酸酶活性的产生，活化土壤中的有机磷转化为无机磷供植株根系吸收利用。

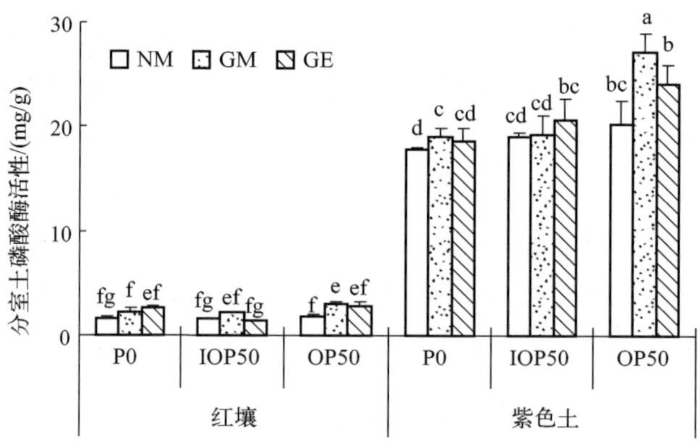

(a) 分室土磷酸酶活性

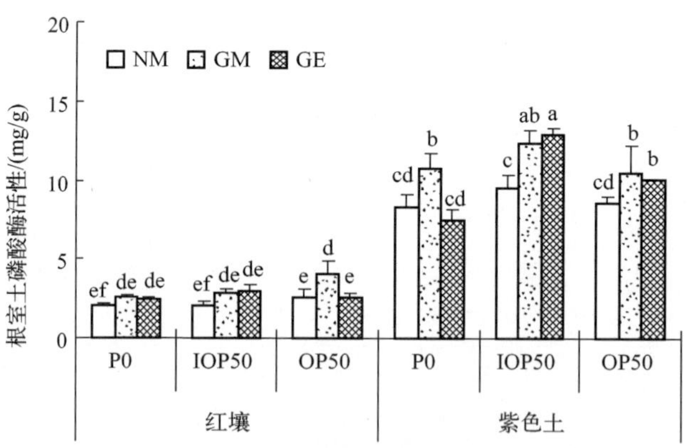

(b) 根室土磷酸酶活性

图 9-4　不同磷添加和接种 AMF 处理下间作分室和根室土磷酸酶活性

9.4.3　不同 AMF 接种和分室磷添加处理对根际有效磷的影响

由图 9-5 可知，分室土中有效磷含量中不同 AMF 接种和磷添加处理之间差异性显著。红壤中 P0 处理接种 GM 时的土壤有效磷含量显著高于 GE 处理，IOP50 和 OP50 处理下接种 GM 处理时均明显高于接种 GE 处理，NM 处理时在不同磷添加状况下差异不显著；在紫色土中，OP50 处理接种 GM 时土壤的有效磷含量极显著于 GE 处理，P0 处理时接种 GE 处理则要高于不接种。综上，无论哪种磷添加状况下接种 GM 处理都能促进土壤中有效磷的吸收，供植株根系利用，而在磷不添加状况下接种 GE 也能起到一定提升作用。

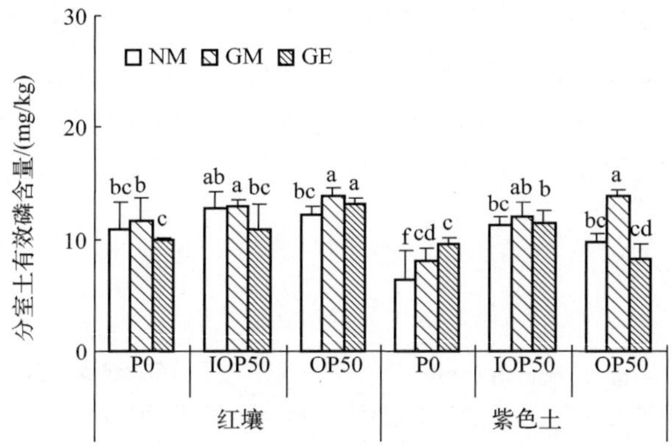

(a) 分室土有效磷含量

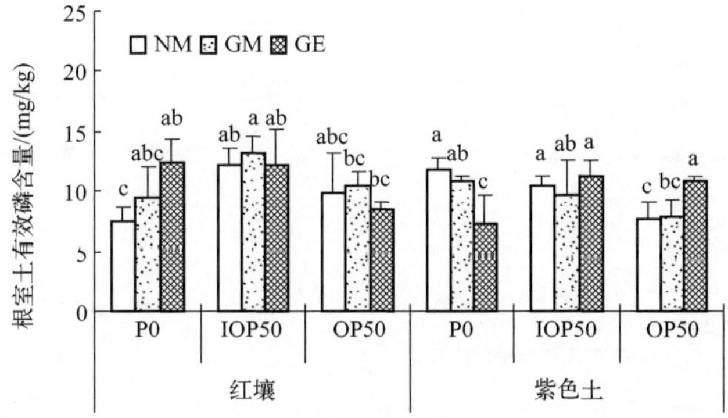

(b) 根室土有效磷含量

图 9-5　外源磷和 AMF 处理下分室土有效磷的含量

根室土中，无论在哪种土壤类型下不同 AMF 接种和分室磷添加处理之间的差异均显著，首先在红壤中 P0 处理下 GE 处理明显高于接种 GM 处理，IOP50 和 OP50 处理下则是接种 GM 处理明显高于接种 GE 处理，紫色土中，不接种处理 P0 和 IOP50 添加下明显高于 GM 处理，在 OP50 处理时 GE 的土壤有效磷含量要比接种 GM 显著。结果表明，在根室土红壤中不同磷添加量在接种 AMF 处理下都能影响土壤中有效磷的含量，紫色土中不同磷添加量下接种 GE 处理的组合，其中以 IOP50 添加与接种 GE 处理为最佳。

9.4.4　分室磷添加与 AMF 接种对植株根际土壤磷素吸附特性的影响

9.4.4.1　吸附动力学试验

由图 9-6 可知，在相同磷浓度条件下，不同土壤类型对可溶性磷的吸附量也不同。图 9-6 显示，在相同磷浓度下条件下，不同质量的红壤对磷的吸附主要集中在 0～2h，而紫色土对磷的吸附主要集中在 0～1h（除 1g 土时集中在 4～6h）。红壤和紫色土对磷的解吸吸附基本达到平衡是在振荡吸附进行到 6h 的时候，这时土壤对磷的解吸量等于吸附试验中被吸附的磷量，土壤对磷的表观吸附量为 0，溶液的磷浓度为吸附与解吸平衡浓度（金相灿 等，2004；王圣瑞 等，2006）。此后，土壤对磷的吸附量虽然随着时间的延长而有不同程度的增加，但不明显。不同 AMF 接种的根际土壤对土壤磷素吸附起到不同的促进作用，但并不显著。随着土壤质量的增加，单位质量红壤对磷的吸附量也增加，这可以说明在该浓度磷溶液下，2g、4g、6g 的红壤和紫色土对磷吸附仅达到平衡，而不是吸附饱和。

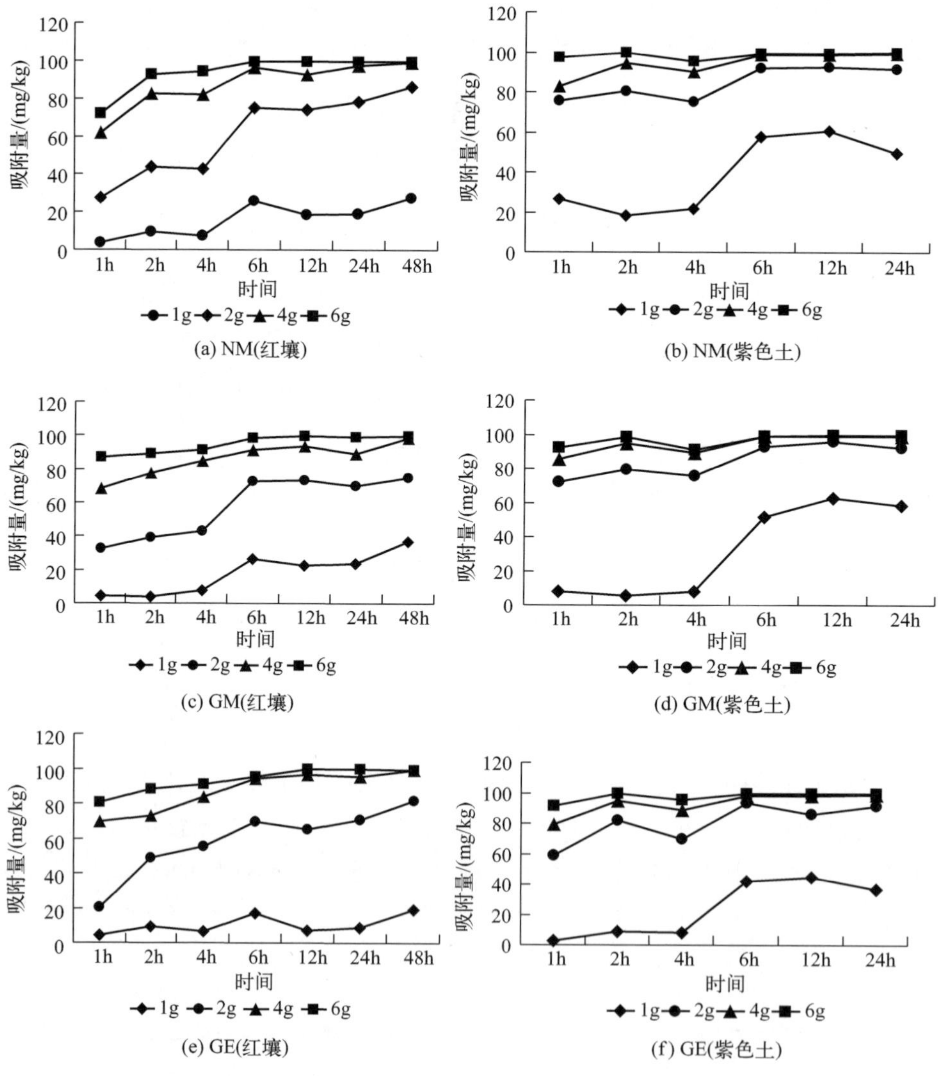

图 9-6 不同 AMF 处理对根际土壤磷的吸附动态影响

9.4.4.2 等温吸附试验

（1）等温吸附线

由于温度对磷素吸附有一定的影响，但不很显著（李敏 等，2004），因此本试验只在（20±3）℃条件下进行等温吸附。由图 9-7 可知，不同土壤的吸附量随着浓度的增大而增大，当浓度达到 50mg/kg 时趋于吸附平衡，且随着浓度的增加磷吸附量也有所增加但不明显。在图 9-7 红壤和紫色土中，可以看出吸附量增加最大时的浓度分别是 50mg/kg 和 100mg/kg。紫色土的吸附量明显高于红壤，且在 GM 处理下又高于其他接种处理，红壤根际土则是在接种 GE 处理时高于其他处理。当浓度增加到 50mg/kg 时，红壤和紫色土的吸附量趋于平衡。

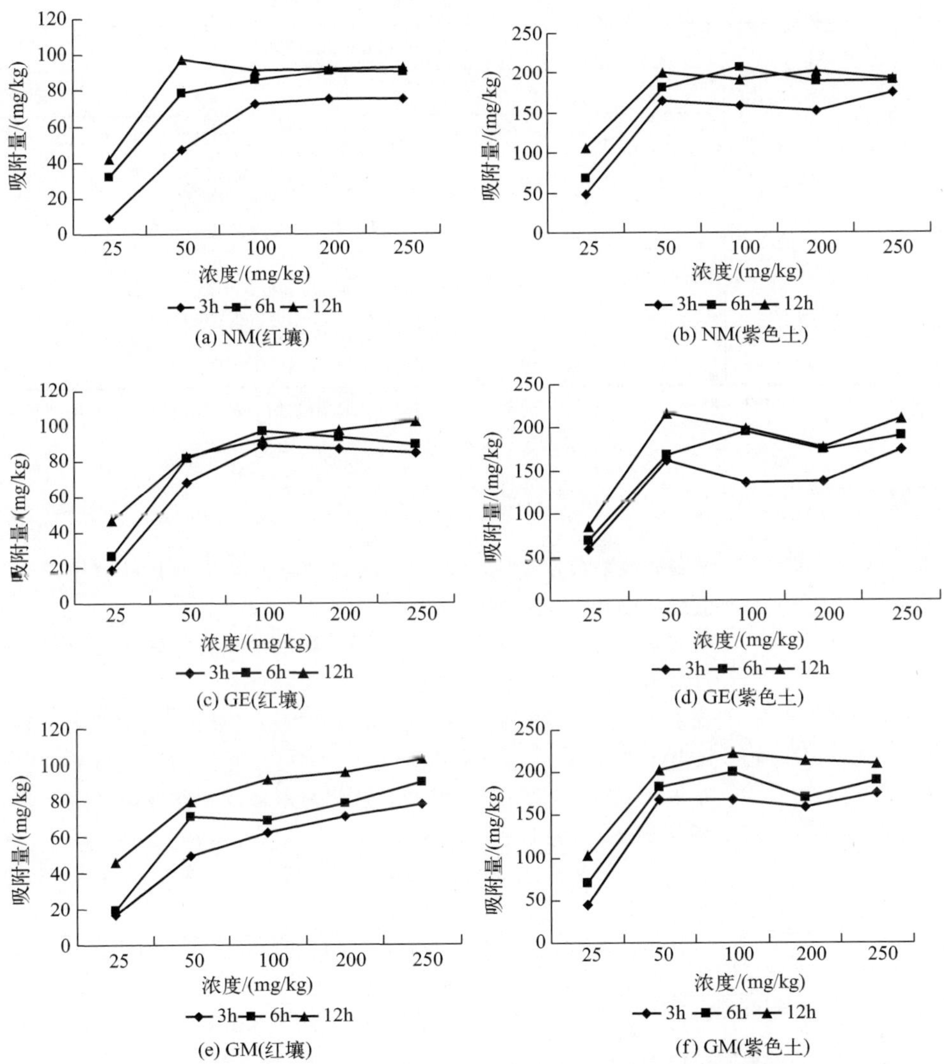

图 9-7　不同 AMF 处理对根际土壤磷的等温吸附效果

(2) 等温方程拟合

由于接种不同 AMF 时根际土对土壤磷素吸附起到不同的促进作用，但没达到显著水平，所以只对不同类型基础土壤（红壤和紫色土）进行等温方程拟合比较。达到吸附平衡时，吸附质在浓度中的浓度称为平衡浓度。单位质量的吸附剂上所吸附的吸附质的量，称为平衡吸附量（q_e）（唐玉斌 等，2006）。以平衡液中磷浓度（c_e）与磷吸附量

(q_e)，做线性回归和相关性分析，不同类型的土壤用 Langmiur 方程拟合，均能较好地拟合土壤对磷的等温吸附，且红壤对磷的等温吸附拟合又好于紫色土。由表 9-7 可见，单位红壤的最大吸附量（q_0）在 6h 时为 235.40μg/g，12h 时为 251.47μg/g，单位紫色土的最大吸附量（q_0）在 6h 时为 152.80μg/g，12h 时为 189.87μg/g，表明不同土壤类型对磷均存在较大吸附潜力，且红壤对土壤磷素的吸附能力高于紫色土。

表 9-7 等温吸附方程的拟合及拟合参数

土壤类型	振荡时间/h	Langmiur 方程			
		$q_e=q_0bc_e/(1+bc_e)$	q_0	b	R^2
红壤	3	$y=1.744x+83.077$	198.76	0.0517	0.9141
	6	$y=1.6476x+143.1$	235.40	0.0581	0.9170
	12	$y=1.4362x+173.07$	251.47	0.0610	0.9234
紫色土	3	$y=0.6486x+83.591$	125.51	0.0129	0.8187
	6	$y=0.8636x+95.069$	152.80	0.0141	0.8625
	12	$y=0.7124x+134.33$	189.87	0.0165	0.8015

注：q_e（mg/kg）为平衡吸附量，q_0（mg/g）为最大吸附量，b 为吸附常数，c_e（mg/L）为吸附剂平衡浓度。

参考文献

成婧，吴发启，云峰，等，2013. 渭北旱塬坡耕地玉米-苜蓿间作对养分和产量的影响 [J]. 水土保持通报，33（4）：228-232.

金相灿，王圣瑞，庞燕，等，2004. 湖泊沉积物对磷酸盐的负吸附研究 [J]. 生态环境，13（4）：493-496.

雷宏军，刘鑫，朱瑞卫，2007. 酸性土壤磷分级新方法建立与生物学评价 [J]. 土壤学报，44（5）：860-866.

李敏，韦鹤平，2004. 长江口、杭州湾水域沉积物对磷吸附行为的研究 [J]. 海洋学报，26（1）：132-136.

唐玉斌，陈芳艳，2006. 水污染控制工程 [M]. 哈尔滨：哈尔滨工业大学出版社.

王圣瑞，金相灿，庞燕，2006. 湖泊沉积物对磷的吸附特征及其吸附热力学参数 [J]. 地理研究，25（1）：19-26.

徐强，程智慧，孟焕文，等，2007. 玉米-线辣椒套作系统中土壤养分与根际土壤微生物、酶活性的关系 [J]. 应用生态学报，37（8）：1247-1256.

张德闪，王宇蕴，汤利，等，2013. 小麦蚕豆间作对红壤有效磷的影响及其与根际 pH 值的关系 [J]. 植物营养与肥料学报，19（1）：127-133.

Jia Y, Walder F, Wagg C, et al, 2012. Mycorrhizal fungi maintain plant community stability by mitigating the negative effects of nitrogen deposition on subordinate species in Central Asia [J]. J Veg Sci, 32: 1-12.

Standish R J, Albornoz F E, Morald T K, et al, 2021. Mycorrhizal symbiosis and phosphorus supply determine interactions among plants with contrasting nutrient-acquisition strategies [J]. J Ecol, 109: 3892-3902.

van Der Heijden M G A，Wiemken A，Sanders I R，2003. Different arbuscular mycorrhizal fungi alter coexistence and resource distribution between co-occurring plants [J]. New Phytol，157：601.

Wang G，Ye C，Zhang J，et al，2019. Asymmetric facilitation induced by inoculation with arbuscular mycorrhizal fungi leads to overyielding in maize/faba bean intercropping [J]. J Plant Interact，14：10-20.

Zhu S G，Duan H X，Tao H Y，et al，2023. Arbuscular mycorrhiza changes plant facilitation patterns and increases resource use efficiency in intercropped annual plants [J]. Applied Soil Ecology，191：105030.

第10章 菌根与间作对滇池流域地表径流磷流失的影响

菌根真菌能够活化土壤中难溶性无机磷酸盐（章爱群 等，2008）。磷在土壤中极易发生化学变化，通常以磷酸盐矿物形式存在，且磷素损失以地表径流为主，贡献率达90%以上（陈玲 等，2013）。自然降雨条件下对红壤坡耕地土壤养分输出的研究（徐悦 等，2013）表明，土壤养分流失与降雨量、泥沙迁移量之间存在相关关系，其中 TP 流失量和降雨量之间的相关系数最大为 0.983。宋关玲等（2005）提出了菌根真菌在控制水体面源污染方面存在一定潜力，它能够通过减少化肥施用、降低农药污染及促进养分吸收等途径来控制由农业非点源污染引起的湖泊富营养化。但目前关于菌根真菌与地表径流磷流失间直接相互关系的研究甚少。

间作种植模式对水土流失及径流污染物也有一定程度的削减作用。安曈昕等（2007）对不同间作方式水土流失的研究显示，在低雨强、中雨强和高雨强下，玉米间作处理的平均侵蚀量分别比玉米裸地单作减少 35.7%、61.4%和 70.2%，说明间作玉米、蔬菜和牧草能够有效地降低坡耕地土壤侵蚀。另有研究（傅志兴 等，2011）表明，滇池流域玉米与蔬菜间作模式能够有效地削减农田径流量和径流污染，其中玉米‖青花-马铃薯间作模式与其对应的蔬菜单作模式（青花-马铃薯单作模式）相比，该间作模式可削减 79.59%的径流量和 84.23%TP 流失量。易小平等（2004）研究表明，坡地芒果园内间作体系能够有效控制坡面地表径流量和泥沙流失量，且间作体系水土流失损失的有效磷含量明显低于其他处理。因此，间作体系在控制地表径流量及水土流失养分损失方面有一定的潜力。近年来，有学者把菌根技术应用于间作种植模式中，探讨了菌根真菌与间作系统相结合对植株养分吸收及生长的影响（李淑敏 等，2005），但很少涉及其对水土流失和地表径流污染物的影响。

本章以单作玉米、单作大豆及各自不抑菌处理为对照，通过模拟试验和大田试验研究了菌根与间作的协同作用对滇池流域红壤表层磷迁移的影响，以期能够减少径流水中磷素流失量，进而减轻由农业非点源污染带来的滇池水体富营养化问题。

模拟试验和大田试验的设置同第 7 章。径流水样的采集密度为每场雨后小区产生径流采集一次。模拟试验径流水样的采集是用矿泉水瓶从铁皮制作的盛土装置侧边的出水孔取得，大田试验的采样是将集水池中的水及泥沙搅拌均匀，取中间部分水样以测定径流水中 TP、可溶性磷和颗粒态磷的含量。

10.1 地表径流水各磷形态随取样时间变化的动态变化趋势

10.1.1 模拟试验

由图 10-1 可见，6 月 28 日采集径流水中 TP、可溶性磷及颗粒态磷质量浓度在所有处理间均没有明显差异。随后采集的径流水中各形态磷浓度随时间推移总体呈现上升趋势，且 8 月 12 日采集的径流水各形态磷浓度整体达到最大值，随后采集的径流水中各形态磷浓度又迅速下降，之后逐渐趋于平缓。在整个取样时间段内，径流水中 TP 和可溶性磷浓度总体呈现先增加后降低的趋势，而颗粒态磷浓度则整体呈现波浪式下降的趋势。

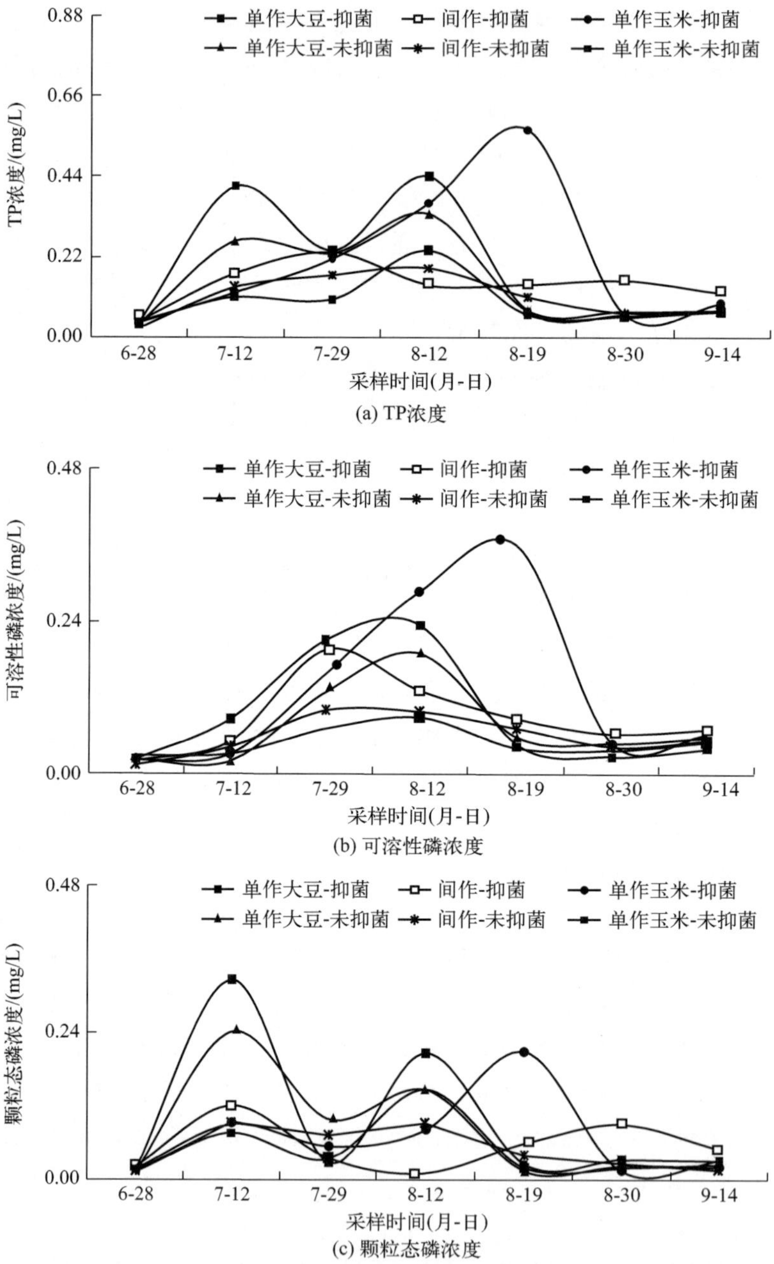

图 10-1　径流水中 TP、可溶性磷和颗粒态磷浓度随时间的变化趋势（模拟试验）

10.1.2　大田试验

由图 10-2 可得，除 7 月 19 日第 1 次径流水样外，整个雨季各处理的地表径流 TP 浓度随时间段的推移无明显变化，径流水样 TP 浓度均处于较低水平，并且各处理间的差异不明显。其中单作玉米的径流 TP 浓度一般较大，而间作未抑菌处理的径流 TP 浓度一般较小。9 月 4 日单作玉米未抑菌径流水中颗粒态磷浓度出现增高趋势。

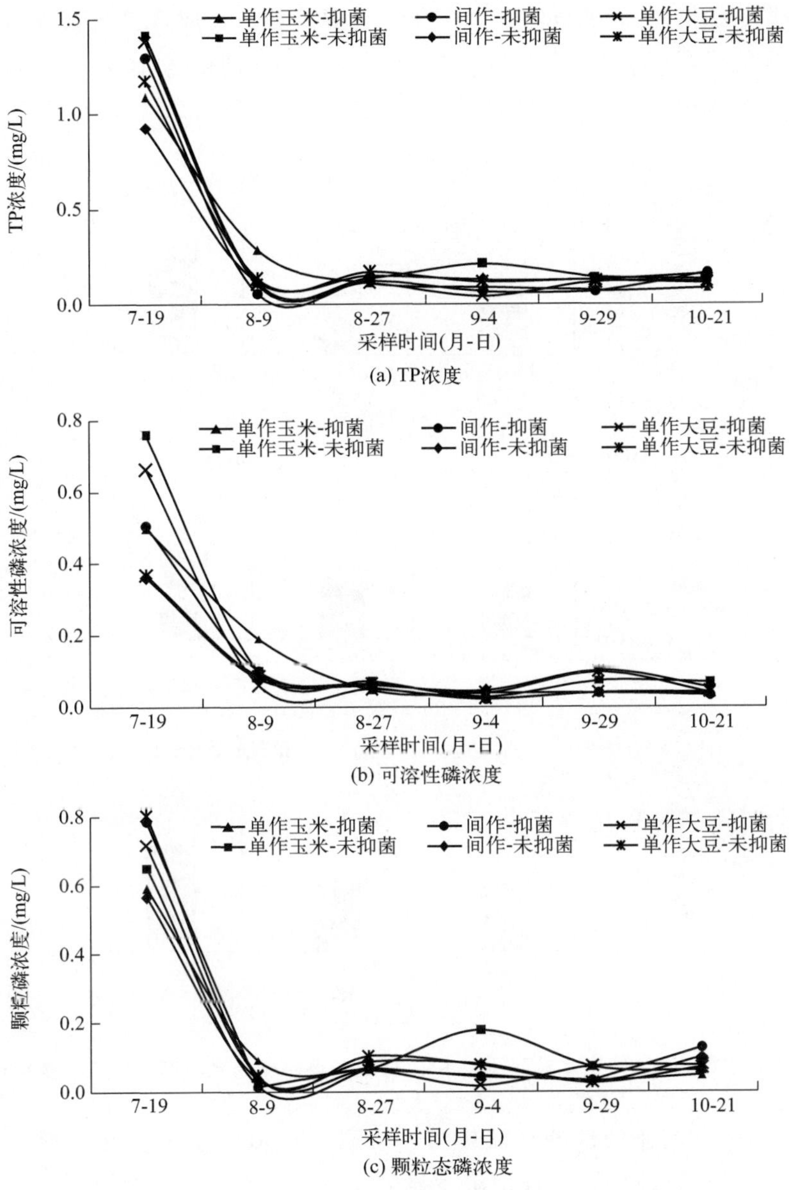

图 10-2　径流水中 TP、可溶性磷和颗粒态磷浓度随时间变化趋势（大田试验）

10.2　菌根与间作对坡耕地地表径流水各磷形态平均浓度的影响

10.2.1　模拟试验

经双因素方差分析，径流水 TP 浓度、可溶性磷浓度和颗粒态磷浓度在菌根处理与种植模式间均有显著的交互作用（分别为 $P<0.001$、$P<0.001$、$P<0.05$）。

由图 10-3 可知，在抑菌处理下，间作处理的径流中 TP 浓度显著低于其他处理；在未抑菌处理下，间作处理的径流中 TP 浓度显著低于单作大豆处理。无论何种种植模式，抑菌处理的径流中 TP 浓度均显著高于未抑菌处理。与抑菌-单作玉米处理相比，未抑菌-间作处理的径流中 TP 浓度约降低了 47.37%；与抑菌-单作大豆处理相比，未抑菌-间作处理的径流中 TP 浓度约降低了 42.11%。

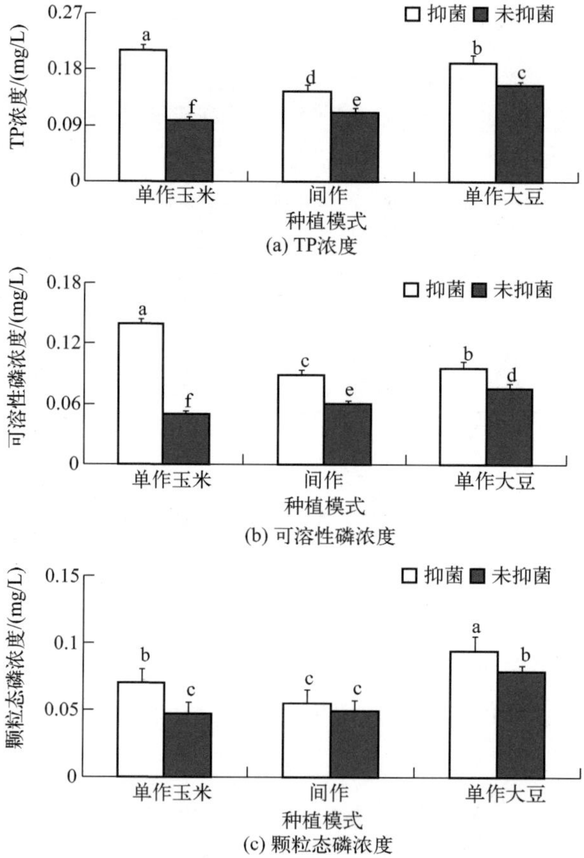

图 10-3 菌根处理和种植模式下径流水中 TP、可溶性磷和颗粒态磷浓度（模拟试验）

在抑菌处理下，间作处理的径流中可溶性磷浓度显著低于其他处理；未抑菌处理下，单作玉米处理的径流中可溶性磷浓度显著较低。无论何种种植模式，抑菌处理的径流中可溶性磷浓度均显著高于未抑菌处理。与抑菌-单作玉米处理相比，未抑菌-间作处理的径流中可溶性磷浓度约降低了 56.83%。

在抑菌处理下，间作处理的径流中颗粒态磷浓度显著低于其他处理；在未抑菌处理下，单作大豆处理的径流中颗粒态磷浓度显著高于其他处理。在单作玉米和单作大豆处理下，抑菌处理的径流中颗粒态磷浓度均显著高于未抑菌处理。与抑菌-单作大豆处理相比，未抑菌-间作处理的径流中颗粒态磷浓度降低了约 47.87%。由此可见，菌根真菌对径流中各形态磷浓度均有明显的削减作用。

10.2.2 大田试验

经双因素方差分析，径流水 TP 浓度、可溶性磷浓度和颗粒态磷浓度在菌根处理与种植模式间均有显著的交互作用（分别为 $P<0.05$、$P<0.05$、$P<0.01$）。

由图 10-4 可以看出，在未抑菌处理下，间作处理的径流水 TP 浓度显著低于单作玉米，降幅约达 25.6%；间作处理的径流水 TP 浓度比单作大豆处理降低了约 12.2%。在单作玉米处理下，抑菌处理显著降低了径流水 TP 浓度；在间作和单作大豆处理下，与未抑菌处理相比，抑菌处理均增加了径流水 TP 浓度，分别约为 9.5%和 2.3%。在所有组合处理中，未抑菌-间作处理的径流水 TP 浓度是最低的，说明菌根真菌协同间作系统对径流水总磷浓度有一定削减潜力。

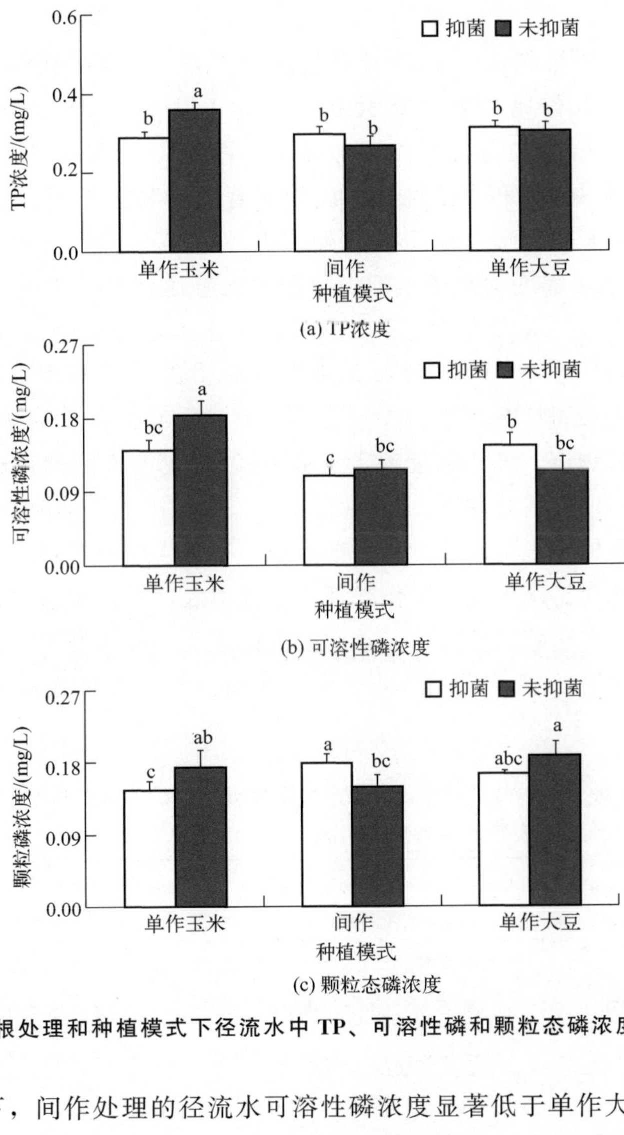

图 10-4　菌根处理和种植模式下径流水中 TP、可溶性磷和颗粒态磷浓度（大田试验）

在抑菌处理下，间作处理的径流水可溶性磷浓度显著低于单作大豆，且间作处理的径流水可溶性磷浓度明显低于单作玉米，降幅分别约为 24.7%和 22.0%。在未抑菌处理下，间作处理的径流水可溶性磷浓度显著低于单作玉米，降幅约达 36.4%。在单作大豆处理下，抑菌处理的径流水可溶性磷浓度明显高于未抑菌处理。由此可见，间作种植模式对径流水可溶性磷浓度有一定的削减作用。

在未抑菌处理下，间作处理的径流水颗粒态磷浓度显著低于单作大豆，且间作处理的径流水颗粒态磷浓度明显低于单作玉米，降幅分别约为20.2%和14.3%。在间作处理下，抑菌处理显著增加了径流水颗粒态磷浓度，而在单作处理下抑菌处理的径流水颗粒态磷浓度明显低于未抑菌处理。

10.3 不同取样时间菌根与间作对地表径流水各磷形态浓度的影响

10.3.1 模拟试验

经双因素方差分析可知，6月28日采集地表径流水中TP和可溶性磷浓度在菌根处理和种植模式间交互作用显著（分别为$P<0.01$、$P<0.05$），而径流中颗粒态磷浓度在菌根处理与种植模式间交互作用不显著。由表10-1不难看出，在未抑菌处理下，间作处理的径流中TP和可溶性磷浓度均显著低于其他处理。在间作处理下，未抑菌处理的径流中TP浓度显著低于抑菌处理，降幅达36.59%，且抑菌处理的径流中可溶性磷和颗粒态磷浓度均高于未抑菌处理但没有达到显著程度。在单作大豆处理下，抑菌处理的径流中TP和颗粒态磷浓度均高于未抑菌处理但没有达到显著程度。

经双因素方差分析可知，7月12日采集的径流水中TP、可溶性磷和颗粒态磷浓度在菌根处理与种植模式间均有显著的交互作用（$P<0.01$、$P<0.001$、$P<0.05$）。表10-1显示，在抑菌处理下，间作处理的径流水中TP、可溶性磷和颗粒态磷浓度均显著低于单作大豆处理；未抑菌处理下，间作处理的径流水中TP和颗粒态磷浓度均显著低于单作大豆处理。在单作玉米处理下，抑菌处理的径流水中TP和颗粒态磷浓度均高于未抑菌处理但没有达到显著程度；间作处理下，抑菌处理的径流水中各形态磷浓度均高于未抑菌处理但也没有达到显著程度；单作大豆处理下，抑菌处理的径流水中各形态磷浓度均显著高于未抑菌处理。与抑菌-单作大豆处理相比，未抑菌-间作处理的径流水中TP浓度降低了约66.91%。

表10-1 各采样时段降雨条件下菌根处理和种植模式下地表径流中各形态磷的质量浓度（模拟试验）

采样时间	菌根处理	种植模式	TP浓度/(mg/L)	可溶性磷浓度/(mg/L)	颗粒态磷浓度/(mg/L)
6月28日	抑菌	单作玉米	0.039 ± 0.001^{ab}	0.022 ± 0.002^{bc}	0.017 ± 0.002^{a}
		间作	0.041 ± 0.002^{ab}	0.021 ± 0.001^{bc}	0.021 ± 0.003^{a}
		单作大豆	0.040 ± 0.002^{ab}	0.024 ± 0.002^{ab}	0.016 ± 0.003^{a}
	未抑菌	单作玉米	0.043 ± 0.002^{a}	0.030 ± 0.002^{a}	0.013 ± 0.003^{a}
		间作	0.026 ± 0.002^{c}	0.013 ± 0.001^{c}	0.012 ± 0.003^{a}
		单作大豆	0.037 ± 0.002^{b}	0.024 ± 0.006^{ab}	0.013 ± 0.006^{a}

续表

采样时间	菌根处理	种植模式	TP浓度/(mg/L)	可溶性磷浓度/(mg/L)	颗粒态磷浓度/(mg/L)
7月12日	抑菌	单作玉米	0.122±0.004[d]	0.032±0.004[cd]	0.090±0.007[cd]
		间作	0.174±0.015[c]	0.053±0.005[b]	0.121±0.012[c]
		单作大豆	0.414±0.022[a]	0.087±0.007[a]	0.326±0.017[a]
	未抑菌	单作玉米	0.108±0.009[d]	0.033±0.002[cd]	0.076±0.007[d]
		间作	0.137±0.011[cd]	0.042±0.004[bc]	0.094±0.015[cd]
		单作大豆	0.262±0.019[b]	0.021±0.002[d]	0.241±0.017[b]
7月29日	抑菌	单作玉米	0.213±0.034[a]	0.159±0.007[b]	0.054±0.003[ab]
		间作	0.231±0.024[a]	0.197±0.006[a]	0.035±0.001[b]
		单作大豆	0.238±0.013[a]	0.211±0.011[a]	0.027±0.008[b]
	未抑菌	单作玉米	0.104±0.007[z]	0.071±0.003[z]	0.033±0.008[b]
		间作	0.171±0.013[y]	0.100±0.002[y]	0.071±0.011[ab]
		单作大豆	0.229±0.008[x]	0.130±0.001[x]	0.098±0.009[a]
8月12日	抑菌	单作玉米	0.369±0.015[b]	0.288±0.009[a]	0.081±0.020[c]
		间作	0.142±0.007[f]	0.132±0.009[d]	0.010±0.004[d]
		单作大豆	0.441±0.012[a]	0.234±0.007[b]	0.207±0.018[a]
	未抑菌	单作玉米	0.236±0.013[d]	0.089±0.012[e]	0.147±0.007[b]
		间作	0.189±0.007[e]	0.098±0.003[e]	0.091±0.009[c]
		单作大豆	0.336±0.002[c]	0.190±0.005[c]	0.146±0.006[b]
8月19日	抑菌	单作玉米	0.569±0.030[a]	0.360±0.013[a]	0.209±0.019[a]
		间作	0.145±0.008[b]	0.087±0.001[b]	0.058±0.009[b]
		单作大豆	0.071±0.011[cd]	0.047±0.001[d]	0.025±0.001[bc]
	未抑菌	单作玉米	0.060±0.002[d]	0.041±0.004[d]	0.020±0.002[c]
		间作	0.111±0.012[bc]	0.073±0.002[bc]	0.038±0.003[bc]
		单作大豆	0.071±0.005[cd]	0.058±0.006[cd]	0.014±0.001[c]
8月30日	抑菌	单作玉米	0.063±0.002[b]	0.050±0.003[ab]	0.012±0.002[b]
		间作	0.154±0.011[a]	0.063±0.008[a]	0.091±0.011[a]
		单作大豆	0.058±0.007[b]	0.027±0.003[c]	0.032±0.009[b]
	未抑菌	单作玉米	0.055±0.006[b]	0.037±0.005[bc]	0.018±0.006[b]
		间作	0.067±0.007[b]	0.042±0.005[b]	0.024±0.002[b]
		单作大豆	0.069±0.010[b]	0.047±0.004[b]	0.022±0.006[b]
9月14日	抑菌	单作玉米	0.091±0.006[b]	0.062±0.008[ab]	0.029±0.003[a]
		间作	0.120±0.010[a]	0.070±0.007[a]	0.049±0.014[a]
		单作大豆	0.069±0.001[c]	0.040±0.006[c]	0.029±0.007[a]

续表

采样时间	菌根处理	种植模式	TP 浓度/(mg/L)	可溶性磷浓度/(mg/L)	颗粒态磷浓度/(mg/L)
9 月 14 日	未抑菌	单作玉米	0.072±0.007^{c}	0.049±0.008^{bc}	0.023±0.002^{x}
		间作	0.067±0.002^{c}	0.053±0.006^{abc}	0.015±0.005^{x}
		单作大豆	0.074±0.007^{bc}	0.056±0.002^{abc}	0.019±0.001^{x}

由双因素方差分析可知，7 月 29 日采集的径流水中颗粒态磷浓度在菌根处理与种植模式间有显著的交互作用（$P<0.05$），径流水中 TP 和可溶性磷浓度在菌根处理与种植模式间交互作用不显著，而其在菌根处理、种植模式内分别有显著的交互作用。由表 10-1 可知，在未抑菌处理下，间作处理的径流水中 TP 和可溶性磷浓度显著低于单作大豆处理，降幅分别达 25.33%和 23.08%。无论何种种植模式，抑菌处理的径流水中 TP 和可溶性磷浓度均显著高于未抑菌处理。

经双因素方差分析，8 月 12 日采集的径流水中 TP、可溶性磷和颗粒态磷浓度在菌根处理与种植模式间均有显著的交互作用（$P<0.001$、$P<0.001$、$P<0.001$）。由表 10-1 可以看出，在抑菌处理下，间作处理的径流水中 TP、可溶性磷和颗粒态磷浓度均显著低于其他处理；在未抑菌处理下，间作处理的径流水中 TP 和颗粒态磷浓度均显著低于其他处理。在单作玉米处理下，抑菌处理的径流水中 TP 和可溶性磷浓度均显著高于未抑菌处理；在单作大豆处理下，抑菌处理的径流水中各形态磷浓度均显著高于未抑菌处理。

经双因素方差分析，8 月 19 日采集的径流水中 TP、可溶性磷和颗粒态磷浓度在菌根处理与种植模式间均有显著交互作用（均为 $P<0.001$）。由表 10-1 可见，在抑菌处理下，间作处理的径流水中各形态磷浓度均显著低于单作玉米处理。在单作玉米处理下，抑菌处理的各形态磷浓度均显著高于未抑菌处理；在间作处理下，抑菌处理的各形态磷浓度均高于未抑菌处理但没有达到显著程度。与抑菌-单作玉米处理相比，未抑菌-间作处理的径流水中 TP、可溶性磷和颗粒态磷浓度均显著降低，分别约为 80.49%、79.72%和 81.82%。

由双因素方差结果可知，8 月 30 日采集的径流水中 TP、可溶性磷和颗粒态磷浓度在菌根处理与种植模式间均有显著的交互作用（分别为 $P<0.001$、$P<0.01$、$P<0.01$）。由表 10-1 可以看出，在抑菌处理下，间作处理的径流水中 TP、可溶性磷和颗粒态磷浓度均显著高于单作大豆处理。在单作玉米处理下，抑菌处理的径流水中 TP 和可溶性磷浓度均高于未抑菌处理但没有达到显著程度；在间作处理下，抑菌处理的径流水中各形态磷浓度均显著高于未抑菌处理。

经双因素方差分析可知，在裸地条件下，9 月 14 日采集的径流水中 TP 和可溶性磷浓度在菌根处理与种植模式间均有显著的交互作用（分别为 $P<0.01$、$P<0.05$），而颗粒态磷浓度在菌根处理与种植模式间没有显著的交互作用。在单作玉米和间作处理下，抑菌处理的径流水中 TP 浓度均显著高于未抑菌处理，且抑菌处理的径流水中可溶性磷和颗粒态磷浓度也均高于未抑菌处理。在未抑菌处理下，间作处理的径流水中各形态磷浓度均低于单作大豆处理但没有达到显著程度。

10.3.2　大田试验

经双因素方差分析可知，7 月 19 日地表径流水中 TP、可溶性磷和颗粒态磷浓度在菌根处理和种植模式间交互作用显著（分别为 $P<0.01$、$P<0.01$、$P<0.05$）。由表 10-2 可见，在抑菌处理下，单作大豆处理的径流水中 TP 浓度显著高于单作玉米；在未抑菌状况下，间作处理的径流水中 TP 和可溶性磷浓度均显著低于单作玉米。相同种植模式中，间作处理下，抑菌处理的径流水中 TP 和颗粒态磷浓度均显著高于未抑菌处理；在单作大豆处理下，抑菌处理的径流水中可溶性磷浓度也显著高于未抑菌处理。另外，在间作处理下，与未抑菌处理相比，抑菌处理的径流水中 TP 和颗粒态磷含量均显著增加了约 39.4%和 39.3%。在未抑菌处理下，与单作玉米处理相比，间作处理的径流水中 TP 和可溶性磷浓度分别显著降低了约 34.3%和 52.4%。

表 10-2　各采样时段降雨条件下菌根处理和种植模式下地表径流中各形态磷的质量浓度（大田试验）

采样时间	菌根处理	种植模式	TP 浓度 /(mg/L)	可溶性磷浓度 /(mg/L)	颗粒态磷浓度 /(mg/L)
7 月 19 日	抑菌	单作玉米	1.088±0.068^{bc}	0.496±0.058^{bc}	0.591±0.041^{b}
		间作	1.291±0.082^{ab}	0.504±0.048^{bc}	0.787±0.036^{a}
		单作大豆	1.378±0.085^{a}	0.661±0.075^{ab}	0.717±0.019^{ab}
	未抑菌	单作玉米	1.409±0.084^{a}	0.759±0.082^{a}	0.651±0.071^{ab}
		间作	0.926±0.082^{c}	0.361±0.048^{c}	0.565±0.047^{b}
		单作大豆	1.171±0.085^{abc}	0.368±0.075^{c}	0.803±0.071^{a}
8 月 9 日	抑菌	单作玉米	0.284±0.007^{a}	0.191±0.004^{a}	0.093±0.004^{a}
		间作	0.058±0.008^{d}	0.009±0.001^{e}	0.049±0.007^{b}
		单作大豆	0.104±0.010^{c}	0.060±0.008^{d}	0.044±0.002^{b}
	未抑菌	单作玉米	0.120±0.001^{bc}	0.101±0.004^{b}	0.019±0.003^{c}
		间作	0.115±0.007^{bc}	0.079±0.004^{c}	0.036±0.006^{b}
		单作大豆	0.135±0.009^{b}	0.088±0.004^{bc}	0.048±0.008^{b}
8 月 27 日	抑菌	单作玉米	0.113±0.005^{d}	0.048±0.005^{a}	0.065±0.006^{a}
		间作	0.124±0.005^{cd}	0.054±0.005^{a}	0.070±0.007^{a}
		单作大豆	0.111±0.004^{d}	0.049±0.003^{a}	0.062±0.005^{a}
	未抑菌	单作玉米	0.139±0.005^{bc}	0.072±0.006^{x}	0.067±0.011^{y}
		间作	0.148±0.009^{b}	0.060±0.005^{x}	0.088±0.008^{xy}
		单作大豆	0.168±0.005^{a}	0.065±0.006^{x}	0.103±0.011^{x}
9 月 4 日	抑菌	单作玉米	0.087±0.014^{a}	0.039±0.007^{ab}	0.048±0.007^{bcd}
		间作	0.067±0.011^{ab}	0.023±0.004^{b}	0.044±0.008^{cd}
		单作大豆	0.042±0.005^{b}	0.024±0.004^{b}	0.018±0.001^{d}

续表

采样时间	菌根处理	种植模式	TP浓度/(mg/L)	可溶性磷浓度/(mg/L)	颗粒态磷浓度/(mg/L)
9月4日	未抑菌	单作玉米	0.209±0.024^{x}	0.029±0.004^{ab}	0.180±0.021^{a}
		间作	0.127±0.018^{y}	0.045±0.007^{a}	0.082±0.012^{b}
		单作大豆	0.118±0.016^{y}	0.040±0.007^{ab}	0.078±0.010^{bc}
9月29日	抑菌	单作玉米	0.073±0.003^{d}	0.039±0.002^{c}	0.034±0.003^{b}
		间作	0.071±0.006^{d}	0.038±0.002^{c}	0.032±0.004^{b}
		单作大豆	0.114±0.004^{c}	0.040±0.002^{c}	0.074±0.003^{a}
	未抑菌	单作玉米	0.146±0.007^{a}	0.073±0.005^{b}	0.073±0.009^{a}
		间作	0.132±0.004^{b}	0.101±0.004^{a}	0.031±0.005^{b}
		单作大豆	0.125±0.003^{bc}	0.098±0.003^{a}	0.027±0.002^{b}
10月21日	抑菌	单作玉米	0.084±0.010^{d}	0.035±0.003^{c}	0.048±0.007^{c}
		间作	0.162±0.011^{a}	0.032±0.002^{c}	0.130±0.010^{a}
		单作大豆	0.119±0.005^{c}	0.042±0.007^{bc}	0.077±0.002^{b}
	未抑菌	单作玉米	0.129±0.007^{bc}	0.067±0.008^{a}	0.061±0.010^{y}
		间作	0.156±0.007^{ab}	0.053±0.007^{ab}	0.101±0.012^{x}
		单作大豆	0.108±0.011^{cd}	0.039±0.004^{bc}	0.069±0.007^{xy}

经双因素方差分析可知，8月9日的地表径水中TP、可溶性磷和颗粒态磷浓度在菌根处理和种植模式间有显著的交互作用（分别为$P<0.001$、$P<0.001$、$P<0.001$）。表10-2显示，在抑菌处理下，间作处理的径流水中TP和可溶性磷浓度均显著低于其他处理，而其颗粒态磷浓度则显著低于单作玉米；在未抑菌处理下，间作处理的径流水中可溶性磷浓度显著低于单作玉米。在单作玉米处理下，抑菌处理的径流水中TP、可溶性磷和颗粒态磷浓度均显著高于未抑菌处理；在间作处理下，抑菌处理的径流水中TP和可溶性磷浓度均显著低于未抑菌处理；在单作大豆处理下，抑菌处理的径流水中TP和可溶性磷浓度均显著低于未抑菌处理。

经双因素方差分析可知，8月27日的地表径流水中TP浓度在菌根处理和种植模式间交互作用显著（$P<0.05$），径流水中可溶性磷和颗粒态磷浓度在菌根处理和种植模式间交互作用不显著，而其在菌根处理间交互作用显著。由表10-2可以看出，在未抑菌状况下，单作大豆处理的径流水中TP浓度显著高于其他处理，而单作玉米处理的径流水中颗粒态磷浓度显著低于单作大豆。在同一种植模式下，抑菌处理的径流水中TP、可溶性磷和颗粒态磷浓度均显著低于未抑菌处理。

经双因素方差分析可知，9月4日的地表径流水中可溶性磷和颗粒态磷浓度在菌根处理和种植模式间均有显著的交互作用（分别为$P<0.05$、$P<0.01$），径流水中TP浓度在菌根处理和种植模式间交互作用不显著，而其在菌根处理间、种植模式间交互作用显著。由表10-2不难看出，在抑菌处理下，单作大豆处理的径流水中TP浓度显著低于单作玉米；

未抑菌处理下，间作和单作大豆径流水中 TP 和颗粒态磷浓度均显著低于单作玉米。同一种植模式下，与未抑菌处理相比，抑菌处理的径流水中 TP 和颗粒态磷浓度均显著较低。

经双因素方差分析可知，9 月 29 日的地表径流水中 TP、可溶性磷和颗粒态磷浓度在菌根处理和种植模式间交互作用显著（分别为 $P<0.001$、$P<0.01$、$P<0.001$）。由表 10-2 可见，在抑菌处理下，间作处理的径流水中 TP、可溶性磷和颗粒态磷浓度均最低；在未抑菌处理下，间作和单作大豆处理的径流水中 TP 和颗粒态磷浓度均显著低于单作玉米。在单作玉米处理下，抑菌处理的径流水中各形态磷浓度均显著低于未抑菌处理；在间作处理下，抑菌处理的径流水中 TP 和可溶性磷浓度也均显著低于未抑菌处理。

经双因素方差分析可知，10 月 21 日裸地条件下，地表径流水中 TP 和可溶性磷浓度在菌根处理和种植模式间交互作用显著（分别为 $P<0.05$、$P<0.05$），而径流水中颗粒态磷浓度在菌根处理和种植模式间交互作用不显著，但其在种植模式间有显著的交互作用。由表 10-2 可知，在抑菌处理下，间作处理的径流水中 TP 和颗粒态磷浓度均显著较高；在未抑菌处理下，单作大豆处理的径流水中可溶性磷浓度显著低于单作玉米，而单作玉米处理的颗粒态磷浓度则显著低于间作处理。在单作玉米处理下，抑菌处理的径流水中 TP 和可溶性磷浓度均显著低于未抑菌处理。

综上所述，对于模拟试验而言，菌根与间作种植模式复合处理能够使径流水中各形态磷浓度明显降低；大田试验结果显示，所有复合处理中菌根真菌协同间作处理的土壤表层径流 TP 浓度最低，且间作处理使径流可溶性磷浓度降低了 22.0%以上。总之，菌根真菌与间作种植模式处理的土壤表层径流水中 TP 和可溶性磷浓度均有所降低，对径流磷素的迁移有一定的截留作用。

参考文献

安瞳昕，李彩虹，吴伯志，等，2007. 玉米不同间作方式对坡耕地水土流失的影响 [J]. 水土保持学报，21 (5)：18-24.

陈玲，刘德富，宋林旭，等，2013. 不同雨强下黄棕壤坡耕地径流养分输出机制研究 [J]. 环境科学，34 (6)：2151-2158.

傅志兴，杨静，湛方栋，等，2011. 玉米与蔬菜间作削减农田径流污染的分析 [J]. 环境科学研究，24 (11)：1269-1275.

李淑敏，李隆，张福锁，2005. 蚕豆/玉米间作接种 AM 真菌与根瘤菌对其吸磷量的影响 [J]. 中国生态农业学报，13 (3)：136-139.

宋关玲，侯文华，汪群慧，等，2005. 菌根真菌在控制湖泊面源污染的应用前景 [J]. 东北农业大学学报，36 (1)：124-128.

徐悦，王克勤，李太兴，等，2013. 红壤坡耕地土壤污染物的输出特征 [J]. 中国水土保持，(7)：51-54.

易小平，唐树梅，余雪标，等，2004. 海南坡地芒果园间作体系水土流失养分损失初步研究 [J]. 水土保持学报，18 (4)：93-96.

章爱群，贺立源，赵会娥，等，2008. 根分泌物对活化土壤中难溶性磷的作用 [J]. 水土保持学报，22 (5)：102-105，185.

第11章 菌根与间作对滇池流域土壤磷流失的削减机制

土壤团聚体的形成不仅受土壤本身物理、化学及生物等作用的影响，还受到人为活动的影响，且土壤中各种胶结物质的数量和质量在土壤团聚体形成过程中起着重要作用（王清奎 等，2005）。

AMF 不仅能够促进宿主植物对土壤矿质养分的吸收及植株的生长，且其分泌的专性蛋白对改善土壤结构及土壤有机质组成有着重要作用。冯固等（2001）研究了 AMF 的外生菌丝对土壤团聚体形成的作用，发现 AMF 的外生菌丝能够直接促进土壤水稳性团聚体的形成，土壤中 1～5mm 水稳性团聚体的形成主要是菌根菌丝通过分泌物黏结与菌丝网对土壤的缠绕所致，根系对这种水稳性团聚体形成的作用远不及菌根菌丝。另有研究（Miller and Jastrow，2000）发现，AMF 通过根外菌丝分泌球囊霉素来影响土壤团聚体的形成和结构，AMF 菌丝本身的物理作用能够将土壤颗粒缠绕在一起，其分泌产物也可以将土壤颗粒黏结在一起，这些机制都能促进土壤团聚体的形成，改善土壤质量。由于球囊霉素能够把较小土粒黏结成直径＜0.25mm 的微团聚体，微团聚体又逐渐形成大聚合体，因此球囊霉素促进土壤团聚体形成和稳定的相关报道较多（Burns，1982；Rillig et al.，2002）。罗珍等（2012）研究表明，接种 AMF 显著提高了球囊霉素相关的土壤蛋白含量，土壤水稳性大团聚体数量也显著增加，不过在影响土壤水稳性大团聚体的众多因子中，菌丝密度作用最大，并以直接作用为主，球囊霉素相关土壤蛋白也表现出较大的作用系数，但以间接作用为主。球囊霉素作为一类重要的 AMF 分泌物，它能够把较小的土粒黏结成直径＜0.25mm 的微团聚体，进而促进大聚合体的形成，因此球囊霉素促进土壤团聚体形成和稳定的相关报道较多（彭思利 等，2010）。吴强盛等（2014）的研究也表明，接种菌根真菌均增加了土壤总球囊霉素和易提取球囊霉素含量，且根际土壤粒径 0.25～1mm 水稳性团聚体含量也有所增加。

王英俊等（2013）对苹果/白三叶间作模式进行的研究发现，间作模式明显提高了果园土壤表层粒径＞0.25mm 水稳性团聚体的数量及稳定性，且降低了水稳性团聚体的破坏率。另有研究（杨培岭 等，1993）表明，粒径＞0.25mm 的土壤团聚体被称为土壤团粒结构体，它在土壤中被看作是最好的结构体，其数量大小直接关系土壤的稳定性状况，两者呈现出正相关性。此外，土壤侵蚀量随着团聚体粒径的增大而减小，侵蚀泥沙平均颗粒直径随着坡面表土团聚体初始粒径的增大而减小（郭伟 等，2007）。因此，间作模式在提高粒径＞0.25mm 水稳性团聚体含量及稳定性而增强其抗蚀性方面有较大潜力。

土壤团聚体的稳定性和土壤可蚀性也有着密切联系。高维森（1991）在黄土丘陵区通过典型相关法和主成分分析法对 7 个土壤类型的抗蚀性指标进行了测定分析，指出粒径＞0.25mm 土壤水稳性团聚体是最佳的土壤抗蚀性指标。郭培才等（1992）研究了黄土区土壤也得出了这一结论，即反映土壤抗蚀性强弱的最佳指标是粒径＞0.25mm 土壤水稳性团聚体。郭伟等（2007）对红壤表层土壤团聚体的研究表明，随着土壤团聚体粒径的增大，土壤侵蚀量有所减少。此外，随着土壤团聚体粒径的减小，土壤全磷含量的贡献率呈下降趋势，且 2～5mm 和 0.5～2mm 两个粒级是土壤全磷含量的主要贡献者，贡献率均达 77%以上，其中湖泊非点源污染磷素的主要来源是农田土壤中 0.5～5mm 粒级团聚体中的磷素（杨华 等，2013）。因此，菌根真菌一方面通过促进植株吸收土壤磷而降低残留量，另一方面通过根外菌丝缠绕和分泌物黏结作用促进土壤水稳性团聚体粒径的增大而提高其抗蚀性，在两者共同作用下减少土壤表层水土流失及养分流失量。

本章通过大田试验和模拟试验研究了土壤水稳性团聚体、菌丝密度和土壤总球囊霉素等各种影响因素对红壤-植株系统中表层磷迁移的影响，探究了菌根真菌协同间作种植模式对流域土壤表层磷流失削减的作用机制。模拟试验和大田试验设置同第 7 章。作物收获后，采集表层土壤，测定土壤水稳性团聚体含量及土壤磷含量、土壤菌丝密度、土壤全磷和有效磷含量以及总球囊霉素相关土壤蛋白含量等指标。

11.1 菌根与间作对坡耕地土壤水稳性团聚体的影响

11.1.1 模拟试验

11.1.1.1 菌根与间作对土壤水稳性团聚体组成的影响

经双因素方差分析，粒径>2mm 的土壤水稳性团聚体百分比在菌根处理与种植模式间有显著交互作用（$P<0.05$），粒径 2～0.25mm 和<0.25mm 的土壤水稳性团聚体在菌根处理与种植模式间则没有显著的交互作用，但其在菌根处理、种植模式内均有显著交互作用。由表 11-1 可知，在抑菌处理下，间作玉米处理的粒径 2～0.25mm 土壤水稳性团聚体百分比显著高于单作玉米处理，且间作处理的粒径>2mm 和粒径<0.25mm 的土壤水稳性团聚体百分比均低于单作处理但没有达到显著程度；在未抑菌处理下，间作玉米处理的粒径>2mm 的土壤水稳性团聚体百分比显著高于单作玉米处理，且间作大豆处理的粒径>2mm 和粒径 2～0.25mm 土壤水稳性团聚体百分比均高于单作大豆处理但没有达到显著程度，而间作玉米处理的粒径<0.25mm 土壤水稳性团聚体百分比显著低于单作玉米处理。

除未抑菌-单作大豆处理的粒径>2mm 的土壤水稳性团聚体百分比外，无论何种种植模式，抑菌处理的粒径>2mm 和粒径 2～0.25mm 的土壤水稳性团聚体百分比均不同程度低于未抑菌处理，且抑菌处理的粒径<0.25mm 的土壤水稳性团聚体百分比均不同程度高于未抑菌处理。与抑菌-单作玉米处理相比，未抑菌-间作玉米处理的粒径>2mm 和 2～0.25mm 土壤水稳性团聚体百分比均显著提高了约 66.40%和 32.55%，且粒径<0.25mm 的土壤水稳性团聚体百分比降低了约 39.67%。由此可见，菌根真菌能够促进粒径>0.25mm 土壤团聚体数量的增加，减少小团聚体的数量。

表 11-1 菌根处理与种植模式下土壤各粒级水稳性团聚体百分比（模拟试验）

菌根处理	种植模式	土壤水稳性团聚体百分比/%		
		>2mm	2～0.25mm	<0.25mm
抑菌	单作玉米	13.87±1.30[b]	34.56±1.17[b]	51.57±0.34[a]
	间作玉米	12.73±2.55[b]	44.08±1.32[a]	43.20±1.24[a]
	间作大豆	13.58±2.04[b]	42.97±1.26[a]	43.45±2.88[a]
	单作大豆	15.30±1.95[b]	37.53±4.22[ab]	47.17±4.05[a]

续表

菌根处理	种植模式	土壤水稳性团聚体百分比/%		
		>2mm	2～0.25mm	<0.25mm
未抑菌	单作玉米	14.73±0.87^{b}	39.26±1.30^{y}	46.61±0.65^{x}
	间作玉米	23.08±1.03^{a}	45.81±0.89^{xy}	31.11±0.22^{z}
	间作大豆	14.99±1.43^{b}	48.59±3.62^{x}	36.43±3.99^{yz}
	单作大豆	13.50±1.95^{b}	45.89±3.45^{xy}	40.61±3.89^{xy}

11.1.1.2　菌根与间作对各粒径土壤水稳性团聚体全磷含量的影响

经双因素方差分析可知，各粒径土壤水稳性团聚体全磷含量在菌根处理与种植模式间均没有显著的交互作用。由表 11-2 可知，无论是否抑菌，间作大豆处理的粒径 2～0.25mm 和粒径<0.25mm 的土壤水稳性团聚体全磷含量均低于单作大豆处理但没有达到显著程度，抑菌-间作玉米处理的粒径>2mm 的土壤水稳性团聚体全磷含量也低于单作玉米处理，且未抑菌-间作玉米处理的粒径 2～0.25mm 和粒径<0.25mm 的土壤水稳性团聚体全磷含量均低于单作玉米处理。

在单作玉米和间作玉米处理下，抑菌处理的粒径 2～0.25mm 和粒径<0.25mm 的土壤水稳性团聚体全磷含量均高于未抑菌处理，而抑菌处理的粒径>2mm 土壤水稳性团聚体全磷含量均低于未抑菌处理，但均没有达到显著程度。在间作大豆处理下，抑菌处理的各粒径土壤水稳性团聚体全磷含量均不同程度低于未抑菌处理。与抑菌-单作玉米处理相比，未抑菌-间作玉米处理的粒径>2mm 的土壤水稳性团聚体全磷含量增加了约 13.73%，而未抑菌-间作玉米处理的粒径 2～0.25mm 和粒径<0.25mm 的土壤水稳性团聚体全磷含量均降低了约 10.91%。

表 11-2　菌根处理与种植模式下各粒径土壤水稳性团聚体全磷含量（模拟试验）

菌根处理	种植模式	全磷含量/(g/kg)		
		>2mm	2～0.25mm	<0.25mm
抑菌	单作玉米	0.51±0.02^{a}	0.55±0.05^{a}	0.55±0.07^{a}
	间作玉米	0.50±0.05^{a}	0.55±0.05^{a}	0.50±0.02^{a}
	间作大豆	0.51±0.06^{a}	0.54±0.04^{a}	0.50±0.02^{a}
	单作大豆	0.48±0.05^{a}	058±0.04^{a}	0.58±0.08^{a}
未抑菌	单作玉米	0.55±0.04^{a}	0.53±0.01^{a}	0.51±0.01^{a}
	间作玉米	0.58±0.05^{a}	0.49±0.04^{a}	0.49±0.05^{a}
	间作大豆	0.58±0.04^{a}	0.55±0.02^{a}	0.53±0.04^{a}
	单作大豆	0.54±0.05^{a}	0.61±0.08^{a}	0.57±0.06^{a}

11.1.1.3　菌根与间作对各粒径土壤水稳性团聚体有效磷含量的影响

经双因素方差分析，各粒径土壤水稳性团聚体有效磷含量在菌根处理和种植模式处理间均有显著的交互作用（$P<0.001$、$P<0.001$、$P<0.01$）。由表 11-3 可以看出，在抑菌处理下，间作玉米处理的粒径 2～0.25mm 和粒径＜0.25mm 的土壤水稳性团聚体有效磷含量均低于单作玉米处理但没有达到显著程度，间作大豆处理的粒径 2～0.25mm 的土壤水稳性团聚体有效磷含量显著低于单作大豆处理，且间作大豆处理的粒径＞2mm 和粒径＜0.25mm 的土壤水稳性团聚体有效磷含量也均低于单作大豆处理。在未抑菌处理下，间作玉米处理的粒径＞2mm 的土壤水稳性团聚体有效磷含量显著低于单作玉米处理，且间作处理使粒径 2～0.25mm 和粒径＜0.25mm 的土壤水稳性团聚体有效磷含量均有所降低，而间作大豆处理的各粒径土壤水稳性团聚体有效磷含量均显著高于单作大豆处理。

在单作玉米处理下，抑菌处理的粒径＞2mm 的土壤水稳性团聚体有效磷含量显著低于未抑菌处理，而粒径＜0.25mm 的土壤水稳性团聚体有效磷含量显著高于未抑菌处理；在间作玉米处理下，抑菌处理使粒径＞2mm 和粒径＜0.25mm 的土壤水稳性团聚体有效磷含量均显著增加，且未抑菌处理使粒径 2～0.25mm 的土壤有效磷含量降低了约 36.12%；在间作大豆处理下，抑菌处理使粒径＞2mm 和粒径＜0.25mm 的土壤有效磷含量均有所增加；在单作大豆处理下，抑菌处理的各粒径土壤水稳性团聚体有效磷含量均显著高于未抑菌处理。与抑菌-单作玉米处理相比，未抑菌-间作玉米处理的粒径＞2mm、2～0.25mm 和＜0.25mm 的土壤水稳性团聚体有效磷含量分别降低了约 35.35%、39.33%和 63.84%。与抑菌-单作大豆处理相比，未抑菌-间作大豆处理的粒径＞2mm、2～0.25mm 和＜0.25mm 的土壤水稳性团聚体有效磷含量也分别降低了约 18.17%、64.26%和 15.65%。

表 11-3　菌根处理与种植模式下各粒径土壤水稳性团聚体有效磷含量（模拟试验）

菌根处理	种植模式	有效磷含量/(mg/kg)		
		＞2mm	2～0.25mm	＜0.25mm
抑菌	单作玉米	21.53 ± 0.49^{c}	23.14 ± 0.90^{bc}	28.37 ± 3.77^{bc}
	间作玉米	24.72 ± 1.20^{c}	21.98 ± 0.62^{bcd}	26.64 ± 4.69^{c}
	间作大豆	35.85 ± 2.09^{ab}	12.93 ± 0.54^{e}	37.07 ± 3.24^{ab}
	单作大豆	38.30 ± 0.61^{a}	76.70 ± 6.63^{a}	41.59 ± 3.39^{a}
未抑菌	单作玉米	31.04 ± 3.70^{b}	14.94 ± 1.75^{cde}	14.36 ± 1.59^{d}
	间作玉米	13.92 ± 1.78^{d}	14.04 ± 3.14^{de}	10.26 ± 2.03^{d}
	间作大豆	31.34 ± 2.86^{b}	27.41 ± 2.70^{b}	35.08 ± 3.38^{abc}
	单作大豆	25.12 ± 1.35^{c}	15.53 ± 1.64^{cde}	13.17 ± 0.63^{d}

11.1.2　大田试验

11.1.2.1　菌根与间作对土壤水稳性团聚体组成的影响

由表 11-4 可以看出，在抑菌处理下，间作处理的粒径＞2mm 和 2～0.25mm 土壤水稳性团聚体百分比均不同程度高于单作处理，且间作处理的粒径＜0.25mm 的水稳性团聚体含量明显低于单作处理。其中间作玉米处理使粒径＞2mm 和 2～0.25mm 土壤水稳性团聚体含量分别约增加了 15.9%和 17.1%，间作大豆处理的粒径＞2mm 和 2～0.25mm 土壤水稳性团聚体含量分别约增加了 84.3%和 3.4%。在未抑菌处理下，间作处理的粒径＞2mm 水稳性团聚体百分比明显低于单作处理，而间作处理的粒径 2～0.25mm 团聚体含量高于单作处理。

相同种植模式下，除单作大豆处理外，抑菌处理的粒径 2～0.25mm 土壤水稳性团聚体百分比均不同程度低于未抑菌处理。对同一种植模式不同粒径土壤水稳性团聚体进行分析可知，在抑菌处理下，单作处理的土壤水稳性团聚体含量以粒径＜0.25mm 为主，而间作处理的土壤水稳性团聚体含量以粒径 2～0.25mm 为主。在未抑菌处理下，玉米处理的水稳性团聚体含量以粒径 2～0.25mm 为主，而大豆处理的团聚体含量以粒径＜0.25mm 为主。

表 11-4　菌根处理与种植模式下土壤各粒级水稳性团聚体百分比（大田试验）

菌根处理	种植模式	土壤水稳性团聚体百分比/%		
		＞2mm	2～0.25mm	＜0.25mm
抑菌	单作玉米	19.66±2.49^{ab}	36.77±3.50^{a}	43.57±2.49^{ab}
	间作玉米	22.78±3.39^{ab}	43.07±4.67^{a}	34.15±3.39^{ab}
	间作大豆	28.47±5.73^{a}	39.97±1.85^{a}	31.56±0.48^{b}
	单作大豆	15.45±0.48^{ab}	38.64±2.86^{a}	45.91±5.73^{a}
未抑菌	单作玉米	20.79±3.08^{ab}	41.77±0.49^{a}	37.44±5.08^{ab}
	间作玉米	16.84±3.72^{ab}	44.58±4.38^{a}	38.58±3.72^{ab}
	间作大豆	11.60±1.75^{b}	43.78±2.74^{a}	44.62±4.75^{ab}
	单作大豆	14.43±3.28^{ab}	38.35±4.19^{a}	47.22±3.28^{a}

11.1.2.2　菌根与间作对各粒径土壤水稳性团聚体全磷含量的影响

经双因素方差分析，粒径＞2mm 和粒径＜0.25mm 土壤水稳性团聚体全磷含量在菌根处理与种植模式间均有显著交互作用（$P<0.01$、$P<0.05$），而粒径 2～0.25mm 的土壤水稳性团聚体全磷含量在菌根处理和种植模式间则交互作用不显著。

由表 11-5 不难看出，在抑菌处理下，间作大豆处理的粒径＞2mm 土壤水稳性团聚体全磷含量显著低于单作大豆处理，且间作玉米处理中，除了粒径 2～0.25mm 的全磷含量外，间作处理的各粒径土壤水稳性团聚体全磷含量均低于单作处理但没有达到显著程度。在未抑菌处理下，间作玉米处理的粒径>2mm 和 2～0.25mm 的土壤水稳性团聚体全磷含量均低于单作玉米处理但没有达到显著程度，粒径>2mm 的土壤水稳性团聚体全磷含量显著高于单作处理，2～0.25mm 粒径的土壤水稳性团聚体全磷含量高于单作处理但不显著；间作大豆处理的粒径<0.25mm 的土壤水稳性团聚体全磷含量低于单作大豆但没有达到显著程度。

在单作玉米处理下，抑菌处理的粒径>2mm 和 2～0.25mm 的土壤水稳性团聚体全磷含量均低于未抑菌处理，而粒径<0.25mm 的全磷含量则高于未抑菌处理但均没有达到显著程度。在间作玉米处理下，抑菌处理的粒径>2mm 和<0.25mm 的土壤水稳性团聚体全磷含量均低于未抑菌处理但没有达到显著程度。在间作大豆处理下，抑菌处理的粒径<0.25mm 土壤水稳性团聚体全磷含量显著高于未抑菌处理。在单作大豆处理下，抑菌处理的粒径>2mm 的土壤水稳性团聚体全磷含量显著高于未抑菌处理，且抑菌处理的粒径 2～0.25mm 和<0.25mm 的全磷含量也均高于未抑菌处理但没有达到显著程度。

表 11-5 菌根处理与种植模式下各粒径土壤水稳性团聚体全磷含量（大田试验）

菌根处理	种植模式	全磷含量/(g/kg)		
		>2mm	2～0.25mm	<0.25mm
抑菌	单作玉米	0.54 ± 0.03^{ab}	0.41 ± 0.11^{ab}	0.53 ± 0.09^{a}
	间作玉米	0.46 ± 0.06^{b}	0.61 ± 0.06^{ab}	0.50 ± 0.04^{a}
	间作大豆	0.50 ± 0.02^{b}	0.36 ± 0.18^{ab}	0.48 ± 0.05^{a}
	单作大豆	0.66 ± 0.16^{a}	0.59 ± 0.15^{ab}	0.47 ± 0.01^{ab}
未抑菌	单作玉米	0.59 ± 0.06^{ab}	0.65 ± 0.06^{a}	0.51 ± 0.04^{a}
	间作玉米	0.57 ± 0.11^{ab}	0.61 ± 0.07^{ab}	0.59 ± 0.07^{a}
	间作大豆	0.50 ± 0.14^{b}	0.47 ± 0.03^{b}	0.32 ± 0.17^{c}
	单作大豆	0.31 ± 0.07^{c}	0.45 ± 0.07^{b}	0.35 ± 0.12^{bc}

11.1.2.3 菌根与间作对各粒径土壤水稳性团聚体有效磷含量的影响

经双因素方差分析，粒径>2mm、2～0.25mm 和<0.25mm 土壤水稳性团聚体有效磷含量在菌根处理与种植模式间均有显著的交互作用（均为 $P<0.001$）。由表 11-6 可知，在抑菌处理下，间作玉米处理的粒径<0.25mm 的土壤水稳性团聚体有效磷含量显著低于单作玉米处理，且间作大豆处理的粒径>2mm 和 2～0.25mm 的有效磷含量也均显著低于单作大豆处理。在未抑菌处理下，间作玉米处理的粒径>2mm 土壤水稳性团聚体有效磷含量显著低于单作玉米处理，而间作玉米处理的粒径 2～0.25mm 和<0.25mm 的有效磷含量则显著高于单作玉米；间作大豆处理的粒径 2～0.25mm 的有效磷含量显著低于单作大豆处理，而间作大豆处理的粒径>2mm 的有效磷含量显著高于单作大豆。

在单作玉米处理下，抑菌处理的粒径<0.25mm 土壤水稳性团聚体有效磷含量显著

高于未抑菌处理，且抑菌处理的粒径 2～0.25mm 的有效磷含量也高于未抑菌处理但没有达到显著程度。在间作玉米处理下，抑菌处理的粒径 2～0.25mm 和<0.25mm 土壤水稳性团聚体有效磷含量均显著低于未抑菌处理。在间作大豆处理下，抑菌处理的粒径>2mm 和粒径<0.25mm 的土壤水稳性团聚体有效磷含量均显著高于未抑菌处理，且抑菌处理粒径 2～0.25mm 的有效磷含量也高于未抑菌处理但没有达到显著程度。在单作大豆处理下，抑菌处理的各粒径土壤水稳性团聚体有效磷含量均显著高于未抑菌处理。

表 11-6　菌根处理与种植模式下各粒径土壤水稳性团聚体有效磷含量（大田试验）

菌根处理	种植模式	有效磷含量/(mg/kg)		
		>2mm	2～0.25mm	<0.25mm
抑菌	单作玉米	10.99±1.01^{bc}	9.12±0.40^{bcd}	22.28±0.89^{a}
	间作玉米	9.79±0.61^{cd}	10.58±0.68^{bc}	13.89±1.58^{b}
	间作大豆	11.32±0.68^{bc}	8.30±0.59^{cd}	14.09±1.38^{b}
	单作大豆	14.40±0.43^{a}	17.26±1.45^{a}	14.54±0.59^{b}
未抑菌	单作玉米	12.58±0.86^{ab}	8.45±0.47^{cd}	13.43±0.51^{bc}
	间作玉米	7.94±0.95^{d}	16.26±0.36^{a}	21.43±1.23^{a}
	间作大豆	7.98±0.60^{d}	7.09±0.34^{d}	9.88±0.79^{d}
	单作大豆	5.71±0.15^{e}	11.23±1.14^{b}	10.75±0.61^{cd}

11.2　菌根与间作对坡耕地土壤菌丝密度的影响

11.2.1　模拟试验

经双因素方差分析可知，菌丝密度在菌根处理与种植模式间有显著的交互作用（$P<0.001$）。由图 11-1 可知，在抑菌处理下，间作大豆处理的土壤菌丝密度显著高于单作大豆处理，且间作玉米处理也使土壤菌丝密度增加了约 3.14%；在未抑菌处理下，间作大豆处理的土壤菌丝密度比单作大豆处理增加了约 5.13%。无论何种种植模式抑菌处理均显著降低了土壤的菌丝密度。

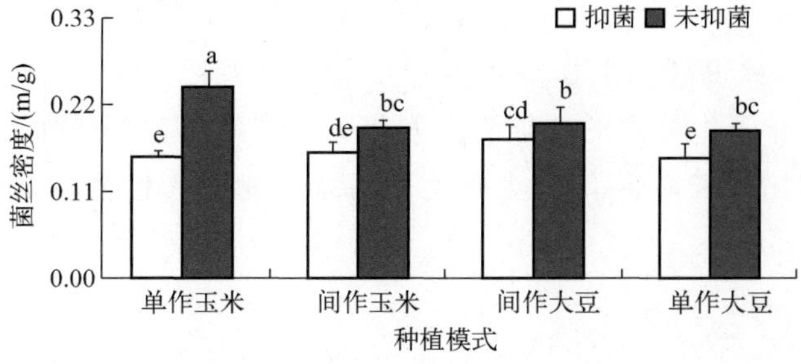

图 11-1　菌根处理与种植模式下土壤菌丝密度（模拟试验）

11.2.2 大田试验

经双因素方差分析，菌丝密度在菌根处理与种植模式间交互作用不显著，而其在菌根处理、种植模式内分别有显著的交互作用。由图 11-2 可知，无论何种种植模式，抑菌处理均不同程度降低了植株根际的菌丝密度。在间作玉米处理下，与未抑菌处理相比，抑菌处理显著降低了玉米根际的菌丝密度，降幅约为 22.2%；在单作大豆处理下，抑菌处理也显著降低了大豆根际的菌丝密度，约降低了 45.9%。在抑菌处理下，间作大豆处理的根际菌丝密度显著高于单作大豆处理，增幅达 20.6%。在未抑菌处理下，间作玉米处理的玉米根际的菌丝密度明显高于单作玉米，增幅约为 14.5%。由此可见，菌根真菌能够促进植株根际菌丝的生长，增加了玉米和大豆根际的菌丝密度。

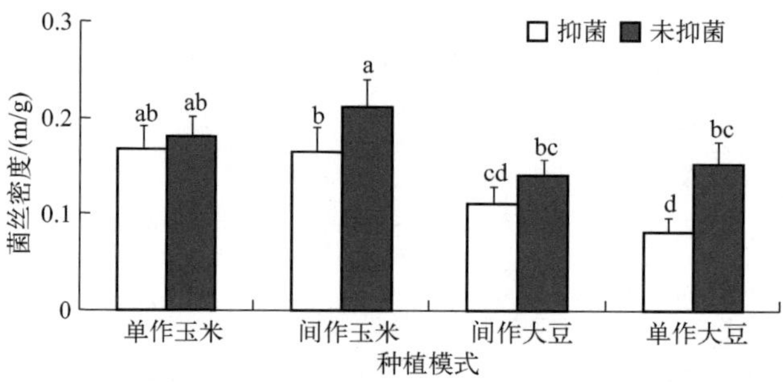

图 11-2 菌根处理与种植模式下土壤菌丝密度（大田试验）

11.3 菌根与间作对坡耕地土壤总球囊霉素相关土壤蛋白的影响

11.3.1 模拟试验

经双因素方差分析，总球囊霉素相关土壤蛋白在菌根处理与种植模式间有显著的交互作用（$P<0.05$）。由图 11-3 不难看出，在间作玉米和间作大豆处理下，抑菌处理的总球囊霉素相关土壤蛋白含量显著低于未抑菌处理。在抑菌处理下，间作处理的总球囊霉素相关土壤蛋白含量均略低于单作处理但没有达到显著程度；在未抑菌处理下，间作大豆处理的总球囊霉素相关土壤蛋白含量显著高于单作大豆，且间作玉米处理的总球囊霉素相关土壤蛋白含量也高于单作玉米处理但没有达到显著程度。与抑菌-单作玉米处理相比，未抑菌-间作玉米处理的总球囊霉素相关土壤蛋白含量增加了约 19.40%；与抑菌-单作大豆处理相比，未抑菌-间作大豆处理的总球囊霉素相关土壤蛋白含量也约增加了 14.79%。

11.3.2 大田试验

由图 11-4 不难看出，无论何种种植模式抑菌处理均降低了土壤总球囊霉素含量。

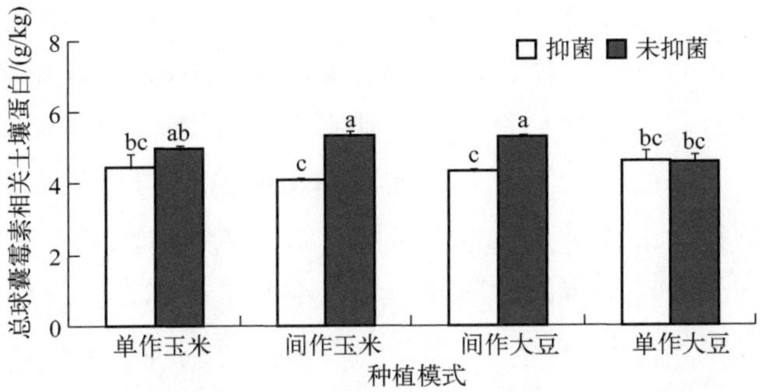

图 11-3　菌根处理与种植模式下总球囊霉素相关土壤蛋白含量（模拟试验）

其中对于单作处理而言，抑菌处理对土壤总球囊霉素含量的影响较大。在单作玉米处理下，抑菌处理的土壤总球囊霉素含量约降低了 26.1%；在单作大豆处理下，抑菌处理使土壤总球囊霉素含量显著降低了 35.5%。在抑菌处理下，各种植模式处理间没有明显的差异，但间作处理的土壤总球囊霉素含量略高于单作处理。在未抑菌处理下，间作处理的土壤总球囊霉素含量明显低于单作处理，其中间作玉米处理的土壤总球囊霉素含量约降低了 21.5%，间作大豆处理使土壤总球囊霉素含量约降低了 5.4%。由此可见，菌根真菌促进了土壤总球囊霉素含量的增加，但间作处理在一定程度上降低了土壤总球囊霉素含量。

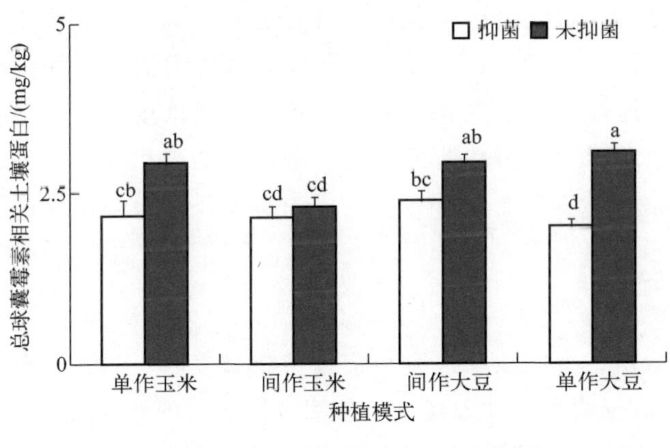

图 11-4　菌根处理与种植模式下总球囊霉素相关土壤蛋白含量（大田试验）

11.4　径流水各形态磷浓度与各影响因素间的相关分析

11.4.1　模拟试验

对径流水各形态磷与各影响因素进行相关分析，相关系数如表 11-7 所列。粒径 >2mm、2～0.25mm 的土壤水稳性团聚体数量与粒径 <0.25mm 的土壤水稳性团聚体数量均有显著的负相关关系，且粒径 >2mm 的土壤水稳性团聚体数量与宿主植物磷吸收量呈现显著的正相关性，即随着粒径>2mm和2～0.25mm的土壤水稳性团聚体数量的增加，粒径<0.25mm的土壤水稳性团聚体数量则有所降低，且粒径>2mm土壤水稳性团聚体数量的增加有利于提高植株磷素的吸收量。土壤有效磷含量与宿主植物茎叶、根系磷吸收量均呈现显著的负相关性，且土壤有效磷含量与粒径>2mm土壤水稳性团聚体数量也有显著的负相关关系，这可能是随着宿主植物对土壤磷吸收量的增加而降低了土壤有效磷含量。另外，土壤菌丝密度与总球囊霉素相关土壤蛋白呈现显著的正相关性，土壤菌丝密度与粒径>2mm及2～0.25mm的土壤水稳性团聚体数量也均呈现正相关性但没有达到显著程度，且总球囊霉素相关土壤蛋白与粒径>2mm和2～0.25mm的土壤水稳性团聚体数量也均呈现正相关性但没有达到显著程度。

地表径流水中总磷、可溶性磷浓度与粒径2～0.25mm土壤水稳性团聚体含量呈现显著的负相关性，且径流水中各形态磷浓度与粒径>2mm土壤水稳性团聚体含量均有负相关关系但没有达到显著程度，这一结果表明随着团聚体粒径的增加，径流水中各形态磷浓度均有所降低，且粒径2～0.25mm的土壤水稳性团聚体对径流磷的流失具有较明显的削减作用。而粒径<0.25mm的土壤水稳性团聚体与径流水总磷、可溶性磷则呈现极显著的负相关性，这可能是由于土壤微团聚体更容易被雨水冲刷，进而磷素随之流失。由表11-7可知，菌丝密度与径流水中各形态磷浓度均呈现极显著的负相关性，总球囊霉素相关土壤蛋白与径流水中总磷、可溶性磷浓度也均有极显著的负相关关系，且菌丝密度、总球囊霉素相关土壤蛋白含量与粒径>2mm和2～0.25mm土壤水稳性团聚体含量各有正相关性，这可能是由于菌根真菌分泌的球囊霉素相关土壤蛋白和根外菌丝共同作用，促进了粒径>0.25mm土壤大团聚体数量的增加，进而降低了土壤表层径流磷素的流失。另外，植株磷吸收量与径流水中各形态磷浓度有显著的负相关关系，土壤全磷含量与径流水中总磷、可溶性磷浓度均有着显著的正相关性，即随着宿主植物对土壤磷素吸收量的增加，土壤全磷含量减少，进而减少径流水中磷素的流失。

11.4.2 大田试验

由表11-8不难看出，土壤菌丝密度与宿主植物磷吸收量呈现极显著的正相关性。粒径>2mm与<0.25mm土壤水稳性团聚体数量间有极显著的负相关性，且粒径2～0.25mm与粒径<0.25mm土壤水稳性团聚体数量间也有负相关关系，即随着粒径>0.25mm土壤水稳性大团聚体数量的增加，粒径<0.25mm土壤水稳性微团聚体数量有所降低。此外，根际土壤菌丝密度、总球囊霉素相关土壤蛋白含量与粒径>2mm团聚体含量均有正相关性，随着菌丝密度和总球囊霉素相关土壤蛋白含量的增加，进而促进粒径>2mm土壤水稳性团聚体数量的增加。另外，粒径>2mm土壤水稳性团聚体数量与粒径2～0.25mm和<0.25mm的团聚体数量间均有负相关性。

表11-8显示，粒径2～0.25mm的土壤水稳性团聚体数量与径流水中总磷浓度呈现显著的负相关性，且与可溶性磷、颗粒态磷浓度间均呈现负相关性但没有达到显著程度，说明随着粒径2～0.25mm土壤水稳性团聚体数量的增加，径流水中各形态磷浓度有所降低。宿主植物磷吸收量与径流水中总磷、颗粒态磷浓度的相关性均没有达到显著程度但

表 11-7　径流水各形态磷浓度与各影响因素的相关系数（模拟试验）

项目	径流总磷	径流可溶性磷	径流颗粒态磷	菌丝密度	总球囊霉素相关土壤蛋白	土壤全磷	土壤有效磷	植株磷吸收量	土壤水稳性团聚体	
									粒径>2mm	粒径 2～0.25mm
径流可溶性磷	0.924**									
径流颗粒态磷	0.788**	0.493*								
菌丝密度	−0.793**	−0.763**	−0.579**							
总球囊霉素相关土壤蛋白	−0.543**	−0.528**	−0.389	0.523**						
土壤全磷	0.586**	0.597**	0.372	−0.201	−0.398					
土壤有效磷	0.123	0.272	−0.156	−0.199	−0.253	0.114				
植株磷吸收量	−0.646**	−0.482*	−0.693**	0.597**	0.436*	−0.103	−0.392			
土壤水稳性团聚体 粒径>2mm	−0.272	−0.287	−0.151	0.195	0.342	−0.179	−0.451*	0.558**		
土壤水稳性团聚体 粒径 2～0.25mm	−0.515*	−0.524**	−0.325	0.137	0.224	−0.718**	0.088	0.048	0.055	
土壤水稳性团聚体 粒径<0.25mm	0.563**	0.579**	0.344	−0.218	−0.369	0.675**	0.179	−0.347	−0.598**	−0.834**

注：n=24。**、* 相关性分别在 0.01 和 0.05 水平上是显著的（双尾检验）。

表 11-8　径流水各形态磷浓度与各影响因素的相关系数（大田试验）

项目		径流总磷	径流可溶性磷	径流颗粒态磷	菌丝密度	总球囊霉素相关土壤蛋白	土壤全磷	土壤有效磷	植株磷吸收量	土壤水稳性团聚体	
										粒径>2mm	粒径 2～0.25mm
径流可溶性磷		0.825**									
径流颗粒态磷		0.575**	0.020								
菌丝密度		0.087	0.096	−0.006							
总球囊霉素相关土壤蛋白		0.623**	0.447*	0.428*	0.226						
土壤全磷		0.046	0.109	−0.133	0.135	−0.167					
土壤有效磷		0.297	0.447*	−0.132	0.374	0.255	0.172				
植株磷吸收量		−0.021	0.202	−0.316	0.729**	−0.123	0.157	0.370			
土壤水稳性团聚体	粒径>2mm	0.283	0.081	0.349	0.012	0.188	0.150	0.116	−0.031		
	粒径 2～0.25mm	−0.412*	−0.286	−0.247	−0.046	−0.596**	−0.018	−0.041	0.211	−0.345	
	粒径<0.25mm	0.008	0.120	−0.175	0.020	0.232	−0.137	−0.086	−0.117	−0.753**	−0.358

注：n=24。**、* 相关性分别在 0.01 和 0.05 水平上是显著的（双尾检验）。

均有负相关关系，这可能是由于随着植株对土壤磷素的吸收而降低了随径流流失的颗粒态磷浓度。此外，土壤总球囊霉素相关土壤蛋白与径流水中各形态磷浓度均有显著的正相关性。另外，土壤全磷含量与径流水中总磷、可溶性磷浓度均有正相关性，且土壤有效磷含量与径流水中可溶性磷浓度有显著的正相关关系。

总之，菌根真菌协同间作模式促进了植株对土壤磷素的吸收而降低了根际土壤全磷含量，且增加了根际土壤菌丝密度和总球囊霉素的含量。此外，菌根真菌与间作模式处理在一定程度上改善了粒径>0.25mm 土壤水稳性团聚体的数量，一定程度上降低了土壤表层径流水中总磷浓度。可见，菌根真菌协同间作模式对土壤表层径流磷素有一定的削减作用。

参考文献

冯固，张玉凤，李晓林，2001. 丛枝菌根真菌的外生菌丝对土壤水稳性团聚体形成的影响 [J]. 水土保持学报，15 (4)：4.

高维森，1991. 土壤抗蚀性指标及其适用性初步研究 [J]. 水土保持学报，(02)：60-65.

郭培才，张振中，杨开宝，1992. 黄土区土壤抗蚀性预报及评价方法研究 [J]. 水土保持学报，(03)：48-51.

郭伟，史志华，陈利顶，等，2007. 红壤表土团聚体粒径对坡面侵蚀过程的影响 [J]. 生态学报，27 (6)：2516-2522.

罗珍，朱敏，线岩相洼，等，2012. 丛枝菌根真菌侵染对紫色土水稳性团聚体特征的影响 [J]. 土壤通报，43 (2)：310-314.

彭思利，申鸿，郭涛，2010. 接种丛枝菌根真菌对土壤水稳性团聚体特征的影响 [J]. 植物营养与肥料学报，16 (3)：695-700.

王清奎，汪思龙，2005. 土壤团聚体形成与稳定机制及影响因素 [J]. 土壤通报，36 (3)：415-421.

王英俊，李同川，张道勇，等，2013. 间作白三叶对苹果/白三叶复合系统土壤团聚体及团聚体碳含量的影响 [J]. 草地学报，21 (3)：485-493.

吴强盛，袁芳英，费永俊，等，2014. 菌根真菌对白三叶根际团聚体稳定性、球囊霉素相关土壤蛋白和糖类物质的影响 [J]. 草业学报，23 (4)：269-275.

杨华，龙健，李兆君，等，2013. 土地利用方式对红枫湖入湖流域土壤团聚体磷含量及其形态的影响 [J]. 农业环境科学学报，32 (11)：7.

杨培岭，罗远培，石元春，1993. 用粒径的重量分布表征的土壤分形特征 [J]. 科学通报，38 (20)：1896-1899.

Burns R G，1982. Enzyme activity in soil：Location and a possible role in microbial activity [J]. Soil Biology and Biochemistry，14：423-427.

Miller R M，Jastrow J D，2000. Mycorrhizal fungi influence soil structure [M]. Dordrecht：Kluwer Academic Press.

Rilling M C，Wright S F，Eviner V T，2002. The role of arbuscular mycorrhizal fungi and glomalin in soil aggregation：Comparing effects of five plant species [J]. Plant Soil，238 (2)：325-333.

附录

附录一：农业部关于打好农业面源污染防治攻坚战的实施意见

（农业部，2015 年 4 月 10 日）

加强农业面源污染治理，是转变农业发展方式、推进现代农业建设、实现农业可持续发展的重要任务。习近平总书记指出，农业发展不仅要杜绝生态环境欠新账，而且要逐步还旧账，要打好农业面源污染治理攻坚战。李克强总理提出，要坚决把资源环境恶化势头压下来，让透支的资源环境得到休养生息。2015 年中央 1 号文件对“加强农业生态治理”作出专门部署，强调要加强农业面源污染治理。今年政府工作报告也提出了加强农业面源污染治理的重大任务。为贯彻落实好党中央、国务院一系列部署要求，坚决打好农业面源污染防治攻坚战，加快推进农业生态文明建设，不断提升农业可持续发展支撑能力，促进农业农村经济又好又快发展，提出如下意见。

一、打好农业面源污染防治攻坚战的总体要求

（一）深刻认识打好农业面源污染防治攻坚战的重要意义。农业资源环境是农业生产的物质基础，也是农产品质量安全的源头保障。随着人口增长、膳食结构升级和城镇化不断推进，我国农产品需求持续刚性增长，对保护农业资源环境提出了更高要求。目前，我国农业资源环境遭受着外源性污染和内源性污染的双重压力，已成为制约农业健康发展的瓶颈约束。一方面，工业和城市污染向农业农村转移排放，农产品产地环境质量令人堪忧；另一方面，化肥、农药等农业投入品过量使用，畜禽粪便、农作物秸秆和农田残膜等农业废弃物不合理处置，导致农业面源污染日益严重，加剧了土壤和水体污染风险。打好农业面源污染防治攻坚战，确保农产品产地环境安全，是实现我国粮食安全和农产品质量安全的现实需要，是促进农业资源永续利用、改善农业生态环境、实现农业可持续发展的内在要求。同时，农业是高度依赖资源条件、直接影响自然环境的产业，加强农业面源污染防治，可以充分发挥农业生态服务功能，把农业建设成为美丽中国的“生态屏障”，为加快推进生态文明建设作出更大贡献。

（二）理清打好农业面源污染防治攻坚战的总体思路。要坚持转变发展方式、推进科技进步、创新体制机制的发展思路。要把转变农业发展方式作为防治农业面源污染的根本出路，促进农业发展由主要依靠资源消耗向资源节约型、环境友好型转变，走产出高效、产品安全、资源节约、环境友好的现代农业发展道路。要把推进科技进步作为防治农业面源污染的主要依靠，积极推进农业科技计划、项目和经费管理改革，提升农业科技自主创新能力，坚定不移地用现代物质条件装备农业，用现代科学技术改造农业，全面推进农业机械化，加快农业信息化步伐，加强新型职业农民培养，努力提高土地产出率、资源利用率和劳动生产率。要把创新体制机制作为防治农业面源污染的强大动力，培育新型农业经营主体，发展多种形式适度规模经营，构建覆盖全程、综合配套、便捷高效的新型农业社会化服务体系，逐步推进政府购买服务和第三方治理，探索建立农业面源污染防治的生态补偿机制。

（三）明确打好农业面源污染防治攻坚战的工作目标。力争到2020年农业面源污染加剧的趋势得到有效遏制，实现“一控两减三基本”。“一控”，即严格控制农业用水总量，大力发展节水农业，确保农业灌溉用水量保持在3720亿立方米，农田灌溉水有效利用系数达到0.55；“两减”，即减少化肥和农药使用量，实施化肥、农药零增长行动，确保测土配方施肥技术覆盖率达90%以上，农作物病虫害绿色防控覆盖率达30%以上，肥料、农药利用率均达到40%以上，全国主要农作物化肥、农药使用量实现零增长；“三基本”，即畜禽粪便、农作物秸秆、农膜基本资源化利用，大力推进农业废弃物的回收利用，确保规模畜禽养殖场（小区）配套建设废弃物处理设施比例达75%以上，秸秆综合利用率达85%以上，农膜回收率达80%以上。农业面源污染监测网络常态化、制度化运行，农业面源污染防治模式和运行机制基本建立，农业资源环境对农业可持续发展的支撑能力明显提高，农业生态文明程度明显提高。

二、明确打好农业面源污染防治攻坚战的重点任务

（四）大力发展节水农业。确立水资源开发利用控制红线、用水效率控制红线和水功能区限制纳污红线。严格控制入河湖排污总量，加强灌溉水质监测与管理，确保农业灌溉用水达到农田灌溉水质标准，严禁未经处理的工业和城市污水直接灌溉农田。实施“华北节水压采、西北节水增效、东北节水增粮、南方节水减排”战略，加快农业高效节水体系建设。加强节水灌溉工程建设和节水改造，推广保护性耕作、农艺节水保墒、水肥一体化、喷灌、滴灌等技术，改进耕作方式，在水资源问题严重地区，适当调整种植结构，选育耐旱新品种。推进农业水价改革、精准补贴和节水奖励试点工作，增强农民节水意识。

（五）实施化肥零增长行动。扩大测土配方施肥在设施农业及蔬菜、果树、茶叶等园艺作物上的应用，基本实现主要农作物测土配方施肥全覆盖；创新服务方式，推进农企对接，积极探索公益性服务与经营性服务结合、政府购买服务的有效模式。推进新型肥料产品研发与推广，集成推广种肥同播、化肥深施等高效施肥技术，不断提高肥料利用率。积极探索有机养分资源利用有效模式，鼓励开展秸秆还田、种植绿肥、增施有机肥，合理调整施肥结构，引导农民积造施用农家肥。结合高标准农田建设，大力开展耕地质量保护与提升行动，着力提升耕地内在质量。

（六）实施农药零增长行动。建设自动化、智能化田间监测网点，构建病虫监测预警体系。加快绿色防控技术推广，因地制宜集成推广适合不同作物的技术模式；选择“三品一标”农产品生产基地，建设一批示范区，带动大面积推广应用绿色防控措施。提升植保装备水平，发展一批反应快速、服务高效的病虫害专业化防治服务组织；大力推进专业化统防统治与绿色防控融合，有效提升病虫害防治组织化程度和科学化水平。扩大低毒生物农药补贴项目实施范围，加速生物农药、高效低毒低残留农药推广应用，逐步淘汰高毒农药。

（七）推进养殖污染防治。各地要统筹考虑环境承载能力及畜禽养殖污染防治要求，按照农牧结合、种养平衡的原则，科学规划布局畜禽养殖。推行标准化规模养殖，配套

建设粪便污水贮存、处理、利用设施，改进设施养殖工艺，完善技术装备条件，鼓励和支持散养密集区实行畜禽粪污分户收集、集中处理。在种养密度较高的地区和新农村集中区因地制宜建设规模化沼气工程，同时支持多种模式发展规模化生物天然气工程。因地制宜推广畜禽粪污综合利用技术模式，规范和引导畜禽养殖场做好养殖废弃物资源化利用。加强水产健康养殖示范场建设，推广工厂化循环水养殖、池塘生态循环水养殖及大水面网箱养殖底排污等水产养殖技术。

（八）着力解决农田残膜污染。加快地膜标准修订，严格规定地膜厚度和拉伸强度，严禁生产和使用厚度0.01mm以下地膜，从源头保证农田残膜可回收。加大旱作农业技术补助资金支持，对加厚地膜使用、回收加工利用给予补贴。开展农田残膜回收区域性示范，扶持地膜回收网点和废旧地膜加工能力建设，逐步健全回收加工网络，创新地膜回收与再利用机制。加快生态友好型可降解地膜及地膜残留捡拾与加工机械的研发，建立健全可降解地膜评估评价体系。在重点地区实施全区域地膜回收加工行动，率先实现东北黑土地大田生产地膜零增长。

（九）深入开展秸秆资源化利用。进一步加大示范和政策引导力度，大力开展秸秆还田和秸秆肥料化、饲料化、基料化、原料化和能源化利用。建立健全政府推动、秸秆利用企业和收储组织为轴心、经纪人参与、市场化运作的秸秆收储运体系，降低收储运输成本，加快推进秸秆综合利用的规模化、产业化发展。完善激励政策，研究出台秸秆初加工用电享受农用电价格、收储用地纳入农用地管理、扩大税收优惠范围、信贷扶持等政策措施。选择京津冀等大气污染重点区域，启动秸秆综合利用示范县建设，率先实现秸秆全量化利用，从根本上解决秸秆露天焚烧问题。

（十）实施耕地重金属污染治理。加快推进全国农产品产地土壤重金属污染普查，启动重点地区土壤重金属污染加密调查和农作物与土壤的协同监测，切实摸清农产品产地重金属污染底数，实施农产品产地分级管理。加强耕地重金属污染治理修复，在轻度污染区，通过灌溉水源净化、推广低镉积累品种、加强水肥管理、改变农艺措施等，实现水稻安全生产；在中、重度污染区，开展农艺措施修复治理，同时通过品种替代、粮油作物调整和改种非食用经济作物等方式，因地制宜调整种植结构，少数污染特别严重区域，划定为禁止种植食用农产品区。实施好湖南省耕地重金属污染治理修复和种植结构调整试点工作。

三、加快推进农业面源污染综合治理

（十一）大力推进农业清洁生产。加快推广科学施肥、安全用药、绿色防控、农田节水等清洁生产技术与装备，改进种植和养殖技术模式，实现资源利用节约化、生产过程清洁化、废物再生资源化。在“菜篮子”主产县全面推行减量化生产和清洁生产技术，提高优质安全农产品供给能力。进一步加大尾菜回收利用、畜禽清洁养殖、地膜回收利用等为载体的农业清洁生产示范建设支持力度，大力推进农业清洁生产示范区建设，积极探索先进适用的农业清洁生产技术模式。建立完善农业清洁生产技术规范和标准体系，逐步构建农业清洁生产认证制度。

（十二）大力推行农业标准化生产。推行生产全程监管，加快推进全国农产品质量追溯管理信息平台建设，强化生产经营主体责任，推进农产品质量标识制度。加快制修订农兽药残留标准，尽快制定推广一批简明易懂的生产技术操作规程，继续创建一批标准化农产品生产基地，实现生产设施、过程和产品标准化。创新政府支持方式，引导社会资本参与园艺作物标准园、畜禽标准化养殖场和水产健康养殖场建设，大力扶持新型农业经营主体率先开展标准化生产。积极发展无公害农产品、绿色食品、有机农产品和地理标志农产品。

（十三）大力发展现代生态循环农业。推进浙江省现代生态循环农业试点省和10个循环农业示范市建设，深入实施现代生态循环农业示范基地建设，积极探索高效生态循环农业模式，构建现代生态循环农业技术体系、标准化生产体系和社会化服务体系。依托国家现代农业示范区和国家农业科技创新与集成示范基地，以种植业减量化利用、畜禽养殖废弃物循环利用、秸秆高值利用、水产养殖污染减排、农田残膜回收利用、农村生活污染处理等为重点，扶持和引导以市场化运作为主的生态循环农业建设，探索形成产业相互整合、物质多级循环的产业结构和生态布局。

（十四）大力推进适度规模经营。加强新型农业经营主体培育，因地制宜探索适度规模经营的有效实现形式。引导土地重点流向种养大户、家庭农场，使之成为引领适度规模经营的有生力量。引导农民以承包地入股组建土地股份合作组织，通过自营或委托经营等方式发展农业适度规模经营。支持种养大户、家庭农场、农民合作社和农业产业化龙头企业等发展现代生态循环农业，提高农业投入品利用效率，实施好农业废弃物资源化利用。积极推广合作式、托管式、订单式等服务形式，以社会化服务推动生产经营的规模化、标准化和清洁化。

（十五）大力培育新型治理主体。大力发展农机、植保、农技和农业信息化服务合作社、专业服务公司等服务性组织，构建公益性服务和经营性服务相结合、专项服务和综合服务相协调的新型农业社会化服务体系。采取财政扶持、税收优惠、信贷支持等措施，加快培育多种形式的农业面源污染防治经营性服务组织，鼓励新型治理主体开展畜禽养殖污染治理、地膜回收利用、农作物秸秆回收加工、沼渣沼液综合利用、有机肥生产等服务。探索开展政府向经营性服务组织购买服务机制和PPP模式创新试点，支持具有资质的经营性服务组织从事农业面源污染防治。鼓励农业产业化龙头企业、规模化养殖场等，采用绩效合同服务等方式引入第三方治理，实施农业面源污染防治工程整体式设计、模块化建设、一体化运营。

（十六）大力推进综合防治示范区建设。落实好《全国农业可持续发展规划（2015-2030年）》和《农业环境突出问题治理总体规划（2014-2018年）》部署的农业面源污染防治重点任务，在重点流域和区域实施一批农田氮磷拦截、畜禽养殖粪污综合治理、地膜回收、农作物秸秆资源化利用和耕地重金属污染治理修复等农业面源污染综合防治示范工程，总结一批农业面源污染防治的新技术、新模式和新产品。继续实施太湖、洱海、巢湖和三峡库区农业面源污染综合防治示范区建设，尽快再建设一批跨区域、跨流域、涵盖农业面源污染全要素的综合防治示范区，加强单项治理技术的集成配套，积极探索流域农业面源污染防治有效机制。

四、不断强化农业面源污染防治保障措施

（十七）加强组织领导。农业部成立相关司局参加的农业面源污染防治推进工作组，及时加强对地方工作的指导与服务。各级农业部门要切实增强对农业面源污染防治工作重要性、紧迫性的认识，将农业面源污染防治纳入打好节能减排和环境治理攻坚战的总体安排，积极争取当地党委政府关心与支持，及时加强与发展改革、财政、国土、环保、水利等部门的沟通协作，形成打好农业面源污染防治攻坚战的工作合力。

（十八）强化工作落实。农业部要强化顶层设计，做好科学谋划部署，并加强对地方工作的督查、考核和评估，建立综合评价指标体系和评价方法，客观评价农业面源污染防治效果。各级农业部门要强化责任意识和主体意识，分工明确、责任到位，科学制定规划和具体实施方案，加大投入力度，因地制宜创设实施一批重大工程项目，加强监管与综合执法，确保农业面源污染防治工作取得实效。

（十九）加强法制建设。贯彻落实《农业法》《环境保护法》《畜禽规模养殖污染防治条例》等有关农业面源污染防治要求，推动《土壤污染防治法》《耕地质量保护条例》《肥料管理条例》等出台及《农产品质量安全法》《农药管理条例》等修订工作。制定完善农业投入品生产、经营、使用，节水、节肥、节药等农业生产技术及农业面源污染监测、治理等标准和技术规范体系。依法明确农业部门的职能定位，围绕执法队伍、执法能力、执法手段等方面加强执法体系建设。

（二十）完善政策措施。不断拓宽农业面源污染防治经费渠道，加大测土配方施肥、低毒生物农药补贴、病虫害统防统治补助、耕地质量保护与提升、农业清洁生产示范、种养结合循环农业、畜禽粪污资源化利用等项目资金投入力度，逐步形成稳定的资金来源。探索建立农业生态补偿机制，推动落实金融、税收等扶持政策，完善投融资体制，拓宽市场准入，鼓励和吸引社会资本参与，引导各类农业经营主体、社会化服务组织和企业等参与农业面源污染防治工作。

（二十一）加强监测预警。建立完善农田氮磷流失、畜禽养殖废弃物排放、农田地膜残留、耕地重金属污染等农业面源污染监测体系，摸清农业面源污染的组成、发生特征和影响因素，进一步加强流域尺度农业面源污染监测，实现监测与评价、预报与预警的常态化和规范化，定期发布《全国农业面源污染状况公报》。加强农业环境监测队伍机构建设，不断提升农业面源污染例行监测的能力和水平。

（二十二）强化科技支撑。发挥全国农业科技协同创新联盟作用，促进科研资源整合与协同创新，紧紧围绕科学施肥用药、农业投入品高效利用、农业面源污染综合防治、农业废弃物循环利用、耕地重金属污染修复、生态友好型农业和农业机械化关键技术问题，启动实施一批重点科研项目，尽快形成一整套适合我国国情农情的农业清洁生产技术和农业面源污染防治技术模式与体系。健全经费保障和激励机制，进一步加强农业面源污染防治技术推广服务力度。

（二十三）加强舆论引导。充分利用报纸、广播、电视、新媒体等途径，加强农业

面源污染防治的科学普及、舆论宣传和技术推广，让社会公众和农民群众认清农业面源污染的来源、本质和危害。大力宣传农业面源污染防治工作的意义，推广普及化害为利、变废为宝的清洁生产技术和污染防治措施，让广大群众理解、支持、参与到农业面源污染防治工作。

（二十四）推进公众参与。建立完善农业资源环境信息系统和数据发布平台，推动环境信息公开，及时回应社会关切的热点问题，畅通公众表达及诉求渠道，充分保障和发挥社会公众的环境知情权和监督作用。深入开展生态文明教育培训，切实提高农民节约资源、保护环境的自觉性和主动性，为推进农业面源污染防治的公众参与创造良好的社会环境。

附录二：农业面源污染治理与监督指导实施方案（试行）

农业面源污染治理是生态环境保护的重要内容，事关农村生态文明建设，事关国家粮食安全和农业绿色发展，事关城乡居民的水缸子、米袋子、菜篮子。为加强农业面源污染治理与监督指导，保护生态环境，维护国家粮食安全，促进农业全面绿色转型，制定本实施方案。

一、总体要求

（一）指导思想。以习近平新时代中国特色社会主义思想为指导，全面贯彻党的十九大和十九届二中、三中、四中、五中全会精神，认真践行习近平生态文明思想，坚定贯彻新发展理念，根据党中央、国务院决策部署，深入打好污染防治攻坚战，以钉钉子精神推进农业面源污染防治，立足我国“三农”工作实际和新时期发展需要，以削减土壤和水环境农业面源污染负荷、促进土壤质量和水质改善为核心，按照“抓重点、分区治、精细管”的基本思路，统筹谋划、协同联动，突出重点、试点先行，优化政策、强化监督，真抓实干、久久为功，形成齐抓共管、持续推进的农业面源污染治理体系和治理能力，为全面推进乡村振兴、加快农业农村现代化开好局、起好步。

（二）基本原则

统筹推进，突出重点。统筹农业面源污染防治工作，以化肥农药减量化、规模以下畜禽养殖污染治理为重点内容，以防控农业面源污染对土壤和水生态环境影响为目标，以长江经济带和黄河流域为重点，兼顾珠江、松花江、淮河、海河、辽河等流域，在干流和重要支流沿线、南水北调东线中线、湖库汇水区、饮用水水源地等环境敏感区（以下简称重点区域），强化农业面源污染防治。

试点先行，夯实基础。根据种植和养殖产业分布、污染防治工作基础，在典型流域、海域、区域开展农业面源污染治理监管试点示范，形成易复制、可推广的治理模式和管理措施，探索建立农业面源污染监测评估体系。

分区治理，精细监管。根据不同区域、不同类型污染源特征、地理气候影响因素和环境保护要求，立足地方实际，尊重农民群众意愿，实施“一区一策”，因地制宜采取治理措施，加强精细化监督管理，实现精准治污、科学治污和依法治污。

政策激励，多元共治。强化政策引导作用，注重激励性措施与强制性措施相结合，充分运用税收、补贴等经济手段，广泛调动农业产业链主体和社会各界的积极性，推动政府、农业社会化服务机构、农户等多元主体合作共治。

（三）工作目标

到 2025 年，重点区域农业面源污染得到初步控制。农业生产布局进一步优化，化肥农药减量化稳步推进，规模以下畜禽养殖粪污综合利用水平持续提高，农业绿色发展成效明显。试点地区农业面源污染监测网络初步建成，监督指导农业面源污染治理的法规政策标准体系和工作机制基本建立。

到 2035 年，重点区域土壤和水环境农业面源污染负荷显著降低，农业面源污染监测网络和监管制度全面建立，农业绿色发展水平明显提升。

二、主要任务

（一）深入推进农业面源污染防治

推进重点区域农业面源污染防治。根据农业污染源类型分布、地理气候条件、环境质量状况等，确定农业面源污染优先治理区域。优化农业生产空间布局，按照土壤、水和海洋生态环境保护要求，分区分类采取治理措施。在种植业面源污染突出区域，实施化肥农药减量增效行动，优化生产布局，推进“源头减量-循环利用-过程拦截-末端治理”工程，深入实施秸秆综合利用行动，以肥料化、饲料化、燃料化利用为主攻方向，建立一批秸秆综合利用重点县，打造产业化利用典型模式。持续推进农膜回收行动，以标准地膜应用、专业化回收、资源化利用为重点，强化农膜回收利用示范县建设，健全回收网络体系，试点农膜区域性绿色补偿制度，加快可降解农膜应用示范，着力解决农田“白色污染”问题。在养殖业面源污染突出区域，基于土地消纳粪污能力，合理确定养殖规模，促进畜禽粪污还田利用，推动种养循环，改善土壤地力。

建立农业面源污染防治技术库。按照全要素治理、菜单式遴选的原则，以种植、规模以下畜禽养殖、水产养殖等污染防治为重点，根据污染类型和主要成因，分区分类建立农业面源污染防治技术库。总结试点示范成果和各地经验做法，形成一批农业面源污染治理模式，由点及面，逐步形成产业化、规模化效应。

（二）完善农业面源污染防治政策机制

健全法律法规制度。制修订肥料管理等对农业面源污染有重大影响的法律法规。加强化肥农药生产经营管理和使用指导，推动精准施肥、科学用药。以省为单位加强畜禽散养密集区污染治理，明确规模以下畜禽养殖场户污染治理要求和责任，鼓励对畜禽粪污进行无害化处理，达到肥料化利用有关要求后，进行还田利用。规范突发环境事件应急管理工作，防止在处理事故过程中，将废水、废液、固体废弃物直接排入农田。

完善标准体系。适时评估并完善农业面源污染防治与监督监测相关标准。指导各地制定种植业污染治理、水产养殖尾水排放等标准规范。以促进畜禽粪污资源化利用为导向，健全畜禽养殖污染治理标准体系，加强养殖场户环境监督管理。农田灌溉用水、水产养殖用水、畜禽粪污肥料化利用应执行相应标准，防止污染土壤、地下水和农产品。

优化经济政策。完善农业面源污染防治设施用电用地政策，落实有机肥产品生产销售、化肥农药减量、有机肥替代化肥等补贴和税收减免政策。对开展畜禽粪肥运输、施用等社会化服务组织，按规定予以支持。优先将畜禽、水产养殖、秸秆农膜等废弃物处理和资源化利用装备等支持农业绿色发展的机具列入农机购置补贴目录。探索开展“点源-面源”排污交易试点。

建立多元共治模式。在重点区域以省为单位，编制农业面源污染防治实施方案，制定污染防治目标任务，明确监督指导和保障措施。发展农资绿色配售，推动农资经销商成为污染防治的重要主体和信息传导枢纽，引导农户使用绿色高效的肥料农药。通过向社会购买服务等方式，推进农业面源污染治理市场化。充分发挥农业社会化服务机构、农民合作经济组织作用，推广“政府＋协会＋农户”“龙头企业＋协会＋农户”等模式，加强专业技术管理。推动统一生产管理、统一订购农资、实施品牌认证等标准化生产，形成“政府-市场-农户”多元共管共治体系。

（三）加强农业面源污染治理监督管理

开展农业污染源调查监测。完善化肥农药使用量调查核算方法，在统计、农业农村、市场监督管理等部门工作基础上，逐步摸清化肥农药使用变化情况。利用实地调研、台账抽查、智能终端采集等方式，对化肥农药投入、畜禽和水产养殖等污染物排放情况进行抽查核实。加密布设农业面源污染监控点，重点在大中型灌区、有污水灌溉历史的典型灌区进行农田灌溉用水和出水水质长期监测，掌握农业面源污染物产生和排放情况。开展畜禽粪肥还田利用全链条监测，分析评估养分和有害物质转化规律。

评估农业面源污染环境影响。制定农业面源污染环境监测技术规范，加强农业污染源、入水体污染物浓度与流量监测、受纳水体水质和流量监测，构建全国农业面源污染环境监测“一张网”。在重点区域，基于全国地表水环境质量监测网，结合农村环境质量监测，采用更新改造、共建共享和新建相结合的方式，增加环境监测布点，加强暴雨、汛期等重点时段水质监测。开展农业污染物入水体负荷核算评估，确定监管的重点行业、重点地区和重要时段。

加强农业面源污染长期观测。在嘉陵江、汾河、太湖、巢湖、南四湖、洱海、白洋淀、丹江口库区、密云水库等重点水域先行先试，建设农业生态环境野外观测超级站，开展气象、水文、水质、土壤和地下水等野外长期观测和定量分析，结合遥感技术，掌握农业面源污染时空演变规律，逐步实现对农业面源污染环境质量影响的动态评估。加强国家农业科学观测实验站建设，对农业生产要素及其动态变化进行系统观测、监测和记录，为农业面源污染治理提供基础支撑。

建设农业面源污染监管平台。系统整合农田氮磷流失监测、地表水生态环境质量监测、农村环境质量监测等数据，实现从污染源头到生态环境的监测数据互联互通。加强全国农业源普查、生态环境统计、畜禽粪污综合利用信息、全国排污许可管理平台等工作对接共享。借助互联网、物联网等技术，拓宽数据获取渠道，实现动态更新。发挥农业面源污染大数据在指导污染防治、控制温室气体排放、优化城乡规划、土地利用和推动农业绿色发展中的作用。

三、试点示范

围绕国家重大发展战略和污染防治攻坚战总体部署，以控制农业面源污染对重点区域土壤和水环境影响为目标，在广西、广东、湖南、湖北、河南、江苏、安徽、云南、江西、四川、山东、宁夏、河北、陕西、吉林、青海等省份部分县市区开展试点（以下简称试点县），实施农业面源污染综合治理等项目，建设一批以污染防治、调查监测、绩效评估等为主要内容的试点示范工程。

（一）形成农业面源污染防治典型模式。在试点县中筛选以种植、规模以下畜禽养殖、水产养殖为主的区域，建设一批农业面源污染综合治理示范工程。优化农业生产空间布局，开展系统设计、分类治理，形成具有区域特色的农业面源污染治理模式。大力发展种养结合、生态循环农业，扩大绿色、有机和地理标志农产品种养规模，增加绿色优质农产品供给，提升农业发展质量和效益。

（二）建立农业面源污染调查监测体系。开展农业面源污染调查和成因分析，科学测算化肥农药对面源污染的影响和粪污资源化利用情况。研究农业面源污染敏感区域识别方法，编制优先治理区域清单。选取典型小流域及海水养殖集中分布的近岸海域，结合地面监测和卫星遥感技术，评估污染物入水体负荷和时空分布等。在四川都江堰、内蒙古河套、宁夏青铜峡等选择大中型灌区，开展农田灌溉用水水质监测，在养殖密集区加强地表水水质监测。建设农业面源污染监管信息平台，加强污染防控预警。

（三）探索农业面源污染防治绩效评估。研究制定农业面源污染防治绩效评估办法，明确评估范围、指标、内容、方式等。以第二次全国污染源普查结果为基础，补充摸底调查数据，确定绩效评估指标和基数。探索将环境质量改善状况作为农业面源污染防治绩效评估的主要依据。

四、保障措施

（一）加强组织领导。完善中央统筹、省负总责、市县抓落实的工作推进机制。有关部门根据本方案要求，密切协作配合，生态环境部门履行监督指导农业面源污染治理职责，并与农业农村、发展改革、财政、水利、林业草原等相关部门按照“党政同责、一岗双责”要求，加强信息共享、定期会商、督导评估，形成齐抓共管的工作格局。省级对本地区农业面源污染治理工作负总责，提供组织和政策保障，做好监督考核。市级做好上下衔接、域内协调和督促检查等工作。县级做好具体组织实施工作。

（二）强化队伍建设。明确县乡镇承担监督指导农业面源污染治理工作的机构和人员。加强农业环境保护和农技推广体系队伍建设，引导农民科学使用农业投入品，采用绿色生产方式。推动生态环境监管执法重心下移、力量下沉、保障下倾，落实县乡镇基层生态环境保护职责，加强农业面源污染治理监管队伍建设。组织开展农业面源污染治理监管执法培训，提升基层监管执法能力。

（三）加大资金投入。构建公共财政支持、责任主体自筹和社会资金参与的多元化投入格局。中央有关部门结合现有资金渠道，支持地方农业面源污染治理。各地要合理安排资金投入，确保完成治理目标。鼓励地方按规定加强相关渠道资金和项目统筹整合。规范政府和社会资本合作，引导社会资本投向农业面源污染防治领域。加大绿色信贷、绿色债券对农业面源污染防治的支持力度，重点支持化肥农药减量增效、畜禽粪污资源化利用、秸秆综合利用、农膜回收利用、池塘养殖尾水利用处理等。

（四）提升科技支撑。成立农业面源污染防治专家组，开展长期跟踪和定期会商，为关键技术研究和重要政策咨询提供支撑，对试点示范地区强化技术帮扶。加强与高校、科研院所合作，整合科技资源，通过相关国家科技计划，加快农业面源污染调查、监测、评估技术为重点的联合攻关，集中力量研发农业面源污染估算模型和源解析技术方法，研发先进的自动监测、快速监测设备，推广成熟适用技术。

（五）强化监督工作。推动各级地方政府将农业面源污染防治工作纳入绩效评估范畴，明确年度任务与评估指标。实施信息公开，拓宽投诉举报渠道，发挥群众监督作用。将农业面源污染治理存在的突出问题纳入中央生态环境保护督察范畴，强化农业面源污染治理突出问题监督。

（六）加强宣传引导。利用新媒体与传统媒体，宣传农业面源污染防治的重要性，普及治理知识和技术，鼓励公众参与和监督，增强农村居民生态环境保护意识和能力，形成全社会保护农业生态环境的良好氛围。

附录三:《地表水环境质量标准》

前　言

为贯彻《中华人民共和国环境保护法》和《中华人民共和国水污染防治法》，防治水污染，保护地表水水质，保障人体健康，维护良好的生态系统，制定本标准。

本标准将标准项目分为：地表水环境质量标准基本项目、集中式生活饮用水地表水源地补充项目和集中式生活饮用水地表水源地特定项目。地表水环境质量标准基本项目适用于全国江河、湖泊、运河、渠道、水库等具有使用功能的地表水水域；集中式生活饮用水地表水源地补充项目和特定项目适用于集中式生活饮用水地表水源地一级保护区和二级保护区。集中式生活饮用水地表水源地特定项目由县级以上人民政府环境保护行政主管部门根据本地区地表水水质特点和环境管理的需要进行选择，集中式生活饮用水地表水源地补充项目和选择确定的特定项目作为基本项目的补充指标。

本标准项目共计 109 项，其中地表水环境质量标准基本项目 24 项，集中式生活饮用水地表水源地补充项目 5 项，集中式生活饮用水地表水源地特定项目 80 项。

与 GHZB 1—1999 相比，本标准在环境质量标准基本项目中增加总氮一项指标，删除了基本要求和亚硝酸盐、非离子氨和凯氏氮三项指标，将硫酸盐、氯化物、硝酸盐、铁、锰调整为集中式生活饮用水地表水源地补充项目，修订了 pH、溶解氧、氨氮、总磷、高锰酸盐指数、铅、粪大肠菌群七个项目的标准值，增加了集中式生活饮用水地表水源地特定项目 40 项。本标准删除了湖泊水库特定项目标准值。

县级以上人民政府环境保护行政主管部门及相关部门根据职责分工，按本标准对地表水各类水域进行监督管理。

与近海水域相连的地表水河口水域根据水环境功能按本标准相应类别标准值进行管理，近海水功能区水域根据使用功能按《海水水质标准》相应类别标准值进行管理。批准划定的单一渔业水域按《渔业水质标准》进行管理；处理后的城市污水及与城市污水水质相近的工业废水用于农田灌溉用水的水质按《农田灌溉水质标准》进行管理。

《地表水环境质量标准》(GB 3838—83) 为首次发布，1988 年为第一次修订，1999 年为第二次修订，本次为第三次修订。本标准自 2002 年 6 月 1 日起实施，《地面水环境质量标准》(GB 3838—88) 和《地面水环境质量标准》(GHZB 1—1999) 同时废止。

本标准由国家环境保护总局科技标准司提出并归口。

本标准由中国环境科学研究院负责修订。

本标准由国家环境保护总局 2002 年 4 月 26 日批准。

本标准由国家环境保护总局负责解释。

《地表水环境质量标准》(GB 3838—2002)

1 范围

1.1 本标准按照地表水环境功能分类和保护目标，规定了水环境质量应控制的项目及限值，以及水质评价、水质项目的分析方法和标准的实施与监督。

1.2 本标准适用于中华人民共和国领域内江河、湖泊、运河、渠道、水库等具有使用功能的地表水水域。具有特定功能的水域，执行相应的专业用水水质标准。

2 引用标准

《生活饮用水卫生规范》(卫生部，2001 年) 和本标准表 4～表 6 所列分析方法标准及规范中所含条文在本标准中被引用即构成为本标准条文，与本标准同效。当上述标准和规范被修订时，应使用其最新版本。

3 水域功能和分类标准

依据地表水水域环境功能和保护目标，按功能高低依次划分为五类：

Ⅰ类 主要适用于源头水、国家自然保护区；

Ⅱ类 主要适用于集中式生活饮用水地表水源地一级保护区、珍稀水生生物栖息地、鱼虾类产场、仔稚幼鱼的索饵场等；

Ⅲ类 主要适用于集中式生活饮用水地表水源地二级保护区、鱼虾类越冬场、洄游通道、水产养殖区等渔业水域及游泳区；

Ⅳ类 主要适用于一般工业用水区及人体非直接接触的娱乐用水区；

Ⅴ类 主要适用于农业用水区及一般景观要求水域。

对应地表水上述五类水域功能，将地表水环境质量标准基本项目标准值分为五类，不同功能类别分别执行相应类别的标准值。水域功能类别高的标准值严于水域功能类别低的标准值。同一水域兼有多类使用功能的，执行最高功能类别对应的标准值。实现水域功能与达功能类别标准为同一含义。

4 标准值

4.1 地表水环境质量标准基本项目标准限值见表 1。

4.2 集中式生活饮用水地表水源地补充项目标准限值见表 2。

4.3 集中式生活饮用水地表水源地特定项目标准限值见表 3。

5 水质评价

5.1 地表水环境质量评价应根据应实现的水域功能类别，选取相应类别标准，进行单因子评价，评价结果应说明水质达标情况，超标的应说明超标项目和超标倍数。

5.2 丰、平、枯水期特征明显的水域，应分水期进行水质评价。

5.3 集中式生活饮用水地表水源地水质评价的项目应包括表 1 中的基本项目、表 2 中的补充项目以及由县级以上人民政府环境保护行政主管部门从表 3 中选择确定的特定项目。

6 水质监测

6.1 本标准规定的项目标准值，要求水样采集后自然沉降 30min，取上层非沉降部分按规定方法进行分析。

6.2　地表水水质监测的采样布点、监测频率应符合国家地表水环境监测技术规范的要求。

6.3　标准水质项目的分析方法应优先选用表4～表6规定的方法，也可采用ISO方法体系等其它等效分析方法，但须进行适用性检验。

7　标准的实施与监督

7.1　本标准由县级以上人民政府环境保护行政主管部门及相关部门按职责分工监督实施。

7.2　集中式生活饮用水地表水源地水质超标项目经自来水厂净化处理后，必须达到《生活饮用水卫生规范》的要求。

7.3　省、自治区、直辖市人民政府可以对本标准中未作规定的项目，制定地方补充标准，并报国务院环境保护行政主管部门备案。

表1　地表水环境质量标准基本项目标准限值　　单位：mg/L

序号	标准值 分类 / 项目	Ⅰ类	Ⅱ类	Ⅲ类	Ⅳ类	Ⅴ类
1	水温（℃）	人为造成的环境水温变化应限制在： 周平均最大温升≤1 周平均最大温降≤2				
2	pH值（无量纲）	6～9				
3	溶解氧　≥	饱和率90%（或7.5）	6	5	3	2
4	高锰酸盐指数　≤	2	4	6	10	15
5	化学需氧量（COD）　≤	15	15	20	30	40
6	五日生化需氧量（BOD_5）　≤	3	3	4	6	10
7	氨氮（NH_3-N）　≤	0.15	0.5	1.0	1.5	2.0
8	总磷（以P计）　≤	0.02（湖、库0.01）	0.1（湖、库0.025）	0.2（湖、库0.05）	0.3（湖、库0.1）	0.4（湖、库0.2）
9	总氮（湖、库，以N计）　≤	0.2	0.5	1.0	1.5	2.0
10	铜　≤	0.01	1.0	1.0	1.0	1.0
11	锌　≤	0.05	1.0	1.0	2.0	2.0
12	氟化物（以F^-计≤	1.0	1.0	1.0	1.5	1.5
13	硒　≤	0.01	0.01	0.01	0.02	0.02
14	砷　≤	0.05	0.05	0.05	0.1	0.1

续表

序号	标准值 分类 项目	Ⅰ类	Ⅱ类	Ⅲ类	Ⅳ类	Ⅴ类
15	汞 ≤	0.00005	0.00005	0.0001	0.001	0.001
16	镉 ≤	0.001	0.005	0.005	0.005	0.01
17	铬（六价） ≤	0.01	0.05	0.05	0.05	0.1
18	铅 ≤	0.01	0.01	0.05	0.05	0.1
19	氰化物 ≤	0.005	0.05	0.2	0.2	0.2
20	挥发酚 ≤	0.002	0.002	0.005	0.01	0.1
21	石油类 ≤	0.05	0.05	0.05	0.5	1.0
22	阴离子表面活性剂 ≤	0.2	0.2	0.2	0.3	0.3
23	硫化物 ≤	0.05	0.1	0.2	0.5	1.0
24	粪大肠菌群（个/L） ≤	200	2000	10000	20000	40000

表 2 集中式生活饮用水地表水源地补充项目标准限值 单位：mg/L

序号	项目	标准值
1	硫酸盐（以 SO_4^{2-} 计）	250
2	氯化物（以 Cl^- 计）	250
3	硝酸盐（以 N 计）	10
4	铁	0.3
5	锰	0.1

表 3 集中式生活饮用水地表水源地特定项目标准限值 单位：mg/L

序号	项目	标准值	序号	项目	标准值
1	三氯甲烷	0.06	10	三氯乙烯	0.07
2	四氯化碳	0.002	11	四氯乙烯	0.04
3	三溴甲烷	0.1	12	氯丁二烯	0.002
4	二氯甲烷	0.02	13	六氯丁二烯	0.0006
5	1,2-二氯乙烷	0.03	14	苯乙烯	0.02
6	环氧氯丙烷	0.02	15	甲醛	0.9
7	氯乙烯	0.005	16	乙醛	0.05
8	1,1-二氯乙烯	0.03	17	丙烯醛	0.1
9	1,2-二氯乙烯	0.05	18	三氯乙醛	0.01

续表

序号	项目	标准值	序号	项目	标准值
19	苯	0.01	47	吡啶	0.2
20	甲苯	0.7	48	松节油	0.2
21	乙苯	0.3	49	苦味酸	0.5
22	二甲苯①	0.5	50	丁基黄原酸	0.005
23	异丙苯	0.25	51	活性氯	0.01
24	氯苯	0.3	52	滴滴涕	0.001
25	1,2-二氯苯	1.0	53	林丹	0.002
26	1,4-二氯苯	0.3	54	环氧七氯	0.0002
27	三氯苯②	0.02	55	对硫磷	0.003
28	四氯苯③	0.02	56	甲基对硫磷	0.002
29	六氯苯	0.05	57	马拉硫磷	0.05
30	硝基苯	0.017	58	乐果	0.08
31	二硝基苯④	0.5	59	敌敌畏	0.05
32	2,4-二硝基甲苯	0.0003	60	敌百虫	0.05
33	2,4,6-三硝基甲苯	0.5	61	内吸磷	0.03
34	硝基氯苯⑤	0.05	62	百菌清	0.01
35	2,4-二硝基氯苯	0.5	63	甲萘威	0.05
36	2,4-二氯苯酚	0.093	64	溴氰菊酯	0.02
37	2,4,6-三氯苯酚	0.2	65	阿特拉津	0.003
38	五氯酚	0.009	66	苯并（*a*）芘	2.8×10^{-6}
39	苯胺	0.1	67	甲基汞	1.0×10^{-6}
40	联苯胺	0.0002	68	多氯联苯⑥	2.0×10^{-5}
41	丙烯酰胺	0.0005	69	微囊藻毒素-LR	0.001
42	丙烯腈	0.1	70	黄磷	0.003
43	邻苯二甲酸二丁酯	0.003	71	钼	0.07
44	邻苯二甲酸二（2-乙基己基）酯	0.008	72	钴	1.0
45	水合肼	0.01	73	铍	0.002
46	四乙基铅	0.0001	74	硼	0.5

续表

序号	项目	标准值	序号	项目	标准值
75	锑	0.005	78	钒	0.05
76	镍	0.02	79	钛	0.1
77	钡	0.7	80	铊	0.0001

注：① 二甲苯：指对二甲苯、间二甲苯、邻二甲苯。

② 三氯苯：指1,2,3-三氯苯、1,2,4-三氯苯、1,3,5-三氯苯。

③ 四氯苯：指1,2,3,4-四氯苯、1,2,3,5-四氯苯、1,2,4,5-四氯苯。

④ 二硝基苯：指对二硝基苯、间二硝基苯、邻二硝基苯。

⑤ 硝基氯苯：指对硝基氯苯、间硝基氯苯、邻硝基氯苯。

⑥ 多氯联苯：指 PCB-1016、PCB-1221、PCB-1232、PCB-1242 、PCB-1248、PCB-1254、PCB-1260。

表 4　地表水环境质量标准基本项目分析方法

序号	项目	分析方法	最低检出限/(mg/L)	方法来源
1	水温	温度计法		GB 13195—91
2	pH 值	玻璃电极法		GB 6920—86
3	溶解氧	碘量法	0.2	GB 7489—87
		电化学探头法		GB 11913—89
4	高锰酸盐指数		0.5	GB 11892—89
5	化学需氧量	重铬酸盐法	10	GB 11914—89
6	五日生化需氧量	稀释与接种法	2	GB 7488—87
7	氨氮	纳氏试剂比色法	0.05	GB 7479—87
		水杨酸分光光度法	0.01	GB 7481—87
8	总磷	钼酸铵分光光度法	0.01	GB 11893—89
9	总氮	碱性过硫酸钾消解紫外分光光度法	0.05	GB 11894—87
10	铜	2,9-二甲基-1,10-菲啰啉分光光度法	0.06	GB 7473—87
		二乙基二硫代氨基甲酸钠分光光度计	0.010	GB 7474—87
		原子吸收分光光度法(螯合萃取法)	0.001	GB 7475—87
11	锌	原子吸收分光光度法	0.05	GB 7475—87
12	氟化物	氟试剂分光光度法	0.05	GB 7483—87
		离子选择电极法	0.05	GB 7484—87
		离子色谱法	0.02	HJ/T 84—2001

续表

序号	项目	分析方法	最低检出限/(mg/L)	方法来源
13	硒	2,3-二氨基萘荧光法	0.00025	GB 11902—89
		石墨炉原子吸收分光光度法	0.003	GB/T 15505—1995
14	砷	二乙基二硫代氨基甲酸银分光光度法	0.007	GB 7485—87
		冷原子荧光法	0.00006	1)
15	汞	冷原子吸收分光光度法	0.00005	GB 7468—87
		冷原子荧光法	0.00005	1)
16	镉	原子吸收分光光度法（螯合萃取法）	0.001	GB 7475—87
17	铬（六价）	二苯碳酰二肼分光光度法	0.004	GB 7467—87
18	铅	原子吸收分光光度法（螯合萃取法）	0.01	GB 7475—87
19	氰化物	异烟酸-吡唑啉酮比色法	0.004	GB 7487—87
		吡啶-巴比妥酸比色法	0.002	
20	挥发酚	蒸馏后4-氨基安替比林分光光度法	0.002	GB 7490—87
21	石油类	红外分光光度法	0.01	GB/T 16488—1996
22	阴离子表面活性剂	亚甲蓝分光光度法	0.05	GB 7494—87
23	硫化物	亚甲基蓝分光光度法	0.005	GB/T 16489—1996
		直接显色分光光度法	0.004	GB/T 17133—1997
24	粪大肠菌群	多管发酵法、滤膜法		1)

注：暂采用下列分析方法，待国家方法标准发布后，执行国家标准。

1)《水和废水监测分析方法》，第三版，中国环境科学出版社，1989年。

表5 集中式生活饮用水地表水源地补充项目分析方法

序号	项目	分析方法	最低检出限/(mg/L)	标准值
1	硫酸盐	重量法	10	GB 11899—89
		火焰原子吸收分光光度法	0.4	GB 13196-91
		铬酸钡光度法	8	1)
		离子色谱法	0.09	HJ/T 84—2001
2	氯化物	硝酸银测定法	0.09	GB 11896—89
		硝酸汞滴定法	10	1)
		离子色谱法	2.5	HJ/T 84—2001

续表

序号	项目	分析方法	最低检出限/(mg/L)	标准值
3	硝酸盐	酚二磺酸分光光度法	0.02	GB 7480—87
		紫外分光光度法	0.08	1)
		离子色谱法	0.08	HJ/T 84—2001
4	铁	火焰原子吸收分光光度法	0.03	GB 11911—89
		邻菲啰啉分光光度法	0.03	1)
5	锰	高碘酸钾分光光度法	0.02	GB 11906—89
		火焰原子吸收分光光度法	0.01	GB 11911—89
		甲醛肟光度法	0.01	1)

注：暂采用下列分析方法，待国家方法标准发布后，执行国家标准。

1)《水和废水监测分析方法》，第三版，中国环境科学出版社，1989 年。

表 6　集中式生活饮用水地表水源地特定项目分析方法

序号	项目	分析方法	最低检出限/(mg/L)	标准值
1	三氯甲烷	顶空气相色谱法	0.0003	GB/T 17130—1997
		气相色谱法	0.0006	2)
2	四氯化碳	顶空气相色谱法	0.00005	GB/T 17130—1997
		气相色谱法	0.0003	2)
3	三溴甲烷	顶空气相色谱法	0.001	GB/T 17130—1997
		气相色谱法	0.006	2)
4	二氯甲烷	顶空气相色谱法	0.0087	2)
5	1,2-二氯乙烷	顶空气相色谱法	0.0125	2)
6	环氧氯丙烷	气相色谱法	0.02	2)
7	氯乙烯	气相色谱法	0.001	2)
8	1,1-二氯乙烯	吹出捕集气相色谱法	0.000018	2)
9	1，2-二氯乙烯	吹出捕集气相色谱法	0.000012	2)
10	三氯乙烯	顶空气相色谱法	0.0005	GB/T 17130—1997
		气相色谱法	0.003	2)
11	四氯乙烯	顶空气相色谱法	0.0002	GB/T 17130—1997
		气相色谱法	0.0012	2)
12	氯丁二烯	顶空气相色谱法	0.002	2)
13	六氯丁二烯	气相色谱法	0.00002	2)
14	苯乙烯	气相色谱法	0.01	2)

续表

序号	项目	分析方法	最低检出限/(mg/L)	标准值
15	甲醛	乙酰丙酮分光光度法	0.05	GB/T 17130—1997
		4-氨基-3-联氨-5-硫基-1,2,4-三氮杂茂（AHMT）分光光度法	0.05	2）
16	乙醛	气相色谱法	0.24	2）
17	丙烯醛	气相色谱法	0.019	2）
18	三氯乙醛	气相色谱法	0.001	2）
19	苯	液上气相色谱法	0.005	GB 11890—89
		顶空气相色谱法	0.00042	2）
20	甲苯	液上气相色谱法	0.005	GB 11890—89
		二硫化碳萃取气相色谱法	0.05	
		气相色谱法	0.01	2）
21	乙苯	液上气相色谱法	0.005	GB 11890—89
		二硫化碳萃取气相色谱法	0.05	
		气相色谱法	0.01	2）
22	二甲苯	液上气相色谱法	0.005	GB 11890—89
		二硫化碳萃取气相色谱法	0.05	
		气相色谱法	0.01	2）
23	异丙苯	顶空气相色谱法	0.0032	2）
24	氯苯	气相色谱法	0.01	HJ/T 74—2001
25	1,2-二氯苯	气相色谱法	0.002	GB/T 17131—1997
26	1,4-二氯苯	气相色谱法	0.005	GB/T 17131—1997
27	三氯苯	气相色谱法	0.00004	2）
28	四氯苯	气相色谱法	0.00002	2）
29	六氯苯	气相色谱法	0.00002	2）
30	硝基苯	气相色谱法	0.0002	GB 13194—91
31	二硝基苯	气相色谱法	0.2	2）
32	2,4-二硝基甲苯	气相色谱法	0.0003	GB 13194—91
33	2,4,6-三硝基甲苯	气相色谱法	0.1	2）
34	硝基氯苯	气相色谱法	0.0002	GB 13194—91
35	2,4-二硝基氯苯	气相色谱法	0.1	2）
36	2,4-二氯苯酚	电子捕获-毛细色谱法	0.0004	2）

续表

序号	项目	分析方法	最低检出限/(mg/L)	标准值
37	2,4,6-三氯苯酚	电子捕获-毛细色谱法	0.00004	2)
38	五氯酚	气相色谱法	0.00004	GB 8972—88
		电子捕获-毛细色谱法	0.000024	2)
39	苯胺	气相色谱法	0.002	2)
40	联苯胺	气相色谱法	0.0002	3)
41	丙烯酰胺	气相色谱法	0.00015	2)
42	丙烯腈	气相色谱法	0.10	2)
43	邻苯二甲酸二丁酯	液相色谱法	0.0001	HJ/T 72—2001
44	邻苯二甲酸二(2-乙基己基)酯	气相色谱法	0.0004	2)
45	水合肼	对二甲氨基苯甲醛直接分光光度法	0.005	2)
46	四乙基铅	双硫腙比色法	0.0001	2)
47	吡啶	气相色谱法	0.031	GB/T 14672—93
		巴比土酸分光光度法	0.05	2)
48	松节油	气相色谱法	0.02	2)
49	苦味酸	气相色谱法	0.001	2)
50	丁基黄原酸	铜试剂亚铜分光光度法	0.002	2)
51	活性氯	*N*,*N*-二乙基对苯二胺(DPD)分光光度法	0.01	2)
		3,3′,5,5′-四甲基联苯胺比色法	0.005	2)
52	滴滴涕	气相色谱法	0.0002	GB 7492—87
53	林丹	气相色谱法	4×10^{-6}	GB 7492—87
54	环氧七氯	液液萃取气相色谱法	0.000083	2)
55	对硫磷	气相色谱法	0.00054	GB 13192—91
56	甲基对硫磷	气相色谱法	0.00042	GB 13192—91
57	马拉硫磷	气相色谱法	0.00064	GB 13192—91
58	乐果	气相色谱法	0.00057	GB 13192—91
59	敌敌畏	气相色谱法	0.00006	GB 13192—91
60	敌百虫	气相色谱法	0.000051	GB 13192—91
61	内吸磷	气相色谱法	0.0025	2)

续表

序号	项目	分析方法	最低检出限/(mg/L)	标准值
62	百菌清	气相色谱法	0.0004	2)
63	甲萘威	高效液相色谱法	0.01	2)
64	溴氰菊酯	气相色谱法	0.0002	2)
		高效液相色谱法	0.002	2)
65	阿特拉津	气相色谱法		3)
66	苯并（*a*）芘	乙酰化滤纸层析荧光分光光度法	4×10^{-6}	GB 11895—89
		高效液相色谱法	1×10^{-6}	GB 13198—91
67	甲基汞	气相色谱法	1×10^{-8}	GB/T 17132—1997
68	多氯联苯	气相色谱法		3)
69	微囊藻毒素-LR	高效液相色谱法	0.00001	2)
70	黄磷	钼-锑-抗分光光度法	0.0025	2)
71	钼	无火焰原子吸收分光光度法	0.00231	2)
72	钴	无火焰原子吸收分光光度法	0.00191	2)
73	铍	铬菁R分光光度法	0.0002	HJ/T 58—2000
		石墨炉原子吸收分光光度法	0.00002	HJ/T 59—2000
		桑色素荧光分光光度法	0.0002	2)
74	硼	姜黄素分光光度法	0.02	HJ/T 49—1999
		甲亚胺-H分光光度法	0.2	2)
75	锑	氢化原子吸收分光光度法	0.00025	2)
76	镍	无火焰原子吸收分光光度法	0.00248	2)
77	钡	无火焰原子吸收分光光度法	0.00618	2)
78	钒	钽试剂（BPHA）萃取分光光度法	0.018	GB/T 15503—1995
		无火焰原子吸收分光光度法	0.00698	2)
79	钛	催化示波极谱法	0.0004	2)
		水杨基荧光酮分光光度法	0.02	2)
80	铊	无火焰原子吸收分光光度法	4×10^{-6}	2)

注：暂采用下列分析方法，待国家方法标准发布后，执行国家标准。

1）《水和废水监测分析方法》，第三版，中国环境科学出版社，1989年。

2）《生活饮用水卫生规范》，中华人民共和国卫生部，2001年。

3）《水和废水标准检验法》，第15版，中国建筑工业出版社，1985年。

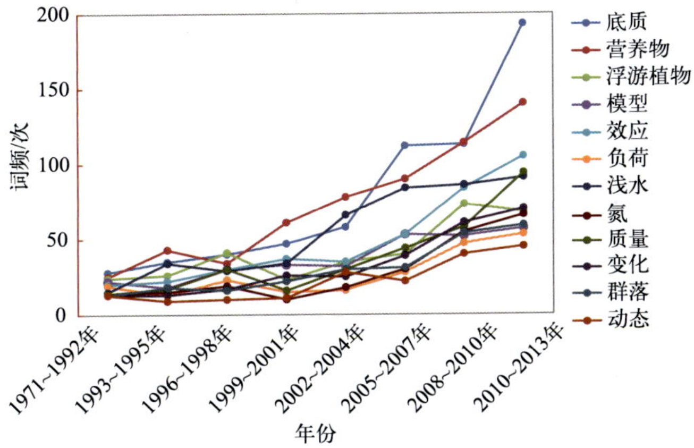

图 1-3　1971～2013 年磷与富营养化主题历年题目词频率

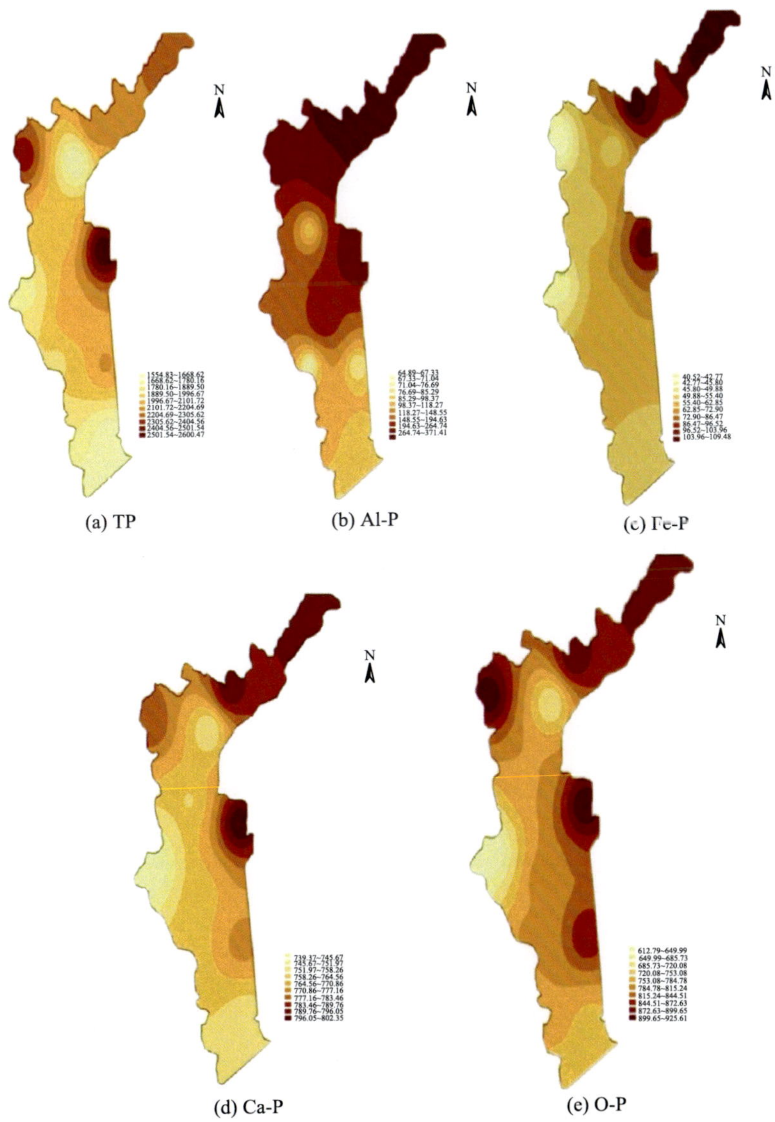

图 1-10　沉积物磷形态空间分布（单位：mg/kg）

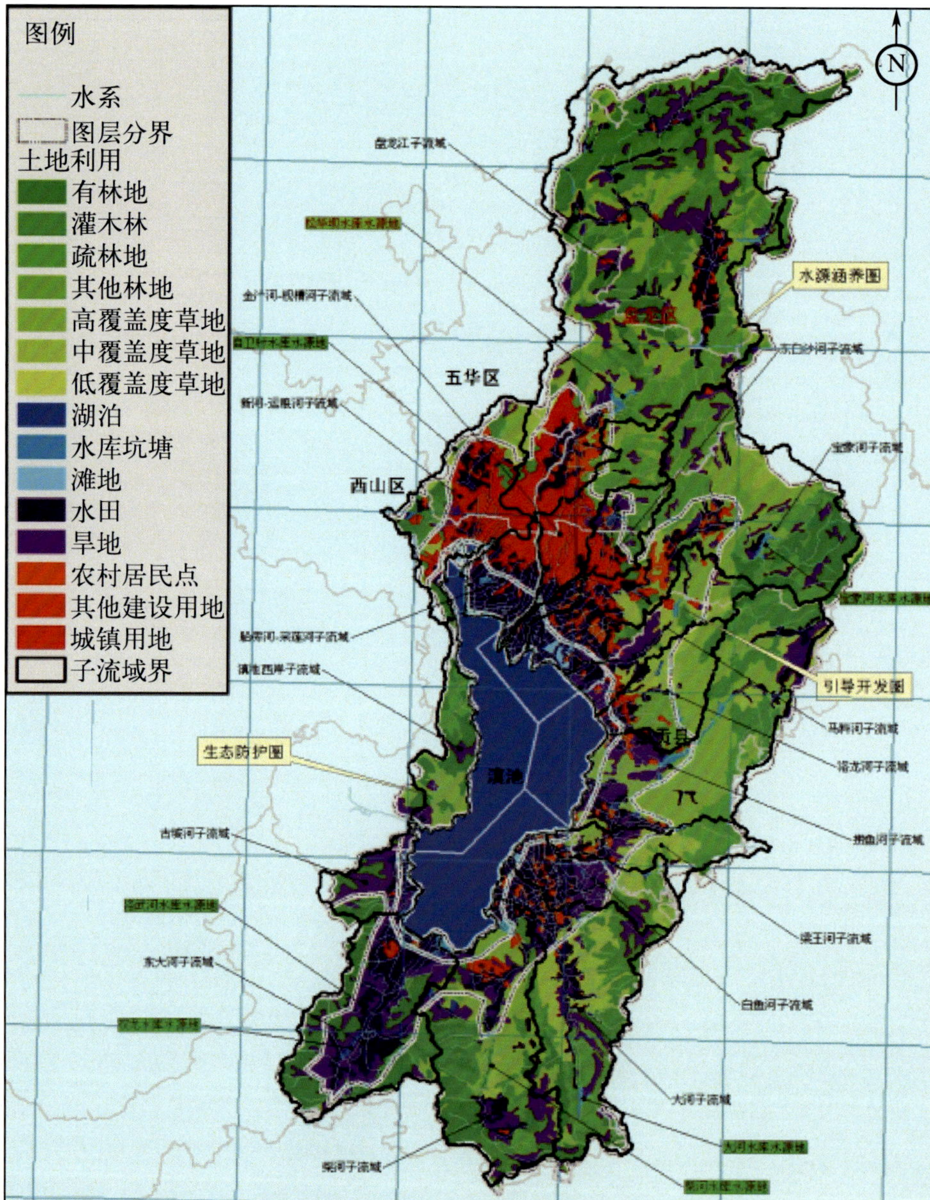

图 2-1　滇池流域土地利用示意图

D35
D36
D37
G31
G33
G32
G34
G35
G36
D26
D27
G37
D25
D38
D23
D22
D21
D20
D40
D19
D39
D41
D47
D17
D42
D46
D48
D18
D51
D50
D34
D33
D30
D32
D31
G29
D52
D53
D54
G28
D55
D56
D14
G25
G26
D57
D16
D15
G23
G17
D58
G24
G18
G19
G20
G22
D59
D12
D1
D13
D11
D29
G30
G21
D3
D60
D2
D5
G11
D62
D61
D63
G8
G9
G7
G14
G13
G6
G3
G12
D9
G4
G1

图 2-2　土壤取样点

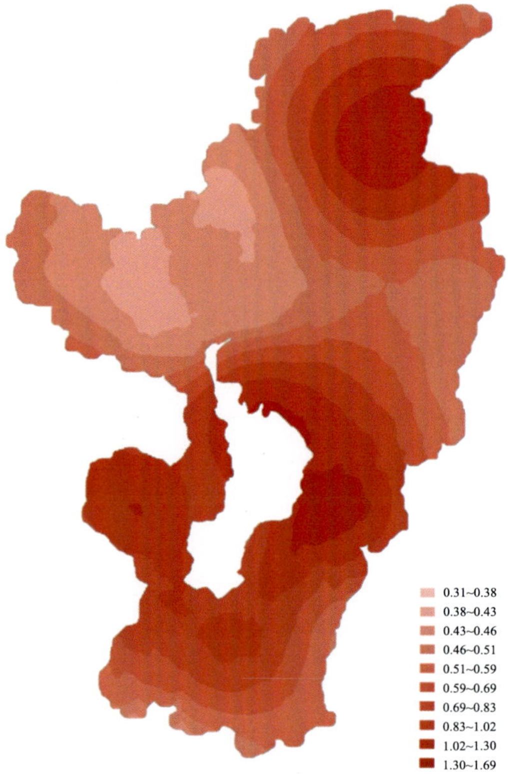

图 2-3　滇池流域土壤全磷空间分布

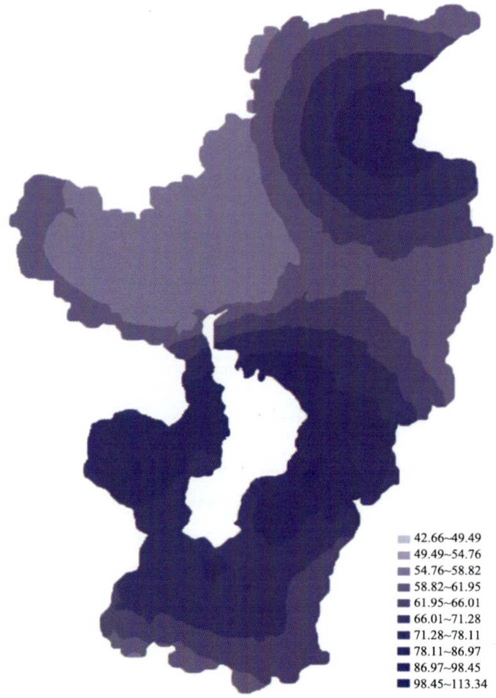

图 2-4　滇池流域土壤有效磷空间分布

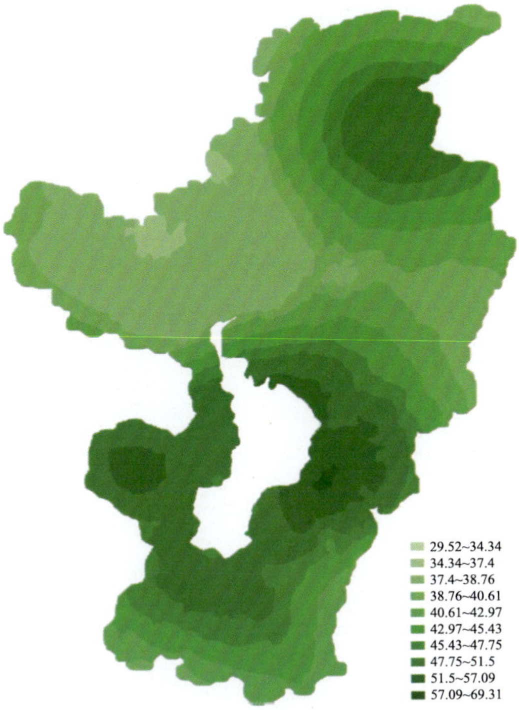

图 2-5　滇池流域土壤水溶性磷空间分布

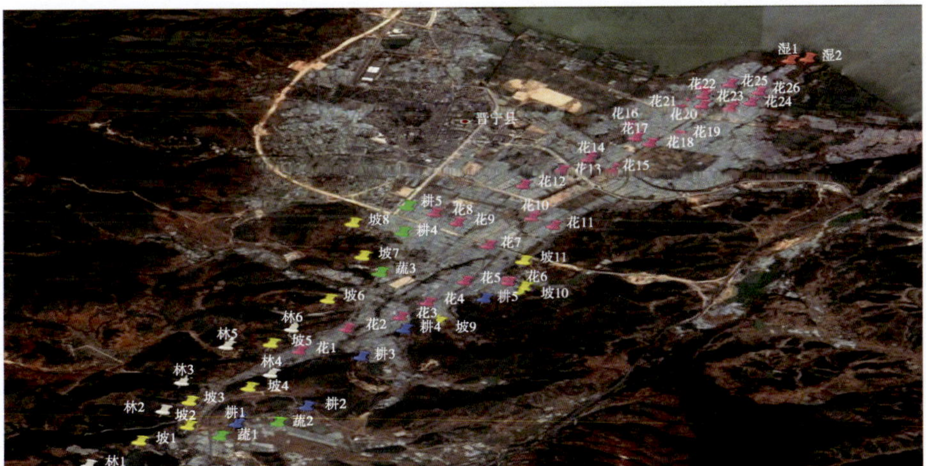

图 2-6　东大河土样点

图 2-8　古城河土样点

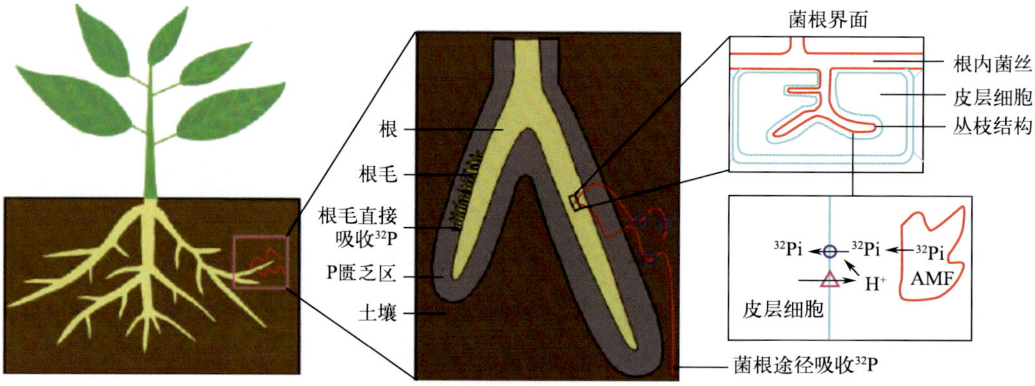

图 5-5　菌根营养植物根系直接或通过 AM 共生体吸收^{32}P 的过程示意